土・牛・微生物

D・モントゴメリー 著　片岡夏実 訳

Growing a Revolution

Bringing Our Soil Back to Life

David R. Montgomery

文明の衰退を食い止める土の話

築地書館

未来の世代が食べられるように、土地に生命を取り戻そうとしている革新的な農民に。

この一握りの土に、われらの生存はかかっている。大事に使えば、食べ物と、燃料と、すみかをもたらし、われらを美で取り巻く。粗末に扱えば、土は崩れて死に、人も道連れとなる。

——ベーダ（サンスクリット語の聖典、紀元前1500年）

GROWING A REVOLUTION
BRINGING OUR SOIL BACK TO LIFE

Japanese translation by Natsumi Kataoka
Published in Japan by Tsukiji-Shokan Publishing co.,Ltd.Tokyo

序章

革命が起きようとしている――土壌の健康の革命が。農耕の始まり以来、土壌を劣化させた社会が次から次へ、記憶のかなたへと消えていった。しかし私たちは、地球規模でこの歴史をくり返さなくてもいい。土壌劣化の問題は、人類が直面する差し迫った危機の中で、もっとも認識されずにいるが、同時にきわめて解決しやすいものでもある。楽観的な環境問題の本を読む、心の準備はいいだろうか？

革新的な農家の運動の拡大により、この革命の基礎は築かれた。彼らは因習的な考えを打ち破り、土壌を集約的な耕作で荒らすのではなく、より肥沃にするように耕作方法を変えている。こうしたことを調べ始めた当初、正直なところ私は懐疑的だった。しかし調査の結果、私は確信するようになった。昔ながらの知恵と現代科学を融合した新しい農業哲学を定義づける一連の単純な農業慣行を取り入れることで、変化がもたらされる可能性があるのだ。

本書は、私がこうした農民に会い、彼らが農法の一環として、どのように肥沃な土を作っているかを知る旅の物語だ。しかしこの新しいタイプの革新的な農家の成功は、それだけでは終わらない。その秘訣は、彼らが収穫量を維持し、あるいは増やしながら利益を向上させていることにあるのだ。収益が増えたのは、化石燃料と農業用化学製品への出費が減ったためだ。彼らはこうした高価な資材に代えて、栄養、ミネラル、その他作物が成長に必要とする物質を効率よく運びながら、害虫や病原体をはねのける多様な土壌生物群を育むような農法を採用している。

この革命を主導する、野心的で現実的な農家のやり方の根底にある原理は、あらゆる農場、大規模なものにも小規模なものにも、ハイテクなものにもローテクなものにも、慣行の場合にも有機の場合にも有効だ。そして土壌の健康に重点を置くことで、希望は見えてくる。土についての考え方——とその扱い——を変えれば、世界に食糧を供給し、地球温暖化を防ぎ、土地に生命を取り戻す簡単で費用効果の高い手段が得られるのだ。

地質学者として、私は自分が世界を巡って農民たちの話を聞くとは夢にも思わなかった。まして国立自然史博物館からそのような調査が始まることになるとは……。

私は頭上の照明に目を細めながら、剝製のゾウの後ろに回り込み、その足の脇にあるおいしいブルーチーズにナイフを深々と突き立てた。妻のアンはカウンターの向こうの端でワインを狙っている。私たちはアメリカ横断のフライトの疲れが残っており、国立自然史博物館の円形大広間でのんびりしていた。おめでたいことに私は、よりにもよって化学肥料業界のロビイストが、新しい本を書く（取りかかる前にじっくり考えようと誓ったばかりだった）きっかけを与えてくれようとは思ってもいなかった。

それは二〇〇八年のことで、私は全米研究評議会が主催するシンポジウムで講演を頼まれていた。スミソニアンの新しい展示『掘り下げろ！　土壌の秘密』に関連して開かれたものだ。シンポジウムの目的は、土壌劣化問題に関する認識を高めることだった。このテーマは私の地質学者としての関心に近かった。加えて、私は展示についてのアドバイスを求められていた。当然ながら私はその結果がどうなったか見たかった。

その晩もっとも印象的な展示は、切り出した板状の土を、重厚な木の枠にはめ込んだもので、それは床から天井まで壁一面を覆っていた。それぞれアメリカの各州から来た五〇枚のパネルが並び、どっしりしたパッチワーク・キルトを作っている。アルファベット順に並べられたそれには、土色の虹がかかっていた——アリゾナの淡褐色、コロラドの茶、ダコタの黒、ハワイの赤。

このように並んでいると、色のパターンがわかりにくかった。私にはその地質学的な意味が理解できなかった——イリノイ、インディアナ、アイオワから持ってきた真っ黒な土の三つのパネルブロックを見るまでは。それから私は展示品を、アメリカの地図のとおりに頭の中で並べ換えた——真っ黒なグレートプレーンズの土が、西部の砂漠の淡褐色の土と赤錆色の南東部の土を分けるように。夢中になってビデオを見たり、ボタンを押したり、子ども向けのディスプレーを操作したりしている人たちのうち何人が、アルファベット順の配列でわかりにくかったとはいえ、カラフルな壁が私を引きつけたように、アメリカの土壌の地域的特徴に気づいていただろう。

他の客たちと一緒に円形大広間に戻ると、私たちは引き続きずらりと並んだワインとオードブルを賞味した。イベントのスポンサーである肥料研究所の厚意によるものだ。化学肥料の使用に差し迫った必要性があることを解説する講演が始まった。有機農業ではとても世界に食糧を供給できないと、講演者は語った。有機農法に惑わされた支持者は、大規模な飢餓のもとを作り出そうとしている。化学肥料は二〇世紀中に収穫量を倍増させ、世界を救った。今それは、再び私たちを救おうとしている。ゾウの腹の下から広間を見わたすと、研究所が目立つ場所に飾った「育み、補充し、茂らせる」というスローガンが、一五分前ほど無邪気なものに思えなくなっていた。

私はその頃、有機農法の収穫量が慣行農法に匹敵する事例に関する論文を読んで、まさにこのテーマに没頭していた。化学肥料が、劣化した養分に乏しい土壌で、収穫量を飛躍的に高めることを私は知っていたが、すでに肥沃な土地ではそれほど役に立たない。慣行栽培農地は有機栽培農地より生産量で勝っているというよく引き合いに出される結論は、耕作する人の特定の農法だけでなく、土地の状態によっても左右されるのではないかと、私は疑い始めた。一部の研究は、有機農法が慣行農法と同じくらい生産性が高く、そして化学肥料のような高価な資材を使わないので、より利益が大きいことを明らかにしている。この研究は私を迷わせていた。有機食品のほうが一般に高価なのは、生産にコストがかかるからだろうか、それとも余計に払ってでも欲しがる人がいるからだろうか。もし後者が正しければ、需要に対する供給量の増加で価格は低下するので、もっと多くの農家が有機農業を始めれば、より多くの人々にとって現実的な選択肢になるのではないだろうか。

案の定、そのような考えがこの晩の催しで強調されることはなかった。スポンサーの代表者による長広舌が終わりに近づくにつれ、私は、今しがた聞いた話と以前に読んだことのへだたりについて、考えずにいられなくなった。

翌日、アメリカ科学アカデミーでは、専門家たちが立て続けに違う説明をしていた。彼らは、有機物を使って土壌の肥沃さを維持することの重要性を強調した。世界的に著名な科学者たちは、土壌保全と土壌の健康が、増え続ける人口に食糧を供給するために、長い目で見ていかに重要かを語った。とりわけ、工業的に作られる化学肥料に頼ることを可能にした、安くて豊富な化石燃料を使い果たしてしまったあとでは。

オハイオ州立大学の土壌科学者ラッタン・ラルは、特に興味深い案を私に示した。炭素を土に返して、大気から取り除くと同時に土壌の肥沃度を向上させるというものだ。温暖化する地球において土壌の質を維持することが緊急の課題だと力説するラルは、ダークスーツにネクタイを締めて穏やかな口調で話す紳士で、格別革命家らしくは見えない。しかし、そのいかにも学者然とした物腰とはうらはらに、メッセージは急進的だった。ラルは、慣行農法は、炭素が豊富な土壌有機物を減らし、肥沃度を落とすだけでなく全世界で二酸化炭素の放出の原因になっていると主張した。農地に有機物を増やすことでより多くの炭素を土に戻せば、土壌肥沃度が、したがって食糧生産量が高まり、二酸化炭素放出の相殺に大いに貢献する。

もちろん難点もある。そうするためには、私たちの農業慣行を大幅に転換しなければならない。有機農業と慣行農業という区分はあまりに単純化しすぎではないかと、私は思い始めた。たぶん無機肥料は、他の多くの道具と似て、その使われ方こそが土壌を豊かにするか劣化させるかを左右するのだ。土壌の健康の増進は、農業用化学製品を控えることよりも、土壌を侵食から守り土壌有機物を増やす農法を採用することにかかっているのではないだろうか？　どうすればこれを地球規模でできるかを考えているとき、自分がすでにラルの足跡をたどり始めており、そしてすぐに世界中の農場への旅に乗り出すことになろうとは思いもしなかった。旅の終わりには、私は楽観的になっていた。土壌を劣化させるのでなく、よりよく保つように農業慣行を変えられることがわかったからだ。そしてそうすることは、世界に食糧を供給し地球温暖化を防ぐという、手ごわい問題の解決に役立つだろう。

目次

第4章　最古の問題——土壌侵食との戦い　52

第5章　文明の象徴を手放すとき——不耕起と有機の融合　69

第6章　緑の肥料——被覆作物で土壌回復　96

第1章　肥沃な廃墟――人はいかにして土を失ったのか？

文明は土の上に支えられている。
――トーマス・ジェファーソン（第三代アメリカ大統領）

世界に食糧を与え、汚染を減らし、大気から炭素を取り除き、生物多様性を守り、農家の収入を増やす比較的簡単で費用効果の高い方法があると、私が言ったら読者はどう思うだろう？　これが本当なら、世界中の政府が大慌てで採用するに違いない。まあ、あるにはあるのだが、採用されてはいない。少なくとも今のところは。

なぜか？　この解決策は、一世紀にわたる伝統的な知識と企業の利権に異議を唱え、何よりも地味な資源――足元の土――に対する考え方と扱い方の根本的な転換を要求するからだ。

しかしよいニュースに触れる前に、私たちが今いる場所と、そこへ至った道のりを見てみよう。それは明るい話ではない。私たちはすでに、少なくとも世界の耕作地の三分の一を劣化させてしまった。三分の一だ。そしてめったに耳にすることはないが、農地の劣化は世界的紛争、人口爆発、気候変動、淡水の供給量減少と同じく文明に大きな脅威を突きつける。

二〇一五年、国連食糧農業機関は全世界の科学者集団が作成した報告書を公表した。それは、土壌の劣化により世界の作物生産能力は毎年約〇・五パーセント低下していると試算していた。どう計算しても、このような傾向が長く続けば、必ずや重大な結果を引き起こす。それどころか、私たちはすでに外国企業が、開発途上国の農地を買い占めているところを見ている。現地住民の食糧を栽培するためではなく、自国向けに輸出するために。ナイジェリア、ソマリア、シリアのような干ばつと紛争に悩まされる地域では、食糧不足がすでに暴力に油を注いでいるので、このようなやり方は世界の安定にとって好ましいものではないだろう。

古典的な元素である土（土壌）、空気（気候）、火（エネルギー）、水の中で、一番最初のものは常に見過ごされ、あるいは公共の言説や政策において関心を持たれない。それでも肥沃な土壌は究極の戦略資源として考えられるかもしれない。石油のように代わりのものはなく、海水から淡水を蒸留するようにして作ることもできず、空気のようにフィルターできれいにすることもできないからだ。そして足元にあるものの価値を十分に認識していないから、私たちは昔からの過ちを世界的規模でくり返す危険を冒すのだ。

ローマ帝国からマヤ、イースター島に至るまで、偉大な文明が次から次へと表土を荒廃させた末に困窮し、やがて滅亡していった。しかし土壌劣化が人間社会に及ぼす影響は、単なる歴史のエピソードではない。これらかつて繁栄した社会が直面した問題に、われわれもまた直面しているのだ。ただし今度はノースカロライナからコスタリカ、インド、アフリカまで同時に。そしてすぐに手を打たなければ、各地で祖先が経験したような恐ろしい状況に、私たちは世界規模で陥るだろう。肥沃な土壌はさらに少なくなるのに、将来さらに数十億人多くの人口をどうすれば養えるだろう？

水資源の減少や森林の喪失のような他の環境問題とは違い、土壌肥沃度の低下は比較的気づかないうちに進行した。きわめてゆっくりと起きるので、話題になることはめったにない。そこが難しいところだ。西洋文明が原因で今では疲弊してしまったかつての楽園は、もっとも意識されることのない歴史の教訓の一つ、土を顧みない社会は長続きしないことをまざまざと示す。もはや他に行き場がない以上、過去の過ちをくり返すわけにはいかない。長期的な農業に適した土地のほとんど全部を、私たちはすでに耕し、開発し、あるいは荒廃させ放棄してしまったのだ。

しかし今日、世界を養うことは農学の問題というより経済と分配の（したがって政治の）問題だ。相当な面積の肥沃な土地を失ってはいても、私たちは目下、実際上はともかく原理的には、すべての人を養うのに足る食糧を収穫している。しかし肥沃な耕地が減り続け、一方で世界の人口が増え続けるなら、そう長いあいだ需要を満たすことができるという期待はできない。

もちろん、世界の飢餓の問題には別の性質もある。人口増のほかにも借地制度と、収穫したもののうち家畜の餌や車（バイオ燃料）に使われるものの割合という問題がある。だが、明日の世界をどう養うかを考える上で無視されすぎた要素が、土地に農業生産力を回復させる有力候補なのだ。われわれは本当に荒廃した農地に生産力を取り戻すことができるのだろうか。できるとすればどの程度の規模で――そしてどのくらい早く？

世界中で拡大する農家の活動が、旧来のやり方を転換し始め、土地に生命と健康を回復させている。しかしこの活動については、あまり聞こえてこない。商品を売り込むわけではないので、彼らの説明は、旧来の関係者によるものとは違っている。このような活動は勢いを増している。そのやり方を採用した農家は時間と費用を節約でき、多くは収穫を増やすからだ。こうしたやり方は、南北ダコタ州の巨大農場からアフリカの零細農場まで、農家の技術的レベルや規模の大小を問わず役立つ。そして、もし世界中で十分に実行されれば、それは文明が抱えるもっとも古い問題の一つを解決できるかもしれないのだ。

人類最悪の発明——犂

白状すると私は、自分が楽観的な環境本を書くとは思ってもみなかった。長年私は徹底した環境悲観論者で、人類はみずから引き起こした災厄へと頭から突っ込もうとしていると確信していた。そのようなおそれをまだいくらか抱いてはいるものの、私は長期的な見通しについてはるかに楽観的になっている。この数年、私はあちこちに旅行して、自分の土地に生命と肥沃さを回復させている先見的な農家に会ってきた。この経験から私は、土壌を世界規模で回復させるだけでなく、それを驚くほどの速さで実現することができると確信したのだ。

少なくとも私はそう願っている。私たちは今後一〇〇年のあいだに、安価な石油の枯渇、増え続ける人口、気候変動に直面するからだ。農業がどのように適応するかは、政治、経済、環境団体がそれぞれ競合するビジョン、政策、方針を主張しているため、まだ不確かだ。こうしたものがどう運ぶにせよ、それは国の運命を決め、将来の世代に残す世界の形を定める。

この問題に対する私の見方は、一〇年前に変わり始めた。その頃私は、おそらく一部の同業者にとって許しがたいことをした——土についての本を書き、それに *Dirt*（泥）という題をつけたのだ〔訳註：邦題は『土の文明史』〕。土壌学者は土を泥と呼ぶことを冒瀆だと考える。というのは、土と泥にはきわめて重大な違いがあるからだ。ひとつ例を挙げれば、土には生命が満ちあふれているが、泥は違う。ならばなぜ私のような地質学者が、岩を覆うものの重要性に関して、不敬な題名の本を書いたのか？　私の第一の研究目標は、景観が自然の過程によりどのように形成されるか、それが人間によりどのように変えられるかだが、世界中の景観の発達を調査するうちに、土壌侵食と劣化が人間社会にどのような影響を及ぼすかを認識するようになった。

地質学者の中には、人間は直接的にも間接的にも、自然よりも多くの土を動かしていると主張する者がいる。地球科学者は、人新世すなわち「人類の時代」という新しい地質時代まで提唱している。この時代がいつ始ま

斜面を犂で耕すたび、土は下に押しやられる（National Archives, photo RG-083-G-36711）

ったかには議論があるが、世界を変えたあらゆる発明品の中で、犂《すき》（プラウ。ウシやウマに引かせて耕す農具）は特に破壊力があった、そして今もそうであることは、疑いもなくはっきりしている。

そう、何かの間違いではない。犂だ。われわれが知る文明の始まりを助けた農耕の根源を象徴するものだ。犂により少数の人間が多数を養うことが可能になり、商業、都市国家、聖職者や君主や政治家など農業をしない人間のいる階層性社会がお膳立てされた。問題は、手短に言えば、犂が土地を風と雨による侵食に弱くすることだ。

天然の草地や森林には、広範囲に裸になった地面はめったに見られない。可能であれば、自然は植物という衣服を着る。植被をはがされた地面——耕したばかりの畑のように——は土壌が形成されるより早く侵食されるからだ。また耕すと、土は犂が通過するたび斜面の下へと押しやられる。このように、何世代にもわたって耕されると、斜面は徐々に──時には急速に──自然から与えられた表土を失っていく。そうして、嵐が来るたびに、犂が通るたびに、一度に一ミリ、土地はゆっくりと肥沃さをなくす。

世界中のさまざまな環境で侵食がどのように地形を形成するかを研究するうちに、私は社会の豊かさがその土地の状態を反映するらしいことに気づいた。この点をはっきりと悟ったのは、アマゾンでフィールドワークをしていたときのことだ。自給農業のために切り開かれたばかりの熱帯雨林の中で車を走らせていて、むき出しの畑が養分に乏しい風化した岩が見えるまでどれほど速く侵食されるかを私は見た。これが起きた場所では、貧しい家族がかろうじて生きていけるほどの収穫しか得られなかった。農民はすぐに移動し、熱帯雨林を切り払って新しい畑を作る。あとから牧場労働者がウシを連れてきて、耕作放棄地で草を食べさせる。これが終わりの見えない破壊の循環となっていた。別の旅では、南太平洋のマンガイア島で、減り続ける肥沃な農地をめぐる長い戦いの歴史を持つわずかな人口を、ひどく侵食された土壌がかろうじて支えているのを見た。

六つの大陸にわたる三〇年のフィールドワークを通じて、長く耕作され表土を失った地域は、その結果、疲弊していることに私は気づいた。一目でわかるサインは、崩れた溝と下層土が地表に露出した斜面に刻まれている。残った土壌のやせ具合はもっとわかりにくい。

しかし、それは注目する──そして逆転させる──価値のあるものだ。土壌の回復は、水、エネルギー、気候という根本的な課題や、さまざまな環境や公衆衛生問題に取り組む上で役に立つからだ。化学肥料への依存が生み出した窒素汚染は、アメリカ中西部の都市用水に影響し、メキシコ湾のミシシッピ川河口に巨大な死水域を作っている。農業排水中の過剰なリンは藻類の異常発生を招き、五大湖の魚を殺している。殺虫剤への直接の曝露や、食物源を枯らす除草剤の間接的影響は、ハナバチやオオカバマダラのような花粉媒介者の個体数激減を引き起こし、農業生産と生物多様性に深刻な影響を与える。農業化学製品への全面的依存は、うつ病やある種のがんのリスクの増加が農薬への曝露に結びつけられているように、人間の健康にも直接的に影響している。健康で肥沃な土壌の回復は、こうしたあらゆる問題に包括的に取り組む上で役に立つ。では、実現の可能性はどれほどのものだろうか？

自然と働く道

『土の文明史』執筆後、私は思い出せないほど多くの農業会議から、土壌の喪失と劣化の歴史についての講演依頼を受けた。おかげで私は、そんなことでもなければ決して行かないような場所（地質学者は普通、平らな農地よりも山地に引き寄せられる）へ旅行する機会と、普通なら出会わないような革新的な農家に会う機会を得た。最初、私はこの機会の意義が十分にわからなかった。だが、農家がどのように荒廃した土地をよみがえらせたかという話を次々と聞くと、私はこの差し迫った問題に関する彼らの意見を求めるようになった。そうするうちに、想像以上に自分が農民たちと立場を同じくしていることに気づき始めた。彼らの多くは耕起に有害な影響があることを、私と同じくらい（それ以上ではないにせよ）はっきりと見ていた。

二〇一〇年、ガイ・スワンソンはアメリカ中西部のカンザス州コルビーで開かれる農業会議での講演を私に依頼してきた。スワンソンの会社は、不耕起播種機のアタッチメントを販売している。これを使って農家は肥料の使用量を減らすことができる。不耕起農家は畑を耕さず、土にトウモロコシ粒の幅の狭い溝を開ける特殊な種まき機を使う。種は溝に落ち、すき起こしたときに比べ、まわりの土がかき乱されることははるかに少ない。

スワンソンのシステムは、一定量の肥料をまいたばかりの種一つひとつの脇と下に注入し、栄養を植物が必要とするちょうどその場所に――そしてそこだけに――与えるものだ。これで畑全体に散布するより、肥料の使用量は格段に少なくなる。農家は費用を節約でき、川、湖、海を汚染する化学物質の流出も減る。見たところウィンウィンだ。もちろん肥料メーカーを除けばだが。スワンソンは私が不耕起農業会議で講演するのを見て、土壌侵食という文明を破壊する問題について、不耕起農法と精密施肥に転換することを考えている見込み客の前で話してほしいと思ったのだ。

スワンソンの使い込まれた白いシボレー・インパラでコルビーにやってきた私たち二人を、巨大な看板が迎えた。実物より大きなヒッピー風のイエス・キリストが麦畑越しに様子をうかがっている絵が描かれている。私は不安になってきた。犂が歴史上いくつもの社会で土地を荒廃させてきた話をする、国の左端からやってきた教授を、スワンソンの客はどのように受け入れるだろうか？　昼食の前か後に街から追い出されるのだろうか？

講演が終わると、私は野球帽の海を見わたした。真ん中にいた年輩の男性がポケットに手を突っ込んだまま立ち上がり、あんたを一目見たとき、聞く値打ちのあることなどひと言もしゃべれやしないだろうと思ったと言った。私は次の言葉に備えて身構えた。しかし彼は驚くようなことを言った。話が進むにつれ、もっともだと思うようになったと言うのだ。私が話したようなことを彼は自分の農場で見ていた。そこにはもはや、祖父が耕していたような豊かに肥えた表土はなかった。自分の土地で働く孫が繁栄していくためには、何かを変える必要がある。

くり返し、農業会議のたびに、会場を出ていったり辛辣な言葉を私に浴びせたりすることなく、農民は耕起が長期的には土壌を損なう結果となる可能性を進んで認めた。驚くほど多くの人が、実体験からこれが事実であることを知っていると言った。年輩の農民は、自分たちが生きてきた間に土壌の質がどれほど落ちたかを話してくれた。毎年、気がつかないほどゆっくりと、しかし振り返ってみると一目瞭然だ。彼らは入れ替わり立ち替わり、現在慣例となっている耕起と集中的な化学肥料と農薬の使用のもとで土壌が劣化するのに気づいているとまくし立てた。

あとから考えると、農家が土壌喪失と劣化の双子の問題を認識していたことは、じつは意外ではなかった。なにしろそこで耕作して生計を立てている人たちが、土地のことを一番よく知っているのだから。

しかし私はスワンソンとの旅で初めて、金を節約する——そして増やす——ために化学物質の投入を熱心に減らそうとしている農家と、実際に話す機会を持った。ほとんどは技術と精密施肥を利用して、より少ない投入でより多くを得る可能性が気に入っていた。そして、多くは侵食を食い止めたいと願う一方、全員が収穫量を下げることなく翌年の肥料代を減らすというアイディアに惚れ込んだ。そこで私は、将来にわたって農業を続けるために必要だと個々の農家が考えるものに、より注目するようになった。私は彼らに、何をしているか——そしてどのようにしているか——を尋ねた。ほどなくして、答えの中に一貫した共通の要素が見つかった。

スワンソンと私がコルビーをあとにして、一九三〇年代のダスト・ボウル〔訳註：中西部の大平原地帯で断続的に発生した砂嵐〕の中心地へと南へ車を走らせていたとき、カンザス州では場所によって、ジョン・ディア〔訳註：農業機械メーカー〕の販売店が繁盛していたりさびれていたりすることに気づいた。通り過ぎる販売店のあるものは、ぴかぴかの真新しい緑色の機械を、きれいに手入れされた敷地内に並べていた。またあるものは、ぼろぼろのフェンスに囲まれた敷地に錆びた機械ばかりが目についた。この際だった差についてスワンソンに尋ねると、繁盛している販売店は農家が不耕起栽培をやっている郡にあるのだと言った。

これに私は希望を抱いた。なにしろ私が思い描いていた支配的な枠組みを変える方法は、大学教授たちがよく言うように、農家を良好な管理と経済的利益の組み合わせで誘導するというものだけだからだ。土壌を守り改善することで財布に残る金が増えることに農家が気づけば、歴史を通じて社会を壊してきた昔からの土壌劣化のサイクルを、私たちは断ち切れるかもしれない。

回復力があり、生産性が高く、永続的な農業を生み出すには実際に何が必要かを私は考え始めた。単純ですべての農場に当てはまる解答があるとは思えなかった。そしてその解答は、有機農業にすればいいというものでもないことはわかっていた。ほとんどとは言わないが多くの有機農家は、雑草を抑え種まきの準備をするために土地を耕している。社会が注目すべき基本的な疑問は、どうすればあらゆるタイプの農家が犂を手放し、作物を植えたあとと収穫したあと——何度もくり返し——土壌をよりよく保つことができるかだ。

そしていずれにしても変化は起きる——また、すでに起きている。読者が子どもの頃から今まで育った場所で、どれほどの土地が開発されたか考えてみよう。果樹園であれ畑であれ、平地であれ丘陵であれ、豊かな農地がはぎ取られて、新興住宅地やショッピングモールにされるのを私たちはみな見てきた。一九八〇年代、大学を出たての新米地質学者だった私は、サンフランシスコ湾岸地区の地盤調査会社で地盤検査技師として働いていた。当時肥沃な農地だったところを現在のシリコンバレーにするのに、請負業者が最初にやることは表土を取り除くことだと、私はすぐに知った。軟らかい肥沃な土壌は、あまり基礎の支えにならない。上に建物を建てれば沈下する。だから工業団地を造りたければ、表土はどけなければならない。工事が行なわれるたびに、豊かな黒土がトラックに積み込まれて埋め立て用に運び去られるのを、私は見た。そこには今後数十年、いかなる作物も育つことがない。そしてこの先、今世紀のどこかで頭打ちになるまで、世界の人口は増え続けるのだ。

過去の社会に起きたことを学び、農地の大規模な破壊を見た私は、人類が将来、食物を供給できるのか、真剣に疑うようになった。なにしろ自然が数センチの肥沃な表土を作るには数百年かかり、われわれはうかつにも、それをすべて数十年で壊す方向に進んでいるのだ。これは明らかにハッピーエンドにならない物語に思えた。私の妻が庭造りをしようと決意するまでは。

私が教授としての終身雇用資格を得た直後、妻のアンと私はシアトル北部に家を買った。中庭は荒れ果て、一〇〇年前からの芝生の下は生命のない泥で、ミミズは一匹もいなかった。しかしそこはアンが夢見た庭のスペースであり、私たちは白紙の状態から始めるための中庭破壊計画を乗り切った。それから新しい花壇の土壌改良に使うマルチ〔訳註：乾燥や侵食、雑草の発生を防ぐため、土壌の表面を被覆する資材。マルチング〕と堆肥を作るため、アンがありとあらゆる有機物を家に運んでくるのに、私は辛抱強く耐えた。あとで考えてようやくわかったのだが、わが家の庭の花壇は農場のミニチュア版だった。数年後、結果が見え始めた。土の色がカーキ色からチョコレート色になるにつれて、ミミズ、ヤスデ、クモ、甲虫などの生命が地中からわくように現れた。花粉媒介昆虫や鳥が続いて姿を見せた。生命の叫びが私たちの足元から現われ、地上に広がり、私たちの庭と世界を見る目を変えた。

有機物を使って肥沃な土を作る実証済みのやり方を私たちは再発見した。それは自然と共に働くという忘れかけた道へと、私たちを導くものだった。非常に驚いたことに、古代社会を崩壊させた土壌の劣化の逆転が、まさに自宅の裏庭で進んでいたのだ。そしてそれは思った以上に急速に起きていた。都市部にあるわが家の土壌が変わっていくのをこの目で見た私は、土壌生物が土壌肥沃度を高めるための要《かなめ》であるだけでなく、それを使えば土壌を自然が行なうよりもっと速く回復させられることを確信した。これは私が大学で学んだことと違っていた。大学では、土壌化学と土壌物理学が土壌肥沃度を決定し、自然が土壌を作る速度は氷河の歩みだと教わっていた。

アンと私が図らずもわが家の土壌に生命を回復させることになるはるか昔、オランダでは堤防を築いて陸を海から切り離し、計画的に海岸の砂を肥沃なことで知られる黒土へと変え始めていた。その土は今もヨーロッパで最高級の農地の一角をなしている。その秘密は何か？　有機物を畑に戻すことだ。

そしてオランダの工夫よりはるか以前、アマゾンのインディオは、有機廃棄物とかまどから出た炭を埋めて、肥沃な黒土テラ・プレタを作り、もともとやせた土の環境にある村のまわりに肥沃な表土の区画を生み出した。アンデス山地では、インカ族が段々畑を築き、それは何百年も耕作された今なお、自然の丘の斜面よりも肥沃な土を留めている。インカの技法はなじみのもの――有機物を畑に戻すというものだ。アジア一帯では、畜糞と「下肥」（人糞）を畑に戻す昔ながらのやり方が、同じ原理に従っている。こうした社会はいずれも、土作りを重視する農業慣行を通じて、肥沃な土壌を作り維持した。

自分自身の経験と、このような歴史を知ったことから、自然が肥沃な土壌を作るよりはるかに速く土壌有機物を、ひいては土壌肥沃度を人間が増加させることができると私は知った。しかしわれわれの農業政策はそれを妨げ、農家にまさにその足元にある道具を使わせまいとしている。それでも、農業のやり方は変えられると私は確信している。なにしろそれは、過去に何度も変わってきたのだから。

新たな革命――土壌の健康を求める農法

私たちの農業の過去を振り返ると、数多くの技術改革と、少数の本当の意味での革命があり、それによって一人の人間を養うのに必要な土地が大幅に減ったことがわかる。こうした変化は、土地が支えることのできる人口の劇的な増加と、それに伴って農業に携わる人口の割合の減少につながった。私の評価では、われわれはすでに、異なる時代、異なる地域ではあるが、農業における四度の大革命を経験している。

最初のものは農耕という概念の始まりと、続く犂と畜力の導入だった。これにより土地に定着した村が合併して都市国家に、そしてやがては拡大する帝国へと成長することが可能になった。二番目は歴史上の別の時点において、世界中で始まった。農民が土地改良のために土壌管理を導入したときだ。主にこれが意味したのは輪作、マメ科植物（土壌に窒素を増やす）の間作《かんさく》、土壌肥沃度を維持あるいは向上させるための堆肥の投入だった。ヨーロッパでは、これが一因となって借地制度の変化をあおり、小作農が都市へと追い立てられ、折よく安価な都市労働力の便利な供給源となって産業革命を促進した。

第三の農業革命――機械化と工業化――は、そのようなやり方を根底から覆し、安価な化石燃料と化学肥料集約的な手法への依存を招いた。肥沃さの基礎として化学肥料が有機物に富む鉱物土壌に取って代わった。これによってすでに荒廃した農地からの収穫高は増加したが、より費用がかかるようになり、農場にはより多くの資本が必要となった。そうすると今度は、大規模農場の拡大が促進され、農村から都市への世帯の脱出が加速した。第四の革命では、緑の革命とバイオテクノロジーの大躍進として知られるものの背景となる技術の進歩がもたらされた。それは収穫を押し上げ、知的財産権付きの種子、農業化学製品、商品作物の流通――つまり現代の慣行農業の基礎――を通じて食糧システムの企業支配を強化した。

人類が安い石油を使い果たそうとしており、土壌が失われ気候が変動するのと平行して人口が増え続けているなら、将来には何が待ち受けているだろう？　世界中の多くの科学者による最近の研究は、もし社会が今世紀後半に破滅的な食糧不足が起きるのを避けたければ、現代の農業慣行をいま一度変えなければならないと結論している。それはどのくらい心配なのだろう？　メソポタミア、古代ギリシャ、その他土地の劣化が原因で衰退したかつての大文明がたどった運命を考えてみるといい。化学的に合成された代用品に頼るのではなく肥沃な土壌作りを信頼したとすれば、農業はどのようなものになるか、今こそ私たちは問う必要がある。この新しい、第五の農業革命は、どのようなものだろう？

その先頭に立つ人たちはさまざまな名前で呼んでいる。アグロエコロジー、環境保全型農業、再生可能な農業、茶色の革命。こうした手法の支持者たちには、将来の農業における有機農法や遺伝子工学の役割を強く否定する者もいるが、土壌の健康をその農法の中心に据えるという共通点を持つことのほうを、私は印象深く感じている。*

国連が国際土壌年二〇一五を宣言すると、私は土壌をテーマにした会議から、さらに多くの招待を受けるようになった。土壌の健康への関心は、そのほんの数年前と比べても、農家のあいだで急速に高まっていた。農家が、どのように耕作方法を変え、土地に生命と肥沃さを回復したかを話すのを聞くたびに、私は楽天的になっていった。しばらくして、私は思い始めた。今度こそ本当に間違いなくできるかもしれない。たぶん私たちは、農業によってみずから破滅するという太古からのくり返しを変えることができるだろう。これは、古い物語の結末を——農場ひとつずつ——書き換えていくかもしれない、新しい動きの始まりなのだろうか。

土壌の健康を中心にした農業革命とはどのようなものか理解しようと、私はいくつかの大陸を渡り歩き、自分の土地に生命を復活させている農民のもとを訪れる旅に出た。私が突き止めたことは、現代農業の中核をなす神話を打ち砕き、われわれをもっとも悩ませている問題のあるものの解決に役立つ単純で効果的な方法を示していた。一つひとつを見ると、これらの事例は、農業のやり方を変えれば慣行農業も有機農業も持続可能な事業にできることを物語っていた。全体としてこれらは、われわれが世界を養い、地球温暖化を防ぎ、土地に生命を取り戻せることの説得力のある実例だった。

さまざまな地域の農民が、土を回復させる理由を私に話すと、物語は一つになりだした。侵食を止めることはたいてい挙がっていた。水、石油、化学肥料、農薬の消費量を減らして金を節約することは常にあった。目的が一致していることは、古代社会を破滅させた土地荒廃のサイクルを抜け出す上で好都合だ。

私が出会った農民のすべてが同じやり方をしていたわけではない。そんなことがあろうはずもない。彼らはさまざまな地域でさまざまな作物を、さまざまな土壌とさまざまな気候のもとで栽培しているのだ。ある者は家畜を農場経営に組み入れていた。またある者は被覆作物を選んだ。最先端のトラクターの運転席に収まって、地平線まで続く畑で耕作している者もいた。またある者は家族を養うために、熱帯の小さな農地から手作業で何とか生計を立てていた。その条件と方法がどれほど多様でも、彼らはすべて、農業を、自然と対立するものではなく、自然と共に働くものとして見ていた。彼らがみな、共通の原則に従って操業していることに気づいたとき、新しい農業革命の基礎はすでに築かれていることを私は知った。

この旅は、よくある論争——有機農業対遺伝子組み換え作物、慣行農家対環境保護活動家、ウシ対地球環境——に対する自分の見方に疑問を投げかけた。農法を少しばかり変えれば、慣行農家であれ有機農家であれ、あらゆるタイプの農家にプラスになるという新たな認識を私は得た。

私にとっておそらくもっとも印象深かったのは、この動きが政府、大学、環境団体ではなく個々の農家に刺激されて、下から上へと拡大したことだ。当然のことだが、農家は、うまくいった、あるいはうまくいかなかったという経験を分かち合った。そして詮索好きな近隣の住人は、馬鹿な隣人が変わったことをやろうとしているのに——そして自分たちより収穫を上げ、何年も続けて収入を増やすのに——気づく。やがて私は悟った。これこそまさに、われわれが今度こそ土地の疲弊と社会の衰退という昔からのサイクルを、本当に断ち切れるかもしれない理由なのだ。主要な長期的資産、つまり土地の肥沃度に再投資する再生可能な農法を採用することは、個々の農家にとって経済的に理にかなうようになり始めているのだ。

私が訪問した農民からはっきりと伝わってきた唯一のメッセージは、土の生産力の回復は、すぐにできて儲けにつながるということだった。しかしそのためには、今までと違うやり方でやること、慣行農法を捨て、健康な土作りは農家にできる最高の投資だという考えに賭けなければならないということだ。何よりそれは、規制による抑制と、懐疑的な企業や大学の農業コンサルタントに逆らって、新しいことに挑戦する勇気を必要とするようだ。こうした農家は変化を勧められたわけではなかった。根本的に新しい形の農業を行なう必要があると、自分で判断したのだ。

さまざまな社会、環境、経済条件にある農家が、予想外の速度で土地を癒やし改良するのを見て、私はこの本を書こうと思った。先の旅で私は、これはアグリビジネスと持続可能な社会の提唱者のいずれに耳を傾けるか、あるいは現代の技術を取るか産業革命以前の農業へ戻るかという問題ではないということを学んだ。それは単純化しすぎだし、誤解のもとだ。土壌肥沃度を回復させる上でもっとも有望な前途は、農業技術とアグロエコロジーを調和させることにあるからだ。昔の人の知恵と現代科学を融合することが、農業を持続させながら、それを生かして気候変動を遅らせる道であると、私は信じている。

私にとってもっとも印象的だったのは、これまでと違う考え方をすることの力——と可能性——を知る人たちが、新しい動きの原動力になっていたことだ。なるほど、現在進行中の遺伝子工学、精密農業、微生物生態学の進歩は、それぞれに違った形の取り組みを提示し、それぞれに固有の長所と落とし穴がある。しかし私は、次の農業革命の基礎は、土をどのように考えるかに立脚するだろうと思っている。それが他のすべて——特に知識と技術をいかに意のままに使うか——を左右するからだ。

土壌の劣化と有機物の喪失は、現在人類が直面する環境危機の中でももっとも過小評価されているものだ。しかしゼロからの根本的な変化の準備は整っている。農家の短期的な利益は、長期的な土壌肥沃度の保全とますます同調するようになっているからだ。

知られている最古の芸術の中に、長く忘れられていた豊穣の神の描写があることは、偶然ではない。数千年来、人間は、豊作を確かなものとするには気まぐれな神々のご機嫌を取らねばならないと信じていた。しかし古代エジプト、ギリシャ、ローマの時代から、土壌の肥沃さについての私たちの見方は、視点の劇的な変化を通じて進化している。文明の基礎たる農業が侵食されるのを防ごうとするなら、今それは再び進化しなければならない。

すでに進みつつはあるが、革命はまだ道半ばだ。あらゆる革命がそうであるように、それは強大な既得権益と因習的な思考からの抵抗に遭っている。それでも革命が成功すれば、人類のもっとも差し迫った問題を解決するだろう。この宇宙にぽつりと浮かんだ岩の上で、われわれすべてをどうやって食べさせるかという問題を。

*——土壌の質は土壌の無生物部分を意味するが、土壌の健康には土壌生物の状態も含まれる。

第2章　現代農業の神話——有機物と微生物から考える

大きく急激な変化ほど人間の精神にとって苦痛なものはない。
——メアリー・シェリー（小説家）

世界の石油供給の予測は、われわれが原油生産のピークをすでに通り過ぎたか、もうすぐ越えることを示している。供給曲線を滑り降りるにつれて、石油への依存を続けることはますます無謀になっていく。そして、未採掘のシェールオイル、タールサンド、石炭の埋蔵量は莫大にあるかもしれないが、現在わかっている世界の化石燃料の埋蔵量を四分の一燃やしただけで、世界の気候は、作物の収穫量を減らし農業を不安定にするほどに変動すると、鳴り物入りで公開された予測において試算されている。『ネイチャー』誌に発表された二〇一五年の論文は、気候変動の幅をきわめて悪影響のある二℃未満に抑えるには、われわれは世界の石油埋蔵量の三分の一、天然ガス埋蔵量の半分、石炭埋蔵量の八〇パーセント以上について使用を控える必要があると試算した。

災厄を避けるためにシェールオイル、タールサンド、石炭をどれくらい地下に残しておく必要があるかという議論が意見の分かれるものであることは、秘密でも何でもない。農業が世界の化石燃料排出に占める割合は四分の一に満たないが、いずれにしても影響はあるだろう。そして作物の成長の実証研究は、地球の気温が一℃上がるごとに主要穀物の収穫量が一〇パーセント減少すると予測している。

私たちはすでに、これがどのようなものかを見ている。二〇〇三年のヨーロッパの熱波は、収穫高を最大三六パーセント減らした。このときの夏の平均気温は、二〇世紀の長期的な平均より三・六℃高かった。だから、化石燃料を燃やし続け、大気中の二酸化炭素を増やし続ければ、人口が増える一方で収穫は減ることになるだろう。しかし、化学肥料製造と農業機械の運転のために化石燃料を使うのをやめれば、収穫を支える現在の頼みの綱を手放すことになる。この板挟みが、世界的な災害とまではいかなくても、地域の不安定化と紛争の原因となっている。

二〇世紀を通じて、テクノロジーは農業を作り替えてきた。そのため現代農業は、そう遠くない将来にわれわれが失うことが確実なもの、つまり豊富で安価な石油なしには存続できない。どこからどう見ても、気候変動と食糧不足の両方を解決したければ、農業を化石燃料集約的なやり方から切り離さなければならない。

本質的な問題は、農業が変わるかどうかではなく、どう変わるか——そして変わったあとで土地の、ひいては社会の回復力がどのように残るかだ。地球上に一年分の食糧供給がないことが普通になっている時代、地域的な不作は世界の食糧供給に影響をもたらす。これは、農業の回復力が食糧安全保障と社会の安定にとって最優先事項であるということだ。

食糧暴動の脅威はきわめて現実のものだ。今日ほとんどの都市には、いつでも手近にそこそこの食糧供給がある。そして、食糧は最後の通貨であり、どちらも不足した場合には現金よりも価値があることは歴史が証明している。政府が市民にパンを無料で提供できなくなると、古代ローマで暴動が起きた。パリの食糧暴動はフランス革命に火をつけた。しかしこのような危機は単なる過去のものではない。二〇〇八年には食糧暴動がアジア、アフリカ、中東で発生した。二〇一三年には飢えた人々がエジプト、トルコ、シリアの干ばつに痛めつけられた地域で暴力に訴えた。同様のことが二〇一五年にベネズエラとソマリアでもあった。飢えた人々は柵や国境線に構わない。

一〇〇億人に確実に食糧を供給するという来るべき課題に人類が対応できなければ、肥沃な土地をめぐって地域紛争が起きることは想像に難くない。すでに今日の世界の発火点は、歴史的な土地の荒廃の遺産を反映しているものが多い。たとえば中東では聖書の時代以来、部族間の敵意によって、肥沃な土地をめぐる紛争が起こっている。世界の人口が増え続けている中で、私たちが肥沃な土壌を失い続けるなら、地域的な食糧不足は避けられないだろう。

一九世紀イギリスの学究肌の牧師、トーマス・マルサスは、幾何級数的に急増する人口が一定の割合でしか増えない農作物収穫量をやがて追い越すと、忌まわしい予言をした。あとになってマルサスが正しかったと証明されるかもしれないが、今のところ悲観主義者の王のシナリオ通りには運んでいない。歴史上、何度かの農業革命が起き、周期的な飢饉や災害はあったものの人口を増やし続けることができたからだ。

私たちはウサギをもう一羽、共有の帽子から取り出すことができるだろうか？　たぶんできる。だが、差し迫った問題を解決するためにまだ存在しない技術を当てにするのは、馬鹿げていないだろうか？　特に、今回の鍵は新技術に頼るのでなく、土壌と肥沃さに対する考え方を根本的に変えることかもしれないというときには。

神話の真実――化学製品は世界を養うか？

人間一人を養うのに要する土地の面積は、歴史を通じて減ってきており、世界の農業は今では一人あたり二分の一エーカー（〇・二ヘクタール。一エーカー＝〇・四ヘクタール）も必要としないところまで来ている。

人類が狩猟採集生活を送っていた時代、たった一人を支えるのに約二五〇エーカー（一〇〇ヘクタール）が必要だった。もし今も一人あたりそれだけの土地が必要だとしたら、現在の世界人口を支えるのに地球が五〇〇個いるだろう。農耕以前の食糧供給に戻ることは選択肢としてありえない。

もちろん、短期的には生産高を引き上げるが長期的には土地を荒廃させる農法も、長続きはしない。結局、コメディアンのウィル・ロジャースが土地について述べた有名な皮肉のように「もう使い物にならな」くなるのだ。数十億人を末永く養えるように世界の文明を維持していこうとするなら、集約的農業を存続させられる農法を考え出さねばならない。問題は、どのようにして、だ。

すでに土地に生命を回復させた農民の話を聞くと、現代農業の主な神話の正体がいくつかはっきりした。彼らは再三、慣行農法から離れることで土の肥沃度を増やし、農場の採算を改善したと私に語った。その体験談は、工業化され化学製品を多用する農業が今日の世界でわれわれのほとんどを食べさせ、より効率的であり、明日の世界を養う唯一の方法であるという思想を打ち砕くのに役立った。こうした因習的な知識を支える柱は、どれも事実ではない。一つひとつをもう少し詳しく見てみよう。

【神話その1】工業化され化学製品を多用する農業が今日の世界を養っている

国連食糧農業機関によれば、家族経営の農家が世界の食糧の八〇パーセントを生産し、世界の全農家のほぼ四分の三（七二パーセント）は一ヘクタール未満の規模だ。言い換えると、人類の多くは小規模な農場で栽培したものを食べているのだ。もちろん、大規模な工業化された農場は比較的少ない人数で、先進諸国に住むわれわれに食糧を供給できる。今日、アメリカで農民の割合はわずか一パーセントほどだ。しかし世界の農民のほとんどは、自分自身と家族を養うために耕作している。だから、工業的農業は先進諸国を養うが、人類を養ってはいない。それでも、私たちすべてが自分の農場で暮らし、そこで働くつもりでなければ、大規模農業は必要だ。だが農場は大きければ大きいほど効率がいいとは限らない。そこで第二の神話だ。

【神話その2】工業化され化学製品を多用する農業のほうが効率的である

ほとんどの産業には規模の経済があり、操業規模が大きくなるほど製造単価は下がる。しかし効率は生産単位あたりの資源使用量の観点から見ることもできる。一九八九年の全米研究評議会による権威ある研究は、「よく管理された代替農法はほとんど常に農薬、化学肥料、抗生物質の生産単位あたりの使用量が、慣行農法に比べて少ない」[*1]と結論している。

では、大規模な農場は単位面積あたりより多くの食糧を生産しているのだろうか？　そうではない。そうした農場は特定の作物をより安く生産するかもしれないが、全体としてより多くの食糧を作っているわけではないのだ。

一九七〇年代、当時のアメリカ農務省長官アール・バッツが農民に「大きくなれ、さもなければ去れ」と忠告したが、それは面積あたり食糧が生産できる量よりも、近代的な商品作物栽培への資本の要請にかかわっていた。大方の生産過程とは異なり農業には、総産出量という点で規模の経済が逆にはたらく。大規模で機械化された農場がより多くの食糧を生産するという広く行きわたった誤解は、単一の作物のヘクタールあたり生産高がもとになっている。多様な作物を栽培する農場は、全体としてヘクタールあたりより多くの食糧を生産する。小規模で多様性の高い農場は、工業化された単一栽培の大規模なものより、面積あたりの生産量が多いのだ。

農業においてはこのように、大きければ効率的とは限らないことが数十年前からわかっている。一九九二年のアメリカ農業センサスの報告によれば、小規模な農場はエーカーあたり、大規模な農場の二倍もの生産高をあげている。世界銀行さえも、食糧安全保障が差し迫った問題となっている開発途上国で農業生産を増やす方法として、小規模農場を推奨している。

現代農業の効率についてもう一つの考え方が、私たちは食品一カロリーを栽培するのに一〇カロリーの化石燃料を燃やしているというものだ。このため、われわれは石油を食べていると言われている。だが、天然ガスを食べていると言ったほうが正確だろう。工業的な化学肥料生産は手に入りやすく安価なエネルギーに依存しているだけでなく、原材料として大量の天然ガスを消費するからだ。どんな生物も長期的に生きていくためには、食べることによって得られるエネルギーが、食物を手に入れるために消費するエネルギーを上回っていなければならないのは自明の理だ。現代社会がこの簡単な生存能力試験に合格しないことは、未来に関心を持つ者すべてにとって心配事であるはずだ。これが現代農業の第三の神話につながる。

【神話その3】集約的な農業化学製品の使用が将来の世界を養うために必要となる

近年、二〇世紀の後半に顕著だった収穫高の増加率が、頭打ちになり始めた。化学肥料の使用量を増やすだけでは収穫量を上げることができなくなった。すでに作物が吸収する量を大きく超えて与えているからだ。また肥料に対する植物の反応は、土壌有機物が少ない劣化した土壌で最大になる。言い換えれば、すでに肥沃な土壌に化学肥料を施しても、あまり収穫高は上がらないのだ。農業化学製品の集約的な使用が世界を養うとたびたび言われるが、ここには見落としているものがある。土壌肥沃度を回復し、慣行農場にせよ有機農場にせよ少ない投入量で収穫を向上させる方法を採用して、生産量を増やす可能性だ。

これまで述べた三つの神話以外にも、検討に値するものがいくつかある。有機農業は、日常的に耕起していれば、慣行農業と同様に持続可能でない場合もあることが明らかになっている。何しろ合成化学製品を投入しない農業こそが、古代社会を疲弊させたのだ。また、現代の農家が農地に施している化学肥料を、すべて置き換えられる十分な量の有機堆肥が、本当にあるだろうか？　他に手だてはないのだろうか？　これから見ていくように、有望な選択肢には被覆作物、特に窒素固定能力のあるものを緑肥として栽培するというやり方がある。

さらに、世界の作物生産量を劇的に増やす必要があるという予測は、世界中で所得が上昇するにつれて、穀物を飼料にした肉と加工食品が多い西洋式の食事が普及するという仮定に基づいている。しかし科学的研究の結果と大衆メディアにより、現代の慢性疾患の増加が西洋式の食事と関連づけられるようになってきた。このため欧米では消費者の行動が変わり始めており、他の国の人々も、予想されたほどには西洋式の食事を受け入れたがらないということもあり得る。先進国も開発途上国も、適量の肉と、繊維質が豊富な植物性の自然食を含む健康な食事を受け入れるなら、すべての人に食糧を与え世界の健康を改善するという問題の解決に大いに役立つかもしれない。

予測される世界の食糧需要の増加を遅らせるもう一つの方法が、食品廃棄を減らすことだ。作物全体の三〇から四〇パーセントは——農薬の大量使用にもかかわらず——害虫と病気によって失われる。[*2] そして全世界で生産されたすべての食糧の約四分の一は収穫後に失われるか、生産から消費のあいだに無駄になる。これらをすべて合わせると、栽培される作物の半分は、誰かに食べられることがない。アメリカだけで毎年六〇〇〇万トンの食品を廃棄している。これは日常的に飢餓に直面している五〇〇〇万のアメリカ人に食事を提供してまだ余る量だ。

こうしたことが意味するのは、増大する人口を養うのに十分な食糧を生産するための方策を、単純に収穫量によって評価するのでは視野が狭すぎるということだ。では、明日の世界に食糧を与えるためには、他にどのような要素を考慮する必要があるのか？　当然、健康的な食事の採用と廃棄物の削減はちょうどいい出発点だ。それでもやはり、最終的にはより多くの食糧をより少ない資源で栽培する方法を探し、実行することになる。われわれは収穫を減らすことなく、農業による環境への影響と二酸化炭素の排出量を減らす——そして永久にそれを継続させる——必要がある。風力や太陽光のような低炭素エネルギーへの移行は、政治的にはともかく、技術的、経済的には現実性が高い。全世界に食糧を供給するためには、ある程度の化学肥料を使う必要があるだろうが、それを減らしてもやっていける方法を考え出すことも必要だ。そしてきっと考え出せると、私は信じている。私が出会った農民たちは、すでにそうしている。

じつは、知れば知るほど私はわからなくなった。農業政策の決定者たちが、農業の未来として農芸化学とバイオテクノロジーだけに注目しているかのようなのはなぜか？　技術の進歩を利用すべきでないというのではない。だが、それを信奉するあまり、効果的な方法が見えなくなってはいけない。土壌に生命と肥沃さを取り戻すことは、土壌の健康改善に効果があることがすでにわかっている、今ある技術と方法を使って、今すぐにできることなのだから。残念なことに、こうしたやり方は農業政策の世界を支配する因習的な立場と、角つき合わせることになるのだ。

遺伝子組み換え作物が招いたいたちごっこ

数十年前、遺伝子組み換え作物の支持者は、収穫量の増加と肥料および農薬の使用量減少を約束した。それは実現したのだろうか？

全米研究評議会の遺伝子組み換え作物委員会による二〇一六年の報告書は、「アメリカにおけるトウモロコシ、綿花、ダイズの全国的データには、収穫量の増加率に遺伝子操作技術が影響した顕著な形跡が見られない」と述べている。[*3] これは農薬使用にとって善し悪しだ。除草剤抵抗性のある作物は、広範囲に効き目を持つ除草剤グリホサートの使用を一九九六年以降、大幅に拡大した。その結果、グリホサートに耐性のある雑草が広まり、他の除草剤の使用も増えている。一方、遺伝子組み換えBt作物（害虫抵抗性作物）は殺虫剤の使用量を五パーセント以上減らし、環境への悪影響が特に大きい殺虫剤が広く使われなくなるのに一役買った。[*4] それでも全体としてアメリカでの殺虫剤の使用量は、二〇一二年の研究によれば、遺伝子組み換え作物の採用の結果、約七パーセント増えている。収穫が増えて農薬使用量が減るという主張は支持されないようだ。

だが、遺伝子組み換え作物は環境への利益を多少もたらすという研究結果も報告されている。特筆すべきは、グリホサートを用いると簡単で融通の利く効果的な雑草抑制ができるようになり、不耕起栽培が増えて土壌侵食が減ったことだ。またBt作物の採用により一部の毒性が高く広範囲に作用する殺虫剤の使用が減った。しかし遺伝子組み換え作物は新しい、そして予想もしなかった問題も引き起こしている。遺伝子組み換えトウモロコシとダイズが広く採用されてからわずか数十年で、除草剤抵抗性のある雑草とBt抵抗性を持つ貪欲な線虫（顕微鏡サイズのミミズのような生物で植物の根を食い荒らす）がたちまち重大な問題となった。これはつまり、今日の農家は現状維持のためだけに出費と労力を増加し、勝つ望みはないが負けるわけにいかない闘争を挑んでいるということだ。

しかし農業の未来をめぐる論争が、有機農法と遺伝子組み換え作物のような農業科学技術の二者択一として提示されるなら、それは誤りだ。むしろそれは哲学の相違、栄養循環と土壌の健康を向上させることに基づいた農業慣行か、それとも土壌肥沃度を枯渇させ、低下した土壌の健康を技術と工業製品で置き換え、あるいは埋め合わせようとするかというものなのだ。たいていの場合、後者は短期間のうちには、特に土壌がすでに劣化している場合、経済的に見合う。そこにわれわれが直面する現代の危機の核心となる、真の困難がある。つまり農家に商品を供給する企業の当面の金銭的利益が、農地の土壌の健康と肥沃度を維持するという全体の利益と必ずしも一致するわけではないということだ。

農家の短期的な利益と社会の長期的なニーズを、どうすれば一致させられるだろう？　それには伝統的な知識を、新しい農業システムを特徴づける現代の慣行に合わせてアップデートすることだ。そうするためには、私たちは土にかかわるもう一つの神話——土壌有機物は植物の養分ではない——を再考する必要がある。直接的には、もちろん、そのとおりだ。植物は炭素を光合成によって大気中から得る。だが、有機物は間接的に土壌生物の餌となり、周知のとおりそれは、植物の栄養と健康に重要な役割を果たす。奇妙なことだが、生命を土に取り戻す可能性は、私たちが死んだものと目に見えないもの——有機物と微生物——をどう見るかにかかっているのだ。

＊1——National Research Council, Committee on the Role of Alternative Farming Methods in Modern Production Agriculture. 1989. *Alternative Agriculture*. Washington, D.C.: National Academy Press, p.9.

＊2——「農薬」は殺生物剤を指す一般的な用語で、除草剤、殺虫剤、殺菌剤、その他病害虫を撲滅することを目的とするさまざまな薬剤が含まれる。

＊3——National Research Council, Committee on Genetically Engineered Crops. 2016. *Genetically Engineered Crops: Experienc-*

es and Prospects. Washington, D.C.: National Academy Press, p.65.

＊4——Ｂｔトウモロコシは、Ｂｔ毒素を作り出すように遺伝子組み換えされている。これは土壌細菌バチルス・チューリゲンシス *Bacillus thuringiensis* から取り入れたタンパク質で、ヨーロッパアワノメイガやアメリカタバコガの幼虫を殺す。この毒素は広域殺虫剤と違って選択的であり、他の目《もく》の昆虫には無害だと考えられている。

第3章　地下経済の根っこ——腐植と微生物が植物を育てる

農家として成功するには、まず土の性質を知らねばならない。
——クセノフォン（古代ギリシャの軍人・文筆家）

人類の歴史の大半を通じて、有機物が土壌肥沃度に果たす役割は、秘密でも何でもなかった。農民と哲学者は共に、腐植——土壌有機物——が植物を育てると信じていた。少なくとも、二つの重大な発見が、この長年抱かれてきた信仰を失墜させるまでは。最初は光合成の発見だった。つまり植物は炭素を、したがってその質量の大部分を、土壌ではなく大気中から得ているということだ。二番目は、ほとんどの腐植が不溶性であり、植物の根が吸い上げることができないという観察結果だ。だから土壌有機物は植物の栄養とはならないのだ。

腐植説に代わって登場したのが、土壌を植物が栄養を取り出す化学物質の貯蔵庫とする考え方だ。一九世紀前半にドイツの化学者ユストゥス・フォン・リービッヒは、必須栄養素の欠如が植物の成長を制限しうることを示した。また、比較的不足している成分を追加することで植物の成長が促進されることを実証した。荒廃した農地を耕作する農家は、カルシウム、リン、またはカリウムを加えてやることで、祖父の代からこちら見たこともないようなレベルまで収穫を回復できることを知った。

窒素とリンに富むグアノ、つまり南太平洋でさかんに採掘されていた鳥の糞を与えても同じことだった。その供給が一九世紀末に減り始めると、ヨーロッパと北アメリカの作物収穫高は、数世紀にわたる土壌の喪失と劣化のために危機にさらされた。農作物に十分な窒素を確保することは、最優先の課題となったのだ。

窒素ガスはこの世界にあふれている――それは地球の大気の約八〇パーセントを構成する。だから植物は必要な窒素を空気中から取り込めるではないかと思うかもしれない。炭素の場合は光合成を通じてまさにそうしている。だが窒素ガス分子を構成する二個の原子の三重結合は、とてつもなく安定している。だから窒素はアミノ酸、タンパク質、ＤＮＡを作るのに欠かせないのに、生物学的に利用可能なものは多くない。これはつまり、窒素が植物の成長にとって制限要素となりやすいということだ――特に有機物の少ない土壌では。

しかし窒素の安定供給を確立することには、もう一つの戦略的動機がある。それは高性能爆薬の製造に不可欠なことだ。一九〇九年、二人組のドイツの化学者――フリッツ・ハーバーとカール・ボッシュ――がアンモニアの合成方法を発見した。水素ガスを供給原料にして、彼らは高圧下で触媒を用い、高温で機能する工程を開発した。窒素の製造能力は、第一次世界大戦の悪夢を長引かせると同時に、荒廃した土地（そのような土地はいくらでもあった）で収穫をあげる安価な化学肥料という奇跡を生み出した。

戦後、連合国はハーバー・ボッシュ法の秘密の引き渡しを要求し、軍需工場の近代化を図った。数十年後、第二次世界大戦が終わると、連合国は遊休化した軍需工場を肥料生産に振り向けた。冷戦が激化していたらこの変化もすぐに逆行しただろうが、そうはならなかった。安い肥料が広く手に入るようになると、緑の革命による品種改良が生み出した肥料と相性のいい新種のコムギやコメと相まって、世界の作物収穫高は倍増した。

化学肥料は劣化した土地で短期間に収量を上げることができるが、豊かで肥沃な土壌での収穫増は、せいぜいぎりぎりというところだ。じつのところ、肥料として与えられた窒素の半分ほどしか、作物は吸収しないのだ。吸収されなかった分はその場にとどまらず、農地の外で問題を引き起こす。ほとんどの化学肥料は、水に溶けやすく作られているため、地下水に染み込みやすい。秋に大量に施肥すると、春までに多くが川、貯水池、井戸に達するのだ。

回帰の原則――菌根菌の役割に気づいた農学者

ハーバーとボッシュが窒素というランプの精を呼び出してからすぐ、イギリスの鋭敏な農学者が、この農業への新しい福音に疑問を持ち始めた。長年にわたりインドで、商業プランテーション向けに大規模な堆肥づくりの方法を開発した研究結果に基づいて、サー・アルバート・ハワードは一九三〇年代に還元の原則を提唱して、有機物を畑に戻すことが土壌と作物の健康、豊かな収穫に欠かせない理由を説明した。栄養がどのように植物に届くか、あまり知識がない時代に、ハワードは菌根菌が大きな役割を果たしていると考えた。

ハワードの実験では、よくできた堆肥は菌根菌の成長を促進した。また菌根が豊富な農地は、健康な作物を安定して豊富に生み出した。ここからハワードは、菌類が自然の再生業者だと考えた。菌根菌は腐敗する有機物を餌とし、植物にとって欠かせない栄養素を供給する根の延長としてはたらくのではないだろうか。このハワードの考えでは、化学肥料は土壌有機物の代わりにはなりえなかった。元素をいくつか与えても、菌類が集めて植物に届けている土壌中のすべての無機栄養素と物質を供給できるわけではないからだ。

ハワードは一般的な傾向は把握していたが、なぜ菌類が植物に栄養を与えるのか、しっかりとは説明できなかった。農学者たちにとって、ハワードが語る利他的な菌類の魔法は、ただそれだけの話に思えた。それでもハワードは、時流に乗った農芸化学はやがて行き止まる通りを驀進《ばくしん》していると確信していた。

……動植物の病気の増加が、どうやら化学肥料の施用に関連しているという確信が強まりつつある。複合農業が行われていた昔には、噴霧器もないし、口蹄疫の発生のような被害も今日と比較するとたいしたことがなかった。菌根の共生に関してそれらの違いに気づく手がかりは、あらゆる時代にあった。しかし、その手がかりを見つけられなかったのは、当時の試験場が……土壌の栄養分のみを研究対象とし、植物と土壌とが強い連動性を有しているという視点を見失っていたからだ*……。

（『農業聖典』アルバート・ハワード、二〇八〜二〇九頁）

菌類やその他の微生物が、植物をどのように助けているか説明できなかったため、ハワードによる旧来の知識への挑戦は、科学界からの関心を徐々に失っていった。一方、化学肥料が、劣化した農地で低下した収穫を復活させる奇跡に近い効果は一目瞭然だった。またたく間にハワードの考えは、化学肥料を集中的に投入して収穫をあげる緑の革命の手法の陰で色あせた。

土の中の生命――根の回りで起きていること

農業にまつわるもう一つの影響力のある神話は、私が大学で学んだ、半ば事実の無害なもの――化学と物理が土壌肥沃度を左右する――だ。特に、土壌肥沃度はその陽イオン交換容量――土壌がプラスの電荷を帯びたイオン、つまりカリウム（K^{+}）、カルシウム（Ca^{2+}）のような必須栄養素を、土壌水分がだいたい溶解できる程度に保持できる量――にあると、私は教わった。間違ってはいないが、それで話は終わりではない。

農家が民間試験場にサンプルを送って、土壌に何が含まれているか調べてもらおうとするとき、その目的は作物の成長を促すために何を与える必要があるかを知るためだ。しかし標準的な土壌の化学試験は、土壌中の水溶性の成分、土を透過した水が拾い上げて植物に引き渡しやすい物質を計測するだけだ。

土壌有機物の中にしっかりと抱え込まれた栄養は、普通の土壌試験に表われない。溶けにくい鉱物に閉じ込められたあらゆる栄養も同様だ。交換できる、植物が吸収可能な水溶性の状態であるものは、常に土壌中のごく一部の要素だけなのだ。だから標準的な土壌試験場の報告は、大きなものを見落としている。土壌生物が栄養を、鉱物土壌と有機物から、植物が利用できる状態に変換する能力だ。一九八〇年代以降、土壌生態学と微生物学の発展は、栄養循環を左右し、土壌肥沃度に影響を与える微生物と有機物の相互作用に対する私たちの理解を根本から変えてきた。

これを知ってもサー・アルバート・ハワードや、アメリカを建国した哲学者農民たちは驚かなかっただろう。そして現代の農家も驚かないはずだ。優れた農家は、土を肥沃にするものについて、細かい素性まですべては知らないかもしれないが、手で触れ、目で見ればそれとわかるのだ。彼らが泥を手に取り、指先でこすり合わせ、自問するのを私は見た。もろいか、粉っぽいか。団粒状でまとまっているか、触るとばらばらに崩れてしまうか。何より、どれほどの有機物を含んでいるか。

ある意味で、土壌が健康か劣化しているかを見るのはたやすい。土の色が黒っぽいほど、多くの有機物——そして炭素——を含んでいる。数世代前には、土壌中の有機物の量が農地の価格を決めていた。農家はみな、有機物に富む土壌のほうが肥えていることを知っていた。そして銀行家も。

健康な土は、土壌生物、有機物、鉱物が特定の割合で混ざり合い、地球の薄い皮膚を形作っていると考えてもいいだろう。山地の岩を覆う地衣類の規模を拡大したようなものだ。なかば生き、なかば死んだ表土の平均的な厚みは三〇センチから一メートルほどだ。土壌は地球の直径一万二七〇〇キロメートルの中の薄皮一枚にすぎないが、その重要性は割合とは比例しない。この風化した岩の繊細な毛布が、陸地を居住可能にしている。生物の世界と岩石でできた地球の骨格のあいだにある躍動的な境界として、土壌は微生物が高等な生物の遺物を新しい生命の原料にリサイクルする領域だ。

陸上生物の歴史は、太陽エネルギーを取り入れる植物と、栄養を取り出しリサイクルする微生物との協力の物語だ。最初の陸上植物は四億五〇〇〇万年ほど前に進化した。それには初めから相棒がいた——根につながった菌根菌だ。

現代の植物のように、最初期のものも死んだ根と葉を落とし、やがて枯れる。こうした有機物はすべて土壌生物の餌となった。土壌生物はさらに鉱物土壌から栄養を取り出し、死んだものをリサイクルして植物が消費する栄養に戻した。植物が増えれば有機物も増え、土壌は豊かに、肥沃になった。すぐに、そして以来長きにわたり、極度に岩がちな土地、乾燥した土地、氷に覆われた土地を除いて植物が覆いつくした。

なぜこの協力関係が重要だったのだろう？　植物がどこから基本的な構成要素を得ているかを考えてみよう。植物は太陽エネルギーを利用して、空気中の二酸化炭素と水に由来する水素を合成し、炭水化物（糖）を作る。また窒素を、特殊な根粒に棲む窒素固定細菌の力を借りて間接的に空気から得るか、根から吸収する硝酸塩から得る。植物が体を作るために必要とするその他の要素は、岩と腐敗した有機物からもたらされる。菌根菌と土壌微生物は、土粒子や岩の破片から無機栄養素を抽出し、植物が根から吸い上げられるように有機物を分解して水溶性の養分にまで戻すのを助ける。

だが根はただのストローではない。それは双方向の道路であり、慎重に処理され、調整されたやり取りが行なわれている。植物は土壌中に、みずから作った炭素を豊富に含むさまざまな分子を放出する。それは光合成による生産物の三分の一以上を占めることもある。こうした滲出液は主に、土壌微生物には魅力的な餌となるタンパク質と炭水化物（糖）でできている。このようにして植物の根は、土壌から（つまり岩の破片の結晶構造や有機物から）栄養を引き出す菌類や細菌に餌を与えているのだ。

十分な数の微生物が存在するとき、根滲出液は長くは出ない。微生物はその大半を数時間以内に食べ、吸収して、別の形に作り替えて再び放出する。さらに、土壌に棲む細菌の助けを借りて、ある種の菌根菌は根のような細い菌糸で、生物にとって価値のある特定の成分、たとえば岩や腐敗した有機物に含まれるリンのようなものを探し出して取り込む。次に菌根菌は、取り込んだ成分（植物が利用できる状態になっている）を根滲出液と交換する。こうして文字どおりの地下経済のやり取りから双方が利益を得るような取引が成立する。

同じように、根からはがれ落ちた死んだ細胞は、ほんの数日で微生物が食べつくし、再処理する。その結果できた微生物の代謝物には、植物生育促進ホルモンと、植物の健康を増進したり防御を助けたりする物質が含まれている。また、一部は炭素が豊富な安定した沈殿物を形成し、根圏（植物の根の周囲にある生物が豊かな範囲）に有益な細菌の群集が形成されるのを助ける。

面白いことに、根圏に棲む細菌は、微生物密度が一定数に達すると、クオラムセンシングとして知られる情報伝達プロセスを誘発し、植物の成長促進によりいっそう効果を発揮する。適切な種類の細菌が十分にいれば、それが植物生育の促進を助ける化合物の放出を調整するのだ。しかし、土壌微生物の個体数が少なくなりすぎると、栓を閉めてしまう。言い換えれば、微生物は十分な数がいるときだけ、植物に影響を及ぼすようにはたらき、植物は微生物への見返りとして健康な滲出液を作り出す。だから植物は十分な量の滲出液を土壌中に放出することで、有用な化合物を作り出す微生物群を培養できるわけだ。地下の複雑さと適応は、地上のものとそっくりだ。植物は特殊化した細菌や菌類の群集を誘い、餌を与える。その関係は花と花粉媒介者との関係が特殊化されているのとまったく同じだ。

では、土の中でもっとも多くの細菌が見られるのはどこだろう？　もちろん餌があるところ——植物の根のまわりだ。それでは細菌を食べる原生動物や線虫がもっとも多いのは？　やはり細菌が多い根のまわりだ。これが土壌食物連鎖のもう一つの環だ——腐食者である細菌や菌類は有機物を食べ、栄養をつける。捕食性の節足動物、線虫、原生動物はそれを食べ、そうして栄養を植物が利用できる形で土壌に戻す。こうした微小な捕食動物の排泄物は、窒素、リン、微量栄養素を豊富に含むので、優れたミクロの堆肥となる。

このようにして土壌生物は土を肥沃にする。植物が、そしてわれわれが自分の体を作るのに必要なカルシウム、マグネシウム、カリウム、ナトリウム、硫黄のような主要元素は、突き詰めると土壌を経由して岩から来る。銅、ヨウ素、マンガン、モリブデン、亜鉛など必須微量元素も同様だ。ほとんどの鉱物由来元素が、植物が利用できるようになる過程の各段階で、微生物は密接にかかわっている。そしてこのようなはたらきをする微生物が増えるほど、植物が利用できる栄養素も増える。

ほとんどの（すべてではないが）土壌には、健康な植物が育つために必要なだいたいの元素が含まれている——ただしそうした元素が鉱物粒子や有機物から離れて、植物が吸収できる形であることが必要だ。その形に変換するのが微生物の仕事だ。微生物は必須微量栄養素——銅や亜鉛のような、私たちは栄養ではないと考えがちだが、健康な植物も人間も少量必要とするもの——を植物が取り込むのを助ける。土壌微生物は小さな化学者のように、栄養を植物が利用できる形に変えるはたらきをする。しかし生物の密度が低い土壌では、重要な栄養素が、港から遠く離れた海で座礁した船の積み荷のように、植物の根圏の外にとどまっている。

微生物がにぎわう健康な土

細菌から甲虫に至るまで、土壌生物は地下社会を形成し、有機物を分解して、窒素と鉱物由来の元素が豊富な有機副産物と代謝物を生み出している。土壌生物は植物の自己防衛能力にも影響している——昆虫や草食動物が葉を食べると、ある種の植物は、根圏に棲む微生物が代謝によって作り出した物質を発散する。それから植物は微生物の代謝物を使って草食動物を追い払う。言い換えれば植物は、根滲出液という報酬を受けた微生物に、防虫剤の製造を外部委託しているわけだ。そして根圏が有益な微生物でいっぱいだと、害虫や病原体は、混みあったテーブルに席を見つけるのが難しくなる。

岩が風化する速度は遅く、生物に必須な元素は地表では手に入りにくいので、こうした元素のリサイクルは豊かな生命を育み維持するために欠かせない。地質学的時間を通じて、微生物を介したプロセスは、陸上生態系を循環する構成要素を精製し、蓄積した。土壌生物は生命の環を回すだけでなく、新しい生命に必要な栄養を調達、貯蔵し、土から漏れ出すのを防いでいる。

化学肥料の大量使用は、土壌微生物群集を変え、土壌を酸性にし、有益な微生物に害を与えることがある。作物は肥料から窒素を手に入れることができるが、それまで微生物のはたらきで利用できるようになっていた元素は、その仕事をする適正な土壌生物がいないと手に入らないかもしれない。必要とする微量栄養素がすべて、化学肥料から無料で手に入ると、植物は高価な滲出液の栓を閉め、根圏に残った微生物が渇望している食糧源を与えなくなる。これは作物を怠惰にし、劣化した農地を窒素肥料に頼らせる。そうなると、成長に必要な主要元素を、植物はある程度手に入れるかもしれないが、健康に必要な無機微量元素をもたらし、害虫と病原体への強固な防衛機構を備えてくれる微生物の協力者を失うことにもなる。

サー・アルバート・ハワードが最初に還元の原則を唱えてから半世紀以上、私たちはついにそれがどうはたらくかを知った。健康な作物の成長と豊かな収穫の維持に土壌有機物が果たす主な役割には、生物学的な基礎がある。肥沃度は化学と物理だけに関係するものではない。微生物が動かす土壌生態学と栄養循環も重要なのだ。だから標準的な土壌化学試験で肥料を与える必要があるという結果が出たときでも、適正な土壌生物が——存在し、数が十分なら——植物の必要とするものを供給できるかもしれない。合成肥料は農業のステロイド剤のようなはたらきをし、短期的に収穫量を支えるが、その代わり長期的には肥沃度と土の健康が犠牲になることを示す証拠は続々と出てきている。化学肥料と農芸化学は抗生物質のようなものだと考えてみよう。本当に必要なときには神の賜物だ。しかし、それに頼って常用するのは愚かなことだ。そしてこれは、言うまでもなく、この数十年間われわれがやってきたことなのだ。

あとになって考えれば、収穫を高めるために犂と化学肥料に依存したことが土壌有機物を枯渇させ、岩石から重要な微量栄養素を引き出して作物に届ける有益な菌類を混乱させたことがわかる。菌根菌を——根絶あるいは栄養獲得に果たす役割を制限することで——排除し、害虫や病原体を抑制する微生物の役割を弱めると、それを化学肥料と農薬で穴埋めしなければならなくなる。

しかし有益な微生物を増やすことで、私たちはこの状況を逆転させることができる。そのための鍵は、土壌有機物を作る農法にあると思われる。餌をやれば微生物はやってくるのだ。土壌有機物を高いレベルに保つ農業慣行は、有益な土壌生物の多様性を維持し、それが今度は農作物の健康を支える。有機物に富む土壌は、病原体を抑制する細菌群集だけでなく、植物に寄生する線虫を抑える有益な土壌線虫を活性化させる。そしてより生産性が高いことが認められている。

この数年、農業会議で講演をすると、生産性の高い土壌を再生する方法を発見した農家に会う。彼らは、現代の技術で旧来の方法を更新して、劣化した農地に生産力を回復させ、生産性の高い農業が土壌を肥沃にし、一方でエネルギーと肥料や農薬の使用量を減らしながら高い収穫量を維持できることを示した。彼らの経験は、現在一般に行なわれている慣行農業の知識に異議を唱え、土壌の健康を増進する農法が、数千年前から続く傾向を逆転させられることを証明している。

土壌の健康を保つ鍵は、土壌生物の世界に、微生物による無機物と有機物からの栄養の循環とリサイクルにある。ここに良い知らせがある。微生物の寿命が短いということは、土壌に生命と肥沃さを回復させる——そして収益限界にある農地の生産性を高める——ことが可能であるばかりか、想像以上の速度でできるということなのだ。

＊——Howard, A. 1940. *An Agricultural Testament*. London: Oxford University Press, p.168.
ハワード、アルバート『農業聖典』保田茂監訳、日本有機農業研究会、二〇〇三年、二〇八～二〇九ページ。

第4章　最古の問題——土壌侵食との戦い

土を損なう国は、国自体を損なうことになる。
——フランクリン・D・ルーズベルト（第三二代アメリカ大統領）

畑の真ん中で、私たちはトラックを降りた。太平洋岸北西部の日陰に慣れた自分の目を八月の太陽からかばいながら、私は足元に手を伸ばして、ひとつかみ土を取り上げた。長石と石英からなる黄褐色の粒が指のすき間から転げ落ちた。土壌をまとめる有機物や生物は——見えるものも見えないものも——いなかった。奇妙なことだが、内陸の中西部に位置するこのカンザス州のトウモロコシ畑は、私が高校時代によく通ったカリフォルニアの海岸を思い起こさせた。ビール瓶の代わりにトウモロコシの茎が地面に散らばっていることを除けば。

昔からこんなだったわけではない。開拓者が初めてカンザスにやってきて、分厚い芝土を切り開いたときは、肥料なしでも豊作が確実だった。当時は、犂と多少の雨があれば、あとは必死に働きさえすればよかった。しかし、まばゆい夏の日に、私が手にしている生命のないカーキ色の土壌は、西を目指す移民を迎えた肥沃な黒土とは似ても似つかなかった。

私は、ガイ・スワンソンの不耕起農法についてのワークショップで講演するため、かつてのダスト・ボウルの中心に来ていた。そのあとで、物静かで大きな口ひげを蓄えたカンザスの農民、ジョエル・マクルーアが、自分が相続して復活させようとしている農場と「悪い土」を見てほしいと私に言った。

スワンソンのシボレー・インパラで国道八三号をオクラホマ州に向かう道中、私はこれまでに見たことのない平らな土地を横断した。ガーデンシティ(ダスト・ボウルのもっとも暗かった期間、昼間でも街灯がついていたことで有名)を過ぎると、私たちはアーカンザス川の乾いた河床を越え、金属板を抜いた草を食《は》むバッファローのオブジェの群れを脇目にあわただしく通り過ぎ、カンザス州リベラルで右に曲がり、左折して砂地の未舗装道路に乗り上げる。スワンソンが大きな畑を指さした。そこは一九三〇年代から最近まで、毎年犂を入れられていた。年ごとに大量の土砂が畑から吹き飛ばされ、郡当局は道路を通行できるようにするために砂を除かなければならなかった。一世紀前には馬に乗った人が背の高い草に隠れることができた場所で、今では平原に絶え間なく吹く風が、フェンスに沿って高さ一・八メートルの砂の吹きだまりを積み上げている。

マクルーアのトレーラーハウスで昼食に招かれたあとで、私たちは彼の畑――そして土――を見に出かけた。この生気のない海岸の砂のような土壌は、有機物を二パーセント足らずしか含まず、かつてバッファローが草を食む草原の足元にあった肥沃な黒土と比べると、まったくの土埃だ。一世紀半の耕作で、土壌は消耗してしまったのだ。それでもマクルーアのトウモロコシは見事だった。化学肥料を大量に与えることで、生命のない土の生産力は保たれていた。指でこすり合わせると、暗い未来が予想できた。安い石油が尽きたとき、工業的に製造される肥料に頼った現代の農業生産も終わるのだ。この畑は、劣化した土地で食糧生産を維持することの困難さをあらわにし、アメリカの農業地帯を襲っている過小評価された問題を余すところなく描き出していた。

高いコストと衰えゆく土

きれいにひげを剃った六〇代初めのガイ・スワンソンは、中西部風の話し上手な人気者で、地質学者に出し抜けに電話して、カンザスの農民団体の前で講演をしてくれと言うような男だ。その不耕起栽培への情熱は、はるか昔にさかのぼる。それは親から引き継いだものなのだ。

スワンソンはワシントン州東部の町プルマンに近い丘陵地で育った。彼の祖父は、不耕起コムギ栽培を太平洋岸北西部に導入するのに一役買ったとスワンソンは言う。祖父は、九月末に乾燥エンドウを収穫したあと、成長の速い不耕起の秋まきコムギを植えるために、馬で引くシードドリルを一九二〇年代に使い始めた。乾燥エンドウの茎は、シードドリルに詰まらないように取り除かれて定置式脱穀機に入れられ、土は収穫残渣を残さず裸にされた。この乾燥エンドウは第二次世界大戦中、軍の食糧に使われた。しかしスワンソンの父は生涯を通して、自分の土地が衰えていくのを見ていた。子どもだったスワンソンには、何が悪いのかわからなかった。四〇歳のとき、農場に近い丘の頂上の土がもはや肥沃な黒い表土ではなく、劣化した赤い下層土であることに気づいた。そして六〇歳になったスワンソンは懐かしそうに、もし畑にまだ表土があったら、近所の人たちは何を植えるのだろうと語った。スワンソンは、祖父の不耕起栽培法に新しい工夫を加えて、土を取り戻し、赤い丘を再び黒くできないかと思った。

ワークショップでスワンソンは、肥料メーカーを嫌っていることを隠さなかった。肥料メーカーのほうでもたぶん彼のことはあまり好かないだろう。彼のビジネスは確実に化学肥料の売り上げを減らすからだ。

スワンソンは講演を、肥料産業を支配する企業は事実上の独占企業だとずばり言うところから始めた。アメリカでは、二つの企業がすべてを握っている。コーク・ファーティライザーは窒素肥料の生産を支配し、モザイク社（穀物メジャーのカーギルから分離した企業）はリン酸塩と炭酸カリウムの最大の生産者だ。こうした企業はほとんど自分たちの望み通りに値段をつけることができると、スワンソンは言う。大部分の農家が今ではその製品に頼っているからだ。そして、収穫がどうであれ肥料メーカーが確実に支払いを受けられるように、補助金付きの作物保険料を払うのは、農家と政府なのだ。

スワンソンが肥料のセールスマンを麻薬の売人にたとえると、部屋中がうなずいた。部屋中が白髪頭であることを考えると——参加者は男性ばかりで、うち四〇歳以下と思われるのは二、三人しかいなかった——私にはこの独特の比喩が意外だった。しかし年はどうあれ、彼らはみずから中毒の循環を経験していた。肥料業界のビジネスモデルは、土壌に栄養が不足していることを当て込んでいるのだ。自然は植物栄養について別の解決策を発達させ、それは遠い昔から機能している。大きく安定して利用できる栄養の貯蔵庫は、植物を確実に養う上で理想的だ。これこそが腐食途中の有機物と、微生物が探し出してリサイクルする栄養に富む土壌が与えてくれるものだ。

ここにいるブルージーンズと野球帽の農民たちは、みんなにっちもさっちも行かなくなっていた。商品市場で誰に売るかに関してほとんど自由のないブローカーと、誰から肥料を買うかほとんど選択の余地のないことの板挟みになっているからだ。自分たちでコントロールできず、個人的に影響力を持たないシステムにとらわれた状況で、肥料の出費を減らせるかもしれないというのが、彼らがスワンソンのワークショップに参加した動機だった。彼らは採算の向上——投入コストを減らして収益を改善することを期待していた。

だからスワンソンが、自分の不耕起機械で肥料とディーゼル燃料の使用量を半分に減らせると説明すると、私を含め誰もが注目した。肥料と燃料は現代農業の中でも高コストの二つだ。高額なだけでなく、農家が与えた窒素とリンのうち、作物が吸収して利用するのは半分に満たない。あとの多くは行ってほしくないところに流れ着く。たとえば井戸や川、エリー湖やメキシコ湾だ。これは、翌年の作物が、今年の作物の使い残しを利用できないということでもある。そのため農家は毎年毎年、肥料を買い続けなければならない。

精密施肥の利点を説明するため、スワンソンは数字をざっと挙げた。灌漑された不耕起農場でトウモロコシ―トウモロコシ―コムギ―トウモロコシ―ヒマワリの輪作をした場合、彼のシステムでは一エーカーあたり二〇〇ドルを従来の肥料代から削減して、エーカーあたり一〇〇ドル未満にできる。また半分にコムギ、半分にトウモロコシが作付けされた非灌漑農地では、エーカーあたり二五～六〇ドル節約できる。一万エーカーの農場に当てはめれば、年間の正味の削減額は二五万ドルを超えることになる。

それでも納得できないならと、スワンソンはワシントン州東部スポーカン川沿いの灌漑農場で行なった圃場実験の結果を示した。巨大な円形の農地が半分に分けられ、それぞれ肥料を与える量とやり方を変えた。一方は窒素肥料を従来通りの方法で、農学者が推奨するエーカーあたり三五〇ポンド（約一六〇キロ）与えた。もう一方はエーカーあたりわずか一二〇ポンド（約五五キロ）で、スワンソンの精密施肥機を使って施肥した。双方の農地の写真を見ると、どちらも同じくらい作物が育って見分けがつかなかった。スワンソンのシステムは窒素の使用量と肥料代をほぼ三分の二削減した――しかも収穫量を下げずに。

スワンソンのもののような精密施肥システムは、少量の肥料を、もっとも必要とされる時と場所に与えるものだ。スワンソンのシステムが機能するには、不耕起播種機と一緒に使う必要があり、それは、おまけとして、従来の耕作法と比べてディーゼル燃料を半分しか必要としない。土に狭い溝を開け、種を落として土をかけることで、不耕起栽培は作物残渣を地表に残す。それを土壌微生物が徐々に分解して栄養を水溶性の状態に変え、作物が吸収・利用できるようにする。種まきと施肥を一行程か二行程で行なうので、農家は時間と金を相当節約できる。

スワンソンの単純な手法は理にかなっている。耕さず、使う肥料は少なく、必要なだけをちょうど必要な場所へ与える。不耕起栽培と精密栄養管理を合わせた方法は、表土および農家が与えた高価な窒素とリンを、それがあってほしい場所——つまり畑——にとどまらせるのに役立つ。また、雨水あるいは灌漑用水の水分を土壌中に一〇〇ミリ保たせる。これは一般にエーカーあたり二八ブッシェル（七六二キロ。一ブッシェル＝約二七キロ）の秋まきコムギの増収につながる。

土壌有機物はなぜ半減したのか？

飛行機の窓からは、カンザス州西部の農地で何かおかしなことが起きていることはわからない。表土と有機物が失われている徴候を知るためには、地下を見なければならない。そしてスワンソンによれば、手つかずの草原の土は酸性ではなかったが、今では酸性になっているという。少なくとも最近までは、あまり注意を引かれなかった根本的な変異だ。

本来の草原では、ほとんどのバイオマスは地下にある。バッファローは地表の植物を食べるが、一カ所にあまり長くとどまることはなかった。大きな群れは草を食べつくし、栄養を取り入れると同時に肥料を残して移動し、再び草が生えるまで戻ってこなかった。そして再び生えるときには、上にも下にも猛烈に伸びた。このような回復力の秘密は、植物の根、土壌、有機物、土壌生物に蓄えられた地下の炭素貯蔵庫にあった。長さが数メートルあるプレーリーグラスの根は土壌を定位置に保っていただけではない。エネルギーの貯蔵庫の役割を果たしていたのだ。バッファローが通ったあとの糞や踏み荒らされた有機物は、地下の電池を充電し、再生のエネルギーとなる。

植民地時代まで早送りしよう。入植者は土地を管理しようと試み、バッファローを皆殺しにした。平原をすき起こすと、土壌は風や雨による浸食にさらされ、有機物の腐植は加速された。バッファローと彼らが食べていた草が消えたことが相まって、景観の蓄電池は枯渇した。

アメリカ中西部上空を飛ぶ飛行機の窓から見える緑と茶色のまだらの畑からは、デンバー、ダラス、デトロイトのあいだの土地に、かつてはアマゾンかセレンゲティのようなものがあったことなど気配も感じられない。この地域はパッチワーク状に農場が埋めつくし、自然の動脈である川と、経済のライフラインであり、州をまたいで街と街を数珠つなぎにするハイウェイだけが区切っている。そこにもともとの景観の面影はほとんど残っていない。

しかし現代の景観には印象的な地形がある。西経一〇〇度線（南北ダコタ州の中央を走っている）の西では、水不足が作物の成長を制限し、スプリンクラーがまき散らす水が地面に大きな円を描いている。東では、長方形の升目がトーマス・ジェファーソンの公有地測量を今に伝えている。一つひとつの色の斑点は、スクウェアマイル（のちに一八六二年のホームステッド法による一六〇エーカーの自作農場《ホームステッド》となる）を描く。このパッチワーク模様は、数世代にわたる勤勉を証言するだけでなく、アメリカ農業の富の基礎を構成するのだ。

しかし見えないところに、ジェファーソンの時代以来失われてきた、汚い秘密が隠れている。これを理解する一つの方法が、ミネソタ州、オハイオ州、ミズーリ州にある開拓者墓地を訪れてみることだ。耕されていない島のような土地は、まわりの農地より数十センチ、天国に近いところにある。だがそこが持ち上がったわけではない。まわりの土地が沈んだのだ。アイオワ州ではもともとあった表土の半分が、すでに下流のニューオーリンズとミシシッピ川の河口へ向けて長い旅に出てしまっている。絶えず耕された土地は、数世代にわたる農民が土壌から生活の糧を持ち出すにつれて衰えていった。そして、毎年の土壌の喪失はわかりにくいかもしれないが、世代を重ねるうちに間違いなく積み重なっていくのだ。

初期の開拓者の日誌に描かれた、肥沃で豊かなもともとの黒土は、今では歴史書と断片的に残った手つかずの草原で見られるだけだ。カンザスへの旅から数年後の夏、インディアナ州を車で通過すると、薄茶色の下層土をさらした丘の頂上が黒い谷底からそびえているのに気づいた。このパターンはわかりやすい。すき起こされた表土はすべて高いところから流され、低いところに溜まったのだ。

低地でも大きな変化が起きている。アメリカの土壌はすでに有機物のほぼ半分を——もとあった炭素の半分を——失っている。植民地時代より、北アメリカの農地土壌が持つ土壌炭素の平均量は、六パーセント前後から三パーセント未満に低下している。土壌有機物の三パーセントを超える低下は、ほとんど誰も気づかないほどゆっくりと起きた。だが、二〇世紀に農家がひとにぎりの大手肥料メーカーにどれほど頼るようになったかを見れば、その影響は明白だ。

これは二つの出来事が重なり合って起きた。耕起の機械化と化学肥料の普及だ。土壌がひっくり返されて空気に触れると、含まれる有機物の分解が早まり、二酸化炭素を放出する。一九八〇年の時点で、産業革命以降、人類の手で大気中に放出された炭素のおよそ三分の一が世界中、主にグレートプレーンズ、東ヨーロッパ、中国で土壌をすき起こしたために出たものだった。窒素肥料の与えすぎとそれへの過信は土壌有機物の喪失を加速した。

この歴史的な一連の出来事が、なぜ今日問題となるのか？　土壌有機物は肥沃な土壌を作り保つのに役立つ微生物の餌となる。世界的にもアメリカ中西部一帯においても、土壌有機物の半分が農地から失われたということは、肥沃な土壌を作り出す微生物が使う燃料を、私たちは半分がたなくしてしまったということだ。数十年間、いつでも手に入る安価な肥料が、収穫量を維持し、耕起を基本とする単一栽培が土壌そのものに与える影響を隠していた。しかし今、新たな時代を前にして、エネルギー集約的な化学肥料は、経済的にも環境上も安くはなくなった。人類は、本来の肥沃さをありったけ必要としているのだ。

くり返す土壌喪失——古代ギリシャと新大陸

世界的に、耕起した農地からの土壌喪失は、平均して年に一ミリと少しだ。これはずいぶんゆっくりした速度のように思える。土壌生成の平均速度がだいたい一〇〇分の一ということを考えなければ。純損失はざっと見積もって二、三〇年で二、三センチになる。このペースでは、ほとんどの斜面から表土がすべて失われるのに、二、三〇〇年しかかからないだろう。

土壌肥沃度と土壌有機物を自然の貯蓄、あるいは肥沃な土壌を自然の銀行口座としてこれを見ると、わかりやすいだろう。収入より多く出費し続ける人が確実に破産するのと同じように、土壌や土壌有機物という貯蓄を減らしている社会は、その農業の銀行口座を使い果たし、将来の繁栄を危うくしているのだ。

土壌喪失と劣化が人間社会に影響するという考えは新しいものではない。それは少なくとも古代ギリシャの哲学者プラトンにまでさかのぼる。対話のひとつでプラトンは、高台の土壌が侵食されたせいで大量のシルトが堆積し、三角州が河口から海へと延びているとしている。地面に染み込んでいた水が、耕されたむき出しの畑を流れ、土を運び去っていたのだ。

> 豊かで軟らかな土はみな流れ去り、大地は骨と皮だけだ。だがあの頃、災いはまだ起きず、丘は高くそびえ、フェレウスの岩の平原は豊かな土に覆われ……その痕跡は今もいくらかある。[*1]

プラトンはこれは問題だと考えた。農作業を免除された大規模な軍隊を支える土地の能力に影響するからだ。この意味でプラトンは、人間が土地をどう扱うかと、今度は土地が彼らの子孫をどう扱うかとを結びつけた最初の人物かもしれない。

その二〇〇〇年後、地質学者と考古学者が共同で、プラトンの時代よりはるか昔の青銅時代に、ギリシャの丘の斜面が侵食で土壌をはぎ取られたことを突き止め、プラトンの陳述に間違いがないことを確認した。『土の文明史』執筆中、私は地質学者と考古学者の共著の中に興味深いグラフを見つけた。紀元前五〇〇〇年から現代まで、ギリシャ南部の半島にあるアルゴリスの人口密度を図にしたものだ。それによると、人口が激減した二つの暗黒時代を挟んで、青銅時代、古典時代、現代において人口が急増している。それぞれの周期のピークで、人口は高水準になった。これは農業技術の進歩で容易に説明できる。しかしおよそ二〇〇〇年の周期性を説明するものは何か？　土壌の侵食とそこからの回復にかかった時間で、同じ土地を引き継いで占有した文明の好況と不況のサイクルを説明できるのだろうか？

興味を覚えた私は別の社会の考古学的記録を調べ始め、現存するローマ時代の農学書を四冊読んだ[*2]。それらは紀元前二世紀から紀元一世紀にわたり、ローマの農業が、小規模な家族経営農場での多様性に富んだ混作から、大規模プランテーションでの商品価値を重視したモノカルチャーへと変化する様子を描写している。これはあまりに見慣れた光景だ――まさに二〇世紀のアメリカである。

ローマがカルタゴを略奪したあとで、大きな変化は起きた。ローマ人は生き残ったカルタゴ人を奴隷にし、イタリア中部に連れ帰って農場で働かせた。この奴隷労働力の流入がローマ農業を、単一の作物を栽培する大規模プランテーションを重視したものに変えた。ローマ人の犂への愛情と相まって、この農業慣行の大きな変化はイタリア中部一帯で深刻な土壌侵食を引き起こし、それは湖の堆積物と、建設年代がわかっている古代の建物のむき出しになった基礎に記録されている。ローマの詩人ウェルギリウスは、叙事詩『農耕詩』の中で、洪水による破壊の原因を高台での耕作に見いだし、斜面の縦方向でなく等高線に沿って耕作することを推奨した。低地では堆積物が溜まり、疫病の発生源として知られたポンティノ湿地を生み出したが、それでも大量の土砂が海岸に到達し、海岸線が沖合にできて、ローマの古い港オスティアは数キロ内陸に取り残された。

帝国の絶頂期には、北アフリカの農場はローマの食糧供給に欠かせなくなっていた。永遠の帝国の首都を支えるためはるばるやってくる穀物運搬船を妨げることは、死刑に値する犯罪だった。敵対する都市国家カルタゴを打ち破ったあとでローマは周辺の土地に塩をまいたと、私たちの多くは学校で教わったが、故国の土をうかつにもだめにしてしまったローマの農民が数百年後にやってきて、当のその土地を耕さざるを得なくなったことは、あまり知られていない。今日、かつてローマを養うために穀物を輸出していた北アフリカとシリアの丘は、岩がむき出しの斜面となり、地元住民は荒れ果てた土地を抱え込んでいる。

数世紀のち、土壌侵食は北米植民地を悩ませ始め、私が学校では習ったことのない形でアメリカ合衆国史を決定づけた。タバコはイギリスの新興植民地だったアメリカにしっかりとした経済的基盤を与えた——それはロンドンまでの長旅に耐え、商品価値のある状態で届いたからだ。儲けはきわめて大きかったが、裸地方式の植民地タバコ栽培は非常に侵食を起こしやすく、土壌を急速に劣化させた。新しく開墾した土地から利益になる収穫が期待できるのは数年だけで、すぐ新しい土地に移動しなければならない。これが土壌が原因となって起きる小規模で短い時間枠での周期的な動きだった。

当時はしかし、ヨーロッパでは土地は高く労働力は安かったが、北アメリカでは正反対だった。このためヨーロッパでは土壌管理に関心が持たれるようになった。ところが植民地での暮らしは、特に南部では、違っていた。タバコ栽培が引き起こす土壌侵食の影響と土地価格の低さから、大土地所有——プランテーション——が発達したのだ。そしてプランテーション農業を利益のあがるものにするために、奴隷制が必要とされた。土壌侵食と土地の酷使は、人間への苦役と並んで全盛となった。

それでも、中には土地の状況を心配するプランテーション所有者もいた。とりわけジョージ・ワシントンとトーマス・ジェファーソンは、政治的にはあまり一致しなかったかもしれないが、二人とも侵食を起こしやすい植民地式農業慣行の影響を、警戒心を抱いて見ていた。そして、おのおの自分の土地を改良しようとした。ジェファーソンはヨーロッパの農業慣行を憑《つ》かれたように研究し、生涯を通じて種子と苗を集め続けた。モンティセロにあるプランテーションに、被覆作物と主作物を交互に植え、カブ、マメ、ソバからなる緑肥を緑のマルチとして栽培し、土壌を中和するために堆肥を加えた。

ワシントンは、広く行なわれていたタバコだけを連作する慣行が、植民地の農地を疲弊させていると考えた。ワシントンも輪作を実験し、また自身の土地の裂け目を埋めていたことで知られる。一七九六年のアレクサンダー・ハミルトンに宛てた手紙で、ワシントンは、有害な農業慣行を続けることが農業国に及ぼす影響を心配している。

もう二、三年不毛の状態が続けば、大西洋岸諸州の住民は糧を求めて西へと移住するでしょう。しかし古い土地を改善する方法を教えれば、新しい肥沃な土地を求めて出ていく代わりに、彼らは現在ほとんど何も収穫できない土地を、有益なものとするでありましょう。[*3]

ワシントンが恐れたとおり、東部海岸の土壌劣化が原因で、アメリカの農民は新しい土地を求めて西へと移動し始めていた。だがワシントンは、これが半世紀後に国を二つに裂くことになろうとは思っていなかった。農民が土地を捨てて西へと脱出するにつれて、奴隷労働の問題は、新しい州で手つかずの土を耕すために去っていくプランテーション主にとって——そしてあとに残った者にとっても——死活の経済問題となった。

南北戦争前の数十年、西へ向かう人々を相手に奴隷を売ることは、南東部の古い州では一大産業だった。一八六〇年の国勢調査のデータによれば、地価を含めた南部の富のほぼ半分を奴隷が占めていた。奴隷制の廃止は南部の経済を完膚無きまでに破壊するだろう。結果として起きた経済的緊張は、国の分裂を助長し、今もなお政治に影を落としている。

南東部植民地の土壌侵食はどれほど深刻だったのか？　数年前、バーモント大学の同僚が、バージニア州からアラバマ州に広がる一〇の河川流域から川砂の標本を採取し、侵食の長期的な自然発生率を測定した。宇宙線が石英の粒子にぶつかってできる同位体ベリリウム10の濃度は、ある鉱物粒子が地下深く隠されてからどのくらい時間が経っているかを推定する時計として使える。ヨーロッパ人が植民地化する以前の数千年間の侵食速度は、平均して一世紀に一ミリほどだったことが彼らの調査でわかった。これは、年平均一ミリという植民地時代の高台の侵食速度に比べると一〇〇分の一だ。植民地時代とそれ以降に、この地域の農場で一五センチから三〇センチの表土が侵食されたと推定される。

私は最近、この表土をはぎ取られた景観を自分の目で見た。機会があって、ノースカロライナ州の現代のタバコプランテーションと、数カ所の農場を訪れたときのことだ。この長年耕作されてきた高台の土壌は、じつは本来の下層土が地表にむき出しになったものだ。タバコ畑の土はぼろぼろしたカーキ色の砂だった。タバコ畑のすぐ隣にある高木の森で地面を掘ると、失われた表土が見つかった。その対照は印象的だった。有機物をたっぷり含んだ焦茶色の土壌は、菌根菌によって塊にまとめられ、近隣の長く耕作された土とはまったく違うものだった。

土が文明を左右する

アメリカの農業が、わずか二、三世紀で広い範囲にわたり表土をほぼすべて侵食で失わせうるなら、ローマとギリシャがはるかに長い時間で土壌に何をしてしまったのか。社会がみずからを侵食し、繁栄を失いうることは明らかだ。これはもちろん、不幸な結末になることがわかっている古い物語を、われわれは最後まで演じるのかという論点をはぐらかしているのだが。

むろん、ワシントンとジェファーソン以来、このようなことに気づいたのは私一人だけではない。多くの作家が土壌侵食が地域一帯の疲弊に果たす役割に触れている。いずれにせよ、現代のイラクがエデンの園のようだと言う者もいない。

調べてみると、増大する人口の需要、気候変動、戦争の惨禍のもとで、侵食を引き起こす農業慣行は歴史上何度となく農業文明を衰退させていることが地質考古学の文献からわかった。戦争、自然災害、気候変動が、土壌の喪失と劣化という弾丸を込めた環境の銃の引き金を引くとき、さまざまな形で土壌劣化は、歴史における長期的な変動を決める。共通する筋書きが多くの文明の興亡に表われている。農耕が平らで水利のいい氾濫原で始まり、その後増加する人口が農地を高台に広げていく。そこは薄い土壌の層が岩盤の上に乗っているところだ。数世紀の侵食で土壌が土地からはぎ取られると、大きな人口を維持するのが難しくなっていき、社会は容易に崩壊するようになる。

農耕の夜明けより、土壌劣化のカスケード効果は、かつては繁栄した文明の末裔を困窮させている。ひと言で言えば、自然が肥沃な土壌を作る速度が遅いために、土地を守れなかった社会には確実に破滅的な結末が訪れるのだ。いったん土が侵食で失われると、自然はそれを急いで取り戻すということをしないからだ。古代ギリシャから現代のハイチまで、文明は土壌肥沃度を低下させ肥沃な表土を侵食させる農業慣行のもとで崩壊した。この物語はさまざまな形で中東、古典期ギリシャ、イースター島、中央アメリカ、古代中国で――程度の差こそあれ――くり広げられた。

こうした大河の流域に位置し長く続いた文明に対する明らかな例外も、一般論が正しいことを支持している。ナイル川、インダス川、ブラマプトラ川、チグリス川、ユーフラテス川、中国の大河はいずれも、はるか上流で侵食された新しい土砂がひんぱんに堆積することで肥沃になった。言い換えれば、スーダンやエチオピアの土壌喪失がエジプトの長期的な生産力を補助していたのだ。同様にヒマラヤはインドを支え、チベットは中国を養うのに手を貸していた。

数千年前から、私たちは土を消費して生活してきた。ほとんどの人が土はあるのが当然と思っているのは、無理もないことだ。それは植物や子どもとは違い、目の前で成長したりはしない。実際には、土ができる速度は非常に遅いので、耕したばかりのむき出しの畑では、一度の嵐で一世紀分の土がはぎ取られてしまうこともある。土壌問題は長い時間をかけて起きるため、その影響はスローモーションの災害として表われている。しかし歴史を振り返ってみれば、侵食を起こしやすい農業慣行によって土を酷使した社会が、その子孫に渡すべきものを渡していなかったことは明らかだ。そして今日、土壌侵食と土壌肥沃度の低下という双子の問題は、再び文明の基礎である農業を脅かしている。

カンザスからデンバーへ車で戻る途中、ガイ・スワンソンと私は、有機物の目に見える形跡がない畑を次々と通り過ぎた。肥沃な黒い草原の土を耕していた祖先を持つ農民が、今では薄茶色の土を耕作していることを、私たちは話し合った。その土の色は一世紀に及ぶ現代農業の代償をはっきりと暴き出していた。読み方さえわかっていれば、メッセージは明々白々だ。

国道二八七号を飛ばしていると、コロラド州イーズの近くで南から風が吹いてきて、すき起こしたばかりの畑から土埃が空へと舞い上がった。まだ午後四時だったが、通り過ぎるトレーラートラックはライトをつけていた。砂埃が私道や畑から道路一面に吹き上げられた。前方の草原の向こうに茶色いカーテンがうねるのを見て、私は車の窓を閉めた。地表の霞《かすみ》は集まって天を指すぼんやりとした指となった。まるで自暴自棄になったダスト・ボウルの亡霊のように。

しかし道路沿いの草地からは、土はまったく巻き上げられていなかった。ところどころにある、作物の刈り株に覆われた畑からもだ。風は少しでも隙あらば土を持ち去るが、植被が土をつなぎ止める役割を果たすのは明白だ。これは秘密でも何でもない。デンバー空港に近づくと、一帯の不耕起農場がちょうど同じことをやっていた。砂嵐を軽減するために、空港のまわりでは耕起が禁止されているのだ。

このことを指摘しながら、スワンソンは、耕起と作物保険に補助金を出す政府のプログラムが期せずして土壌喪失を助長し、経済基盤を侵食し、水源に硝酸塩を混入させているのだと力説した。私が話をした、かつてのダスト・ボウル地帯に住む現代の不耕起農家は、「機械化農業」がどれほど土壌を荒廃させたかを見ていた——有機物を一、二パーセント以下にまで減らし、肥沃な草原の土壌を機能的には海岸の砂同様のものに変え、農家を化学肥料に頼り切りにしてしまったのだ。

現代のカンザス州での土壌劣化と古代社会のものとが類似しているのを見て、私は土壌劣化問題の解決策として見込みのあるものを探り始めた。食糧を与えてくれる土地の肥沃さを守ることを怠った文明を待つ運命から逃れるために、われわれには何ができるのだろう？　この疑問を追究した私は、すぐに確証を掴んだ。その第一歩は、われわれのもっとも強力な道具の一つを引退させることだ——つまり、犂を。

＊1——Plato. *Timaeus and Critias*. London: Penguin Books, 1977. *Critias*, 111, p.134. プラトン『ティマイオス　クリティアス』。

＊2——おそらくカトー（紀元前二三四～紀元前一四九）、ウァロ（紀元前一一六～紀元二七）、コルメラ（四～七〇頃）、大プリニウス（二三頃～七九）の著作と思われる。

＊3——Washington, G., 1892, *The Writings of George* Washington. Edited by W. C. Ford. Vol. 13. New York: Putnam, p.328–329.

第5章　文明の象徴を手放すとき——不耕起と有機の融合

犂の刃は剣よりも多く、将来の世代の可能性を摘んでしまったかもしれない。
——ウェス・ジャクソン（アメリカ土地研究所創設者）

カンザスのガイ・スワンソンのもとを訪れてから二、三年後、私はカナダのマニトバ州ウィニペグで開催される二〇一四年世界保全農業会議での講演を依頼された。私は自著『土の文明史』について話し、いつもどおりの質問が来るだろうと思った。ところが、私は予想外のものに出くわした——土壌の回復のために最善の方法は何かという、慣行農家と有機農家の熱い議論だ。

講演の中で、私は不耕起と有機農法の組み合わせを、長期的な土壌と肥沃度の保全の方策として主張した。調査とアメリカ中西部を旅した経験から、不耕起農法が侵食を軽減するために必要であることを私は知っており、また有機農法が、石油後の世界で肥沃度を維持するために、もっとも見込みのある手段だと思っていた。だが講演後の質問をさばいているうちに、はっきりとわかった。聴衆の誰もが劣化した土壌を回復させる手段として不耕起農法を認めているが、それを有機でやるか、農芸化学と遺伝子組み換え作物によってやるかで彼らはまっぷたつに割れていたのだ。

慣行農家が有機農家に対してけんか腰になり、感情に火がついた。あるカリスマ的なオーストラリア人が、有機不耕起農業はうちのほうではうまくいかない、作物を育てるには除草剤と化学肥料が必要だと言い張った。ペンシルベニアとヨーロッパの小さな町から来た農民たちが立ち上がり、有機不耕起栽培は本当にうまくいくし、それだけでなくどこ、で、も、効果的だし、その上費用効果も高いことが証明されていると断言した。こうした不一致があるにもかかわらず、彼らがみんな一つのこと、犂を捨てるということで一致しているのが、私には伝わった。

環境保全型農業の基礎となる哲学が、異なるやり方と見方の橋渡しをしていることをあらためて実感しながら、私は会議場をあとにした。たいていの場合、対立は進歩に反対する有機農業派と、遺伝子工学支持のロボット人間とのあいだで起きていると考えられているようだ。このような態度は支持者を集めることはできるが、一方でわれわれを進歩の可能性から遠ざけもする。微生物生態学という若い科学が、本当に重要なもの――土壌の健康――への洞察を与えてくれるというようなことから。

その日、私の講演後の昼食で、天才投資家ウォーレン・バフェットの息子で農家のハワード・G・バフェットが、茶色の革命と呼ぶものについてのビジョンを披露した。洗練されたユーモアのある語り口で、バフェットは農家が農場の肥沃度と収益を回復させた興味深い話を強調した。バフェットはイデオロギー的な立場を固守せず、有機農法を主張することもバイオテクノロジーを推すこともなかった。その代わり、土壌肥沃度を増進し、それによって農家が農業用化学製品の必要量を――そして出費を――減らせる方法を採用することを唱えた。

私はバフェットの見方に興味を覚えた。バフェットの茶色の革命は、有機農業と化学農業の実り多き中庸のように聞こえた。しかしそれは実際にはどの程度うまくいくのだろう？　調べるにしたがい、環境保全型農業の原理は慣行農業を劇的に、急速に変革しうることがわかり始めた。土壌の健康をあらゆるタイプの農業の中心に置くことで、迅速で利益のあがる本当の進歩の道がもたらされるのだろうか？

新たな道――環境保全型農業の三原則

環境保全型農業は三つの単純な原理の上に成り立つ農業体系だ。①土壌の攪乱を最小限にする。②被覆作物を栽培するか作物残渣を残して土壌が常に覆われているようにする。③多様な作物を輪作する。こうした原理はあらゆる場所で、有機農場でも慣行農場でも、遺伝子組み換え作物であろうとなかろうと適用することができる。[*1]

この三つの基本的行為をどのように実行するかに関して、異なる考えの支持者のあいだで激しい議論が交わされているが、いずれの側も一点では同意している。われわれは、有益な土壌生物に対してもっと害の少ない農法を必要としていることだ。土壌の健康は、ありふれたミミズから特殊化した細菌、菌根菌、その他の微生物まで、土壌生物の上に成り立っているからだ。本質的には、これが環境保全型農業のすべてだ――作物の成長を助け、土壌肥沃度を維持するために役立つことがわかっている多くの小さな生物を活性化させ、守るような農法だ。環境保全型農業の三原則がどのようにこれを実現するのか、簡単に説明しておこう。

犂にあえて疑問を唱えるのは異端のように思われるかもしれないが、それを使うことは確実にメジャーリーグ級の土壌攪乱なのだ。だから不耕起への移行が環境保全型農業の中心にある。不耕起栽培は収穫できない作物部位――作物残渣――を土壌の覆いとして残す。これは、作物が収穫されたあと、トウモロコシの茎にしろコムギの茎にしろ、植物の残骸を取り除いたり焼いたりしないということだ。そうしたものは畑で分解し、地面に有機物のカーペット――マルチ――を作る。土壌微生物のバイオマスは、不耕起農法へ転換するとすぐに増加する。土壌動物相も同様だ。マルチを施した区画には細菌、菌類、ミミズ、線虫の個体数が多くなる。一方、ひんぱんに耕すと土壌微生物のバイオマスが減少し、リンを植物に運ぶのを助ける菌根菌糸を阻害するなどの悪影響がある。

商品作物の合間の季節に植えられ、次の植えつけのときに刈られるか枯らされる被覆作物は、多年生の雑草を抑制し、腐養分を土壌に戻す役割を果たす。地面を覆うと地表のバイオマスと生物多様性が増し、特に害虫を抑える益虫が増える。輪作は害虫と植物の病原体の進出を防ぐのに役立つ。換金作物と被覆作物の順序を変化させる複雑な輪作は、害虫や病原菌に根を下ろす機会を与えず、それらのライフサイクルを断ち切る。これが今度は、旧来の農薬の使用量を減らすのに役立つ。

土壌生物の活性と多様性が高まることの利益には、水の浸透量と土壌有機物の増加が挙げられる。これにより排水の質と土壌の構造が向上する。微生物の多様性が高い土壌は、病原体が根を下ろして生き続けるのが難しい場所でもある。これはつまり植物がより健康になるということだ。作物を病気が襲うことが減り、もし襲っても壊滅的なことにはならない。輪作は微生物の多様性も高め、害虫や病原体が土壌生態系で優位になるリスクを下げる。環境保全型農業の三要素すべてを採用することで得られる最終的な効果は、収穫量の増加（何よりもまず最初の土壌の状態によって程度の差はあるが）と燃料、化学肥料、農薬の使用量の減少だ。環境保全型農業は旧来の耕起する栽培に比べて必要な労力も少ない。投入の費用が少なくなるので、農家にはかなりの倹約になる。

この農業の原理は、現代の慣行農業の知識をひっくり返すものだ。現在一般的な見方では、耕すことが雑草の抑制に不可欠であり、侵食は降雨による避けられない結果であり、被覆作物と輪作は任意で、化学による害虫防除が必要だと考えられている。環境保全型農業では耕起は避けられ、作物残渣は侵食を防ぐためのマルチとして畑に残され、被覆作物と輪作は任意ではなく必須であり、生物学的な害虫防除が実用的で効果的な選択となっている。

旧来の耕起はたしかに雑草を抑制するが、環境保全型農業のもとでは除草剤か被覆作物が同じ役割を果たし、しかも土壌侵食は大幅に減る。マルチは土壌の表面を雨滴の衝撃と地表流による侵食から保護し、不耕起栽培は表土の侵食を五〇分の一にする。窒素固定微生物、マメ科植物、土壌有機物を蓄積する被覆作物は、旧来の化学肥料を、完全にとはいかなくとも、おおむね代替することができる。

環境保全型農業の三要素は、システムとして共同して作用するが、農家はそのすべてを取り入れるとは限らない。部分的な採用の結果はきわめてばらばらで、多くの文献研究は、不耕起栽培を採用したことでの収穫量と土壌有機物への効果はまちまちであると、報告している。そうした研究の中でシステムの構成要素を三つ全部採用した結果について述べたものは少ないが、この新しいシステムの背景にある思想は、深い根がある。

日本の農家、福岡正信は一九七〇年代末には環境保全型農業に気づいていた。その著書『自然農法　わら一本の革命』は、有機農業運動はいくつかの昔からのやり方を取り入れることを促している。福岡は、収穫期に前の作物の刈り株に直接種をまくことを、自然に似せた農業と表現した。農場で一年間を通じて行なわれる営みを、応用生態学の統一的システムとして扱うことを、福岡は農民に求めた。多くの収穫をより少ない労力で得る秘訣は、自然と協力し、それぞれの作物が次のものの舞台を整えるように、種まきと収穫の計画を立てることだ。こうすれば畑は望ましい植物で占められ、最初から雑草に生えるチャンスを与えない。

生まれたばかりの環境保全型農業運動も福岡の哲学も、ある原理を取り入れている。それは、もし実行に移せば、土壌の質を改善し、土壌の健康を――そして収穫量を――増大させうるものだ。初めて知ったとき、それが農業についての考え方を大きく変える――土に食べさせれば、今度は土が私たちを食べさせる――ことに私は衝撃を受けた。つまりは農業の生きている基礎、何兆もの微生物の助手に協力を求めることで、肥沃度に投資するということだ。環境保全型農業の三原則すべてを採用し、それを個々の地域や農場の環境に合わせて調整すれば、土を消費する農業から土を作る農業へ転換できると、支持者は主張する。ローマ帝国の、あるいは聖書の時代の農民がこのやり方を知っていたとしたらどうだろう。人類の歴史の歩みは違っていたのではないだろうか。もっとも長く続いた問題への答えは、じつはまったく単純なものだったのかもしれない。

ダスト・ボウルへの道——犂がもたらした大砂嵐

幾世紀ものあいだ、犂は雑草を抑え、種をまく苗床を準備し、肥料（化学肥料にせよ堆肥にせよ）を土に混ぜ込むために使われてきた。耕すことで種子の均一な発芽が促され、また作物が雑草よりも早く発芽し、競争せずに成長できる。さらに耕すと有機物が空気にさらされ、腐食が進んで養分を放出し、作物の成長が促進される。こうした効果は農家にとって短期的には利益になるが、長期的には土壌侵食と有機物の分解の加速により土壌の肥沃度を犠牲にする。

長い年月のうちに農家をはじめとしてわれわれは、耕すことと正しい農業とを結びつけ、畏敬される農業の偶像として犂を見るようになっていた。農家は耕すことで爆発的に生産力が上がるのを好んだ。しかし彼らは副作用に目をつぶっていたか、あるいは気づかなかった——土壌侵食と土壌有機物、土壌構造、土壌生物の喪失に。いずれもやがて土壌肥沃度を低下させるものだ。

狩猟採集社会による最初期の「農業」は不耕起と似た方法を用い、種を地面にまき散らすか、浅い穴の中に置いていた。農民は二股になった枝や掘り棒を使って、氾濫原の細かいシルトや三角州の土に穴を掘り、その中に種を落とす。これらが初期の農業——そして最古の文明——が根づいた環境であることは、偶然などではない。

犂は、紀元前五〇〇〇年から紀元前三〇〇〇年のあいだに使われた動物が引く単純な耕作道具から、現代の犂の先祖である鉄製のローマプラウへと進化した。土を反転させる犂は約一〇〇〇年後、最初の千年紀の終わりに現われた。そして一七八四年、トーマス・ジェファーソンが発土板プラウを設計し、これはアメリカ農務省の印章を付されている。ジェファーソンの犂は土の中を滑らかに動くので、フランス農芸学会は彼に金メダルを授与した。数十年後の一八三〇年代、ジョン・ディアという名の鍛冶屋がジェファーソンの設計をもとにした鋳鉄製の犂を売り出した。二頭の馬かラバで簡単に引けるディアの犂は、中西部を切り開いて入植の道をつけ、愛情を込めてプレーリー・ブレーカー（草原の開墾者）と呼ばれるようになった。

さらに数十年後、第一次世界大戦中にヨーロッパ向けの輸出穀物に高値がついたことで、アメリカの農民は、耕せる土地は手当たり次第耕そうという気になった。ディアの手製品を機械化したものが、北米大陸中心部の半乾燥地の草原を切り開いた。そして干ばつが襲った。一九三四年から一九三六年にかけては特にひどく、降水量は平年の半分に満たなかった。

干ばつが引き金にはなったのだろうが、ダスト・ボウルは人災だった。数千年間、グレートプレーンズでは数世紀に一度それに匹敵する干ばつが起きているが、大規模な土壌侵食には至っていなかった。しかし農民が草原をすき起こすと、土は深く根を張った植物という生きている錨を失った。次に大きな干ばつが襲ったとき、土地は強風でばらばらになった。

これはさほど意外ではなかった。一九二〇年代を通じて、土壌保全の専門家ヒュー・ハモンド・ベネットは、土壌侵食を「国家的脅威」と呼んでいた。ベネットは土壌管理、つまり世代を超えて託されたものとして土の世話をすることを真理として説いた。一九三三年九月、ルーズベルト大統領はベネットを新設された土壌侵食局の局長に任命した。抜け目ない政治的本能を持ち、生まれついてのショーマンだったベネットは、土壌保全への支持を取りつける機会を無駄にすることはなかった。そしてダスト・ボウルは彼に多くの仕事を与えた。高さ五〇〇〇メートルに達する砂煙がテキサスからダコタ、オハイオに至るまで太陽を覆ったとき、ベネットは新しい地位に就いて一年と経っていなかった。一二〇〇万トンの土がシカゴに降り注いだ。それは春の前ぶれであるはずもなかった。すぐあと、五月一二日には、砂埃は首都に到達した。黒い雲は大統領執務室の窓を吹き抜け、ルーズベルトの机を中西部の土で覆って、間違いなくその注意を引いた。

砂嵐が国を横断していることを現場担当者からの電話報告で知ったベネットは、戦略的に計画を立てた。一九三五年の三月六日と二五日、黒い巨大な砂煙が、再びワシントンを通り過ぎた。ちょうど議会で土壌保全立法についての公聴会が開かれているときだった。そして四月二日、ベネットが上院公有地委員会で証言していると、重苦しい影が空に充満して日光をさえぎり、アメリカの土を守れというベネットの呼びかけに添えるのにうってつけのドラマチックな視覚効果が得られた。

数週間後、ルーズベルト大統領は土壌保全法に署名し、土壌保全局を設置した。[*2] ベネットはこの新しい局の長に任命された。ルーズベルトは二年後、侵食との戦いの前線として機能させるために、土壌保全区の設置を認可した。

ダスト・ボウルという国家的災害は、耕起をめぐる白熱した議論を引き起こした。当初、不耕起栽培の支持者は根深い懐疑に——そして社会的な論争に——ぶち当たった。しかしやがて、彼らが土壌侵食と農家の投入コストを共に減らすことに成功すると、進みつつあった不耕起農法への転換に拍車がかかり、現在それはアメリカの耕地のおよそ三分の一で行なわれている。

エドワード・フォークナーは不耕起農業運動の初期のリーダーだった。その一九四三年の著書 *Plowman's Folly*（『農夫の愚行』）は、耕起は不必要であり、長い目で見れば逆効果だと強く主張している。地表の有機物の層に直接種をまくことをフォークナーは推奨した。そこは地面に落ちた種が自然に発芽する場所だからだ。ケンタッキー州とオハイオ州で郡農事顧問として数十年勤務したのち、耕起にはこれといった理由がないばかりか、有害無益であるという結論にフォークナーは達していた。

フォークナーはこの異端の考えに、私と同じようにしてたどり着いた——つまり裏庭で過ごすことによって。一九二九年の株式暴落のあと、フォークナーは自宅のレンガのような土でトウモロコシを栽培しようとした。大恐慌のあいだ彼は、耕起の効果をまねて、落ち葉を土壌の表層一五〜二〇センチに混ぜ込み、有機物を地面に埋めていた。結果はぱっとしなかった。そこで一九三七年秋、新しい方法を試してみた。わざわざ耕さず、枯葉を地面に放置して、そのままマルチにしたのだ。

翌年の春、それまで硬い粘土質だった土が、砂のようにかきならせるようになった。レンガのような組織は、粒状になっていた。フォークナーはこれまでで最高の収穫を得たが、今回は肥料を与えず、水もあまりまかなかった。やったことは草取りだけだ。

フォークナーはこの結果に興奮したが、旧来の知識に事例で挑んでも、懐疑論者を転向させられないことを知っていた。農業相談員、農業雑誌、農業指導のほとんどあらゆる情報源が、下層土まで深く耕すことを農家に推奨していた。土壌保全局の職員に、裏庭での実験と本格的な農業との関係がわからなかったことにも、フォークナーはそれほど驚かなかった。

そこでフォークナーは畑を借り、もっと大きな面積でも裏庭の菜園と同じように、切り刻んだ刈り株で覆われた地面に種をまいて効果があるかどうか、自分で試してみた。耕さない、肥料をやらない、農薬を使わないフォークナーを馬鹿な奴とばかり思っていた近隣の農家は、この変人の収穫が何年も連続して自分たちより多いことを知って衝撃を受けた。フォークナーは農民たちに、耕すのをやめて有機物を地面に残すように言った。

フォークナーは、肥料は単に「耕起の悪影響」を減らすだけだと主張して、さらに物議を醸した。[*3]

一九四六年、フォークナーの著書が出版されてから数年後、ウォルター・トーマス・ジャックが *The Furrow and Us*（『畝とわれら』）と題する反論らしきものを発表した。この本の中でジャックは、世界中の農民が、耕せば土地が肥沃になることに気づいていると主張した。フォークナーとジャックの論争は大衆紙に波及し、『タイム』誌にまで取り上げられた。『タイム』の記事は二人の議論を「トラクターが初めて馬に挑んで以来、もっとも熱い農業関連の議論[*4]」と描写した。

どちらが正しかったのか？　ある程度は、二人とも正しかった。現在われわれは、耕すと土壌有機物の分解が促進されることを知っている。これは、もちろん、短期的には耕起が作物の養分を増やすということだ。しかし、もし養分が補充されなければ、長期的には肥沃度を低下させる。強力なトラクターの発達が、この状況に拍車をかけた。機械化によって農場に牧草地と飼葉がいらなくなり、使役動物がお払い箱になり、彼らが畜糞を土地に戻して活性化させることも減った。

一九四〇年代に直播機が製造され、耕耘《こううん》せずに種をまくことが可能になったが、雑草防除のための除草剤がなかったことで、論争の第一ラウンドはジャックと犂の支持者が取った。第二次世界大戦後に除草剤2,4-Dが、その二〇年ほど後にパラコートが開発されると、さまざまな形の不耕起農業に関心が高まった。雑草防除の主な手段として除草剤が耕起に取って代わると、減耕起あるいは不耕起農法が受け入れられ始めた。

楽な雑草抑制方法と組み合わせると、不耕起農業は魅力的だった。集約的な作付けをしても、土壌を留めておけるくらいに侵食を減らすことができた。農地表面の被覆をより多く残すと、雨水の地面への浸透が促され、作物が干ばつを乗り切るのを助ける。不耕起栽培では、機械を動かす頻度が少なくなるので、燃料代も減る。やがて、不耕起栽培を採用して刈り株を畑に残すようになった農家は、肥料の出費も少なくなっていることに気づいた。土壌有機物が徐々に土壌肥沃度を再生したためだ。

誰もが無料で採用できる解決策

二〇一五年春、スウェーデンのマルメーで開催された会議でラッタン・ラルにばったり再会した私は、この不耕起栽培と環境保全型農業の話には続きがあることを知った。ラルは痩身で穏やかな口調で話し、大きな眼鏡をかけ、控えめな態度で、快活に笑う。熱帯の環境保全型農業にかけて、彼はたぶん誰よりも経験を積んでいると、私は思っていた。ホテルのロビーで会議の主催者を待つあいだ、私は彼に、どのようにして農業に関心を持つようになったのか尋ねた。

自分はパンジャブの小さな農場で育ったと、ラルは答えた。今ではインドのハリヤナ州になっているところだ。彼の家族は一九四七年のパキスタン分離に伴って亡命してきていた。一家は九エーカーの農場をあとにしてきた。だから父が一エーカー半の土地しか受け取れなかったとき、ラルは、土地を評価した税務官にだまされたのではないかと思った。しかし数年後、一家が実際にはいい取引をしていたことに、ラルは気づいた。地下水面が高く塩害を起こしていた古い農場と引き換えに、質のいい灌漑農地を手に入れていたのだ。そのときから、土壌の質が農場の大きさと同じくらい重要であることを、ラルは知った。

生涯を通じて菜食主義者のラルは、子どもの頃家畜の世話をしていた。母は彼が二歳のときに他界し、ラルは街に住むおばのもとでしばしば過ごした。一九五九年に村の高校を優秀な成績で卒業すると、ラルはパンジャブ農業大学に入学し、月額一二ルピー（週に約一ドル）のパキスタン難民向けの奨学金を得た。畝間をまっすぐに耕すことと雑草の見分け方を学んで一九六三年に大学を卒業したが、地元の農村社会には不評だった。「とんだお笑いぐさだった」と、ラルは言う。「大学に入れた子どもが畑の耕し方を習っていたなんて！」。しかしこの経験は今も影響を持ち続け、そもそも農民はなぜ耕すのかを問う方向にラルを進ませたのだった。

首席で卒業したラルに、ある肥料メーカーが一〇〇ルピーの奨学金を提供して、研究を続けさせようとした。だが担当教授は言った。「そんな契約にサインなんかするな――ずっと会社のために研究しなきゃならなくなるぞ。君をオハイオ州立大学に留学させてやる」。ラルは一九六五年に入学を許された。ちょうど不耕起農法があらためて学界の関心を引き始めた頃だった。

ラルが入ったのは、たまたま二〇年前にフォークナーとジャックが耕起をめぐって論争した大学だった。ほとんどの農家はまだ習慣的に雑草防除を犂に頼っていたが、種をまき、雑草を管理するためには、もっといい方法があるのに、農家はどうして侵食のリスクを冒して耕やさなければならないのか、ラルにはわからなかった。

ラルは土壌科学の博士号をわずか二年半で取得し、一九六八年に弱冠二四歳で卒業した。オーストラリアでシドニー大学の研究員の職に就いたラルは、違う土壌に囲まれた違う学派に出会った。そこで彼はバーティソルに取り組んだ。この土壌は湿っているか乾いているかで大きく膨張あるいは収縮し、乾季には大きな裂け目を作る。ここを耕起すると、雨は裂け目から染み込みそうなものなのに、多量の流出と侵食が発生する。ラルはその理由を知りたいと考えた。

一連の独創的な実験で、この土壌は乾燥すると水を通さなくなることをラルは突き止めた。浸透の過程で、土壌内での水の凝縮により熱が発生し、土壌が細かく砕ける。すると次に雨が降ったとき、これがすぐに地表に蓋をするのだ。そうすると植物が吸い上げられる場所まで土に水が染み込まず、侵食力の強い、速い流れの発生が助長される。

解決法は驚くほど簡単だった。土壌をマルチで覆い、あまり温度が上がったり乾燥したりしないようにするのだ。その後数十年にわたる研究で、地面を生きた植物と有機物で保護すること——肥沃度を維持する自然の処方箋——の有効性をラルはくり返し証明した。

ラルの探求の次の一章は、イギリス・レディング大学教授のデニス・グリーンランドがシドニー大学を訪れ、ラルの研究に感銘を受けたことから始まった。ラルが、ナイジェリアのイバダンに新たに設立された国際熱帯農業研究所で職を得たとき、グリーンランドはそこの研究部長に任命された。

一九七〇年代初めには、ラルは零細農家が抱える問題を解決する方法を研究し始めた。森の一角を切り開き、二、三年耕作し、それから再び数十年、森に戻るに任せるという昔からのやり方では、長い休耕のあいだに土壌肥沃度が回復する。しかし、ほとんどの土地が程度の差こそあれ続けて耕作されるほどにまで、人口圧力は増加した。また緑の革命によって大規模農場では収穫高が増える一方、零細農家には高価な化学肥料や農薬を買う手だてがなかった。彼らは何か他の方法を必要としていた。

評議会の視察が迫る中、スタッフが大慌てで森を切り開いて最初の作物を植えるのをラルは手伝った。ところがお偉方が到着する前日、新しく切り開いた区画を豪雨が全部洗い流してしまい、あとにはひどくえぐれた畑が残された。この災害からラルは、西洋式の耕作と連続栽培は熱帯のもろい土壌、激しい雨、資源に乏しい小規模農家にはまったく合っていないと確信した。

ラルの新しい上司は同意した。当時、英国学士院で唯一の土壌学者だったグリーンランドは、以前にもこれを見たことがあった。一九五〇年代、イギリス政府は、第二次世界大戦後のヨーロッパにおける食用油不足に対処する開発計画を立てていた。西洋の設備を使えば、旧来の農法をしのぐ生産量が確実だと考えた議会は、タンガニーカ（現在のタンザニア）で二五〇〇万ポンドを費やして一五万エーカーの森林を伐採し、ピーナッツオイルを採るための落花生を栽培した。そして退役軍人を雇って「落花生軍」を編成し、アメリカ陸軍払い下げのトラクターと、半ばトラクターで半ばシャーマン戦車という奇妙な雑種の車両で装備した。この作戦は惨憺たる結果に終わった。

新たにかき乱された土壌をこの地域の豪雨がどれほど侵食するか、彼らはほとんど知らなかった。広い範囲を一度に切り開くため、彼らは二両のトラクター戦車のあいだに船の錨鎖を張り渡し、土地の上を引きまわして植物を伐採した。即座に猛烈な嵐が大部分の表土を洗い流した。次の高温期、むき出しになった畑は焼け、落花生の収穫は壊滅状態だった。事業は議会でスキャンダルを引き起こしたが、それは珍しいことではなかった。ナイジェリアで、ガーナで、熱帯全域で、ブルドーザーで伐採して種をまく計画は、犂を入れたばかりの畑が案の定猛烈な雨で荒廃し、同じような結末を迎えた。

ラルの最初の畑が失敗したのもあまりにありふれた出来事のようだった。グリーンランドは大声で言った。「ラッタン、これじゃあ落花生計画の二の舞だ！」。ロックフェラー財団とフォード財団の援助で、彼らはよかれと思ってやった西洋式農法の取り組みがどこで失敗したのかを探る実験を計画した。

零細農家を救った被覆植物

当時の一般的な知識では、斜面の角度が第一に侵食を左右するとされていた。斜面が急になるほど速く侵食されると誰もが思っていた。ラルのデータは、地面が耕したあとのようにむき出しであるなら、斜面がたしかに主要な侵食の原動力であることを裏付けている。しかし、マルチで覆われていれば急斜面でも侵食されないことも、ラルは発見した。ラルの実験は、侵食にもっとも影響するのは、収穫後の畑にマルチを残すかどうかだということを示している。

当時、西アフリカ諸国の政府は耕耘計画に補助金を出していた。農民と農学者は、耕せば水が地表を流れて侵食を起こすことなく、地面に染み込むのを助けると信じていた。しかし、事実は正反対であることをラルは明らかにした。耕していない区画では流出が少なく、したがって侵食も少なかった。一ヘクタールあたり四トン以上の植物残渣を残すと、きわめて急な斜面以外では侵食を完全になくすことができた。そして、最初の年に地表植被を定着させたあとでは、不耕起農法が徹底的なマルチの使用と同じくらい効果的であることがわかった。作物残渣を畑に残したところでは、ミミズが大量に集まり、水は流れ出すことなく地面に染み込んだ。耕起は解決ではなかった――問題だったのだ。

オーストラリアと同様、伐採と耕起のもう一つの大きな影響は、むき出しの地面は太陽にさらされると温度が上がることだ。ナイジェリアでは、耕した畑の地温は、隣りあった林の土より二〇℃以上高かった。しかし不耕起農法は地温を林の土に近い温度に保ち、また多くの水も保持させていた。

ラルは衝撃を受けた。耕された畑で地温が三二℃を超えると、土壌生物が活動を停止することは知っていた。そして生物の活動が止まれば、土壌構造が崩れ侵食が起きて、土壌肥沃度が低下する。もっともいいやり方は、どうやら、地面を覆っておいてミミズやシロアリに耕させることのようだ。しかしそのためには、生物に餌をやる必要がある。彼らの食べ物が有機物、すなわちマルチだ。

この新しい見方は、しかし、農学者のあいだでは受けがよくなかった。ラルの結論がもたらされると、研究所理事会のフランス人理事長は、ラルが本気で耕さないように勧めているなど、とうてい信じられないと言った。まったく正気の沙汰じゃない。財団の専門家や開発機関の職員――その意見が重く受け止められる者たち――はすべて、耕せば耕すほどいいと思っていた。グリーンランドとラルは、その間違った意見を正すことのできる同業者から指導を受けることになった。しかし彼らが見たものは、自分たちの発見が正しいことをかえって確信させた。

特に有意義だったのが、耕起した区画と不耕起の区画を比較した実験に基づいて雨季の終わりに耕起することを提唱していた、影響力の大きな科学者のもとを訪れたことだった。彼らはラルに、収穫後に不耕起の区画から作物残渣を丁寧に取り除き、サヘル〔訳註：サハラ砂漠南縁部の半乾燥地帯〕一帯で伝統的な農民が行なっている放牧をまねたと言った。これではマルチが残らず、地面がむき出しになってしまう。彼らは不耕起の区画では除草剤を使わなかったので、雑草がはびこって作物を押しのけてしまった。その結果のわずかな収穫を、耕起で雑草が抑制された区画のものと比較したのだ。

これは誤った比較だとラルは考えた。畑に作物残渣を残すことが、不耕起栽培の本質――侵食を防ぐのに役立つ理由なのだ。そして耕起は除草剤と同じように雑草を抑制した。開発機関の科学者は、アフリカの農民は除草剤を使わず、作物残渣を調理用の燃料に使うために取ってしまうことが多いと言って、自分たちの研究デザインを正当化した。しかしこの実験は、作物残渣を畑に残した場合――ラル本人の実験でやったように――不耕起栽培がうまくいくかどうかを評価していないと、ラルは考えた。ここに開発機関の科学者たちが見落としているものがあった――彼らの比較はそもそも比較になっていないのだ。

ラルが達した結論は、アフリカに不耕起栽培を取り入れさせることへの抵抗は、耕さない場合雑草の防除に除草剤が必要だと一般に信じられていることから来ているというものだった。また当時、手に入る主な除草剤はパラコートで、零細農家には高すぎた。そのため、被覆作物とマルチが雑草を抑制する唯一の手段だったのだ。

部分的にラルの実験に基づいて、グリーンランドは『サイエンス』誌に「緑の革命を移動耕作者にもたらす」と題する先見的な論文を発表した。この一九七五年の論文にラルが触れたので、私はそれを調べてみた。するとグリーンランドが環境保全型農業の基本原則をはっきり記述していることがわかった。資本を持たず、新しい器材、化学製品、特許種子を買えない伝統的な零細農家を、緑の革命は締め出していることをグリーンランドは指摘していた。農法を変えれば——新しい考え方をすれば——零細農家は連続栽培を行なう絶好の機会を得る。農家は耕起をやめて侵食を減らし、マメ科植物（たとえばササゲ）を含めた多彩な高収量の作物を栽培することが必要だ、と。

グリーンランドは自分の勧告に対して批判があることを予想していた。それは、農業の進歩の道は機械化にあるとする主流の見方に逆行するからだ。農家を「犂による重労働」から解放するため、彼は除草剤を安価な背負い式噴霧器で狭い範囲に使用することを推奨した。次に、正しいマルチの使用もやはり雑草抑制に有効であることを強調した。グリーンランドは、地面の攪乱を最小限にし、さまざまに取り合わせた被覆作物を植えることで、零細農家は伝統的な移動耕作から連続栽培に移行できるだけでなく、その過程で収穫高を二倍にも三倍にもできると考えた。

実験から五年後、ラルとグリーンランドは、もっとも重要なのは農家が何を栽培するかではなく、どのように栽培するかだという結論に達した。ラルは、土壌水分と土壌構造に基づいて、さまざまな環境と土壌においてもっとも適した耕作方法のガイドラインを作成した。やがて、熱帯で研究を続けること一〇年、ラルは自分の経験を二つの勧告に集約した。しなくて済むなら森を切るな。もし切るなら、必ず地面が植物やマルチで覆われているようにせよ。

一九八七年にアフリカを去り、オハイオ州立大学に戻って職を得るまでに、ラルは四大陸の一四の国々で土壌問題に取り組んだ。状況、土壌、気候は大きく違ったが、ラルの実験はすべて、壊滅的な侵食を防ぎ土壌を肥沃に保つために地面の被覆とマルチが有用であることを示していた。その後の著作でラルは、熱帯土壌の生産力を維持する上でマルチと被覆作物が重要であることを強調した。

アフリカを離れてから二年のうちに、実験区のすみずみまで木が育っていた。壮大な実験は終わった。零細農家に役立つものをラルは見つけ出した。それならなぜ、その発見はほとんど無視されているのか？

資金提供者も援助機関も、求めるものは大躍進と急激な革命であって、土壌を徐々に改良していくことではなかった。産業界は商品化できる解決法の開発を推進した。求めたのは農業化学製品であって誰もが無料で採用できる方法ではなかった。マルチや多様な作物の栽培などについて聞きたがる者は、近代的で進歩的な財団や機関にはいなかった。このような単純な答えは、テクノロジー崇拝的な進歩の物語に合わなかったし、今でも合わないのだ。

普遍的で単純な土壌管理の原則

アフリカでの実験への無関心ぶりにがっかりはしたが、自分の考えは南アメリカでより発展するだろうとラルは考えた。そこでは熱帯の豪雨が犂を入れた畑を荒廃させていた。一九七一年、ハーバート・バーツはブラジル南部にある自分の農場で、耕起を減らす実験を始めた。最初はうまくいかなかった。翌年、バーツはアメリカとヨーロッパを訪れ、わらの中に植えつける不耕起栽培を学んで浸透を促進し侵食を減らそうとした。また、農学者のロルフ・デルプシュが、ブラジルで野外試験を行なっていることを知った。不耕起技術がブラジルでもうまくいくことをぜひ証明したいデルプシュは、バーツの農場に播種機を送った。バーツは半ヘクタールの区画にコムギをまいた。不耕起の作物は他の作物より少し緑が濃く上質に見えた。バーツは自分用の播種機を注文し、デルプシュと共に実験を続けた。

それからの数十年、南米の科学者と農家は、今日われわれが環境保全型農業として知る農法をまとめ上げた。その評判は一九九〇年代から高まりだし、現在、アルゼンチンとブラジル南部では不耕起栽培の採用が一〇〇パーセントに届こうとしている。このため、深刻な侵食と土壌の劣化は南米一帯では大幅に軽減されている。しかし、南米の不耕起農家で、環境保全型農業の三原則をすべて用いている者は半数に満たない。刈り株を畑に残す者もいれば、煮炊きの燃料として使ったりバイオ燃料の製造原料として売ったりしている者もいる。また、商品作物の栽培を奨励する政府の方針に応じて、多くが輪作を怠ってダイズを連作しがちだ。

私が生まれた一九六〇年代初め、アメリカに不耕起農法を使っている農家はほとんどなかった。当時は毎年七万五〇〇〇台を超える犂が売れていた。それでもゆっくりと、しかし確実に、アメリカでは犂への依存は減り始めた。一九九〇年には、年間販売数が三〇〇〇台以下となり、一九九一年にはその半分しか売れなかった。この凋落《ちょうらく》を進めたものは何だろうか?

作物残渣を管理し、地表の有機物層を通して種を植えることができる新しい農機具の発達は、たしかに犂を手放すことを促した。また一九七〇年代の燃料費高騰は、さらに関心をかき立てた。だが、一九九〇年代にモンサント社がラウンドアップ（グリホサート）と遺伝子組み換えによるグリホサート耐性を持つ作物を開発したことで、不耕起栽培の採用に拍車がかかった。すると今度は、農家がだんだんと残る二つの原則も受け入れるようになり、環境保全型農業に道が開かれた。

世界的に見て、環境保全型農業が行なわれていたのは、一九七〇年代初めには三〇〇万ヘクタールに満たなかった。一九八〇年代初め、それは倍増して六〇〇万ヘクタールを超えた。そして二〇〇三年にはさらに一二倍増の七二〇〇万ヘクタールになった。二〇一三年まではさらに倍の一億五七〇〇万ヘクタールとなっている。それでも、このように急速に採用が進んでいるにもかかわらず、世界の耕地の約一一パーセントでしか環境保全型農業は行なわれていない。環境保全型農業が行なわれている農地の四分の三以上は南北アメリカ大陸にあり、半分近く（四二パーセント）は南アメリカ、約三分の一（三四パーセント）がアメリカとカナダだ。

アメリカでは、二〇一三年には三五六〇万ヘクタールほど――国内の耕地面積の二一パーセント――が環境保全型農業で耕作されていた。しかしヨーロッパ、アジア、アフリカでは、環境保全型農業は耕地のわずか数パーセントを占めるにすぎない。言い換えれば、まだ採用の余地がたくさんあるのだ。

ラルと私がスウェーデンのホテルのロビーで話しているとき、私たちはくり返し慣行農業と不耕起農業との対立――そして、これらの農法が不適切な形で研究、比較、最終的には推薦されること――の話題に立ち戻った。最近のそのような研究の一つは、不耕起農法が土壌有機物を増やす能力を疑問視していた。またあるものは、環境保全型農業の作物収量は慣行農法より少ないと結論していた。こうした研究にはフルーツサラダの比較――リンゴとオレンジとバナナの比較――が含まれているとラルは考える。引用された研究の多くは畑に刈り株を残しておらず、したがって環境保全型農業の方法をすべて採用していないからだ。アフリカでの初期の比較と同じだ。

二〇一四年に『ネイチャー』誌に発表されたある論文は、こうした環境保全型農業における懐疑論を一部反映している。この六一〇の先行研究のメタ分析は、環境保全型農業の他の原則（被覆作物と輪作）をさまざまに組み合わせて、慣行農法と不耕起農法を比較した。データをすべて平均すると、不耕起農法では作物収量がほぼ六パーセント減少した。だが、乾燥地では、環境保全型農業の三原則すべてを採用することで、収穫高が慣行農法より最大一〇パーセント増加した。そして三年間にわたって不耕起栽培を続けると、三原則すべて（不耕起、作物残渣の維持、輪作）に従った畑の作物収量は、慣行農法の畑と区別がつかなかった。言い換えると、最初の数年の移行期間が過ぎれば、環境保全型農法を採用したことから来る収穫の上での不利益はないのだ。それなのに、不耕起栽培は収量を減らすと論文の著者は強調し、メディアは吹聴していた。

これに、もちろん、ラルはいらだちを覚えた。本当の試験は、慣行農地と三原則す
べてを採用した環境保全

農地の実績を比較したものであるべきだと、ラルは言う。実情は、幅広い農法がひとまとめに「不耕起」と呼ばれ、環境保全型農業に対する誤解を招きやすくしている。

このような心配から、ロルフ・デルプシュら有力な研究者は、混乱を避けるために不耕起農法の研究手法の標準化を主張している。作物収量は、環境保全型農法の経験のある農家が転換プロセスを指導した場合には増えるが、経験のない者が行なえば減ると彼らは強調した。また、科学者に対して、「不耕起または環境保全型農業システムを研究しようとする」前に「そうしたシステムについて熟知すること」を勧告した。[*5] 環境保全型農業のシステム全体にほとんどなじみのない学者が、定義のあいまいな変数を使った研究で不正確な結論を引き出してきたと、彼らは見ているようだ。ラルと同様彼らは、環境保全型農業での収量低下を報告する研究が間違った比較を行なっていることを憂慮しているのだ。

マルメーでの講演でラルは言った。現代の農業問題――とその解決策――は、われわれが土壌とその中にある生物の世界を管理する方法に根ざしている。彼は一枚の図を示した。そこには土壌劣化の過程、要素、原因を表わす重なり合った三つの円が描かれていた。侵食、塩害、栄養の枯渇は主要な過程だ。そしてこれらの過程を動かす要素――気候、地形、社会経済的な力、文化的問題――は、大部分が個々の農家のコントロール外にある。だが土壌劣化の原因は、森林伐採、耕起、灌漑の特定のやり方である。これらは農家に変える力があるものだ。

さらにラルは、土壌を、閾値や転換点がある生態学的システムで、そこに届くと大きな変化が誘発されるものとして表現した。中でも特に重要なのが、土壌有機物が一パーセント未満に落ちたときだと、ラルは言う。多くの熱帯の土壌はすでにこのレベルの半分以下に劣化している。見境なく耕し作物残渣を取り除く収奪的な農業が原因だ。この組み合わせが土壌劣化、住民の絶望、社会不安の連鎖を生み出すところを、ラルは何度となく見てきた。

反対に、環境保全型農業は劣化した土壌を回復し、社会と政治の安定を立て直すように悪循環を逆転させることができる。農業が問題ではなく解決となりうるのだ。あらゆる現場に応じたものを作ることは個別的で厄介だが、持続可能な土壌管理の原則は普遍的で単純だとラルは主張した。このような原則を実践するには、システムズアプローチが必要となる――それこそが環境保全型農業がもたらすものなのだ。

私にとってラルの話の肝は、農業のことになると、土壌の状況や質だけでなく慣行が農業技術と同じくらい重要だということだった。

深く根を張る作物を求めて

ラルと話してから二、三週間後、カリフォルニア州クレアモントにあるポモナ大学で開催された文明の未来をテーマにした会議で、私はカリスマ的な七〇代のウェス・ジャクソンを質問攻めにした。ジャクソンの業績については、その洞察力にあふれる一九八〇年の著作 *New Roots for Agriculture*（『新しい農業の基礎』）を学部生のときに読んで知っていた。同書の中でジャクソンは、犂を捨てるためのもう一つの戦略を立てている――毎年種をまく必要のない作物を栽培するのだ。以来、彼とカンザス州サライナのランド研究所の同僚たちは、多年生作物の育種に携わっている。

ジャクソンは聖書の比喩と個人的体験と、たいがい自分をネタにした自作のユーモアを交えて、メソジスト〔訳註：プロテスタント教会の一派〕の牧師のように話す。彼は農業を壮大な悲劇のように描く。われわれはすべての人を養う能力を低下させるやり方で食糧を作っているという悲劇だ。一見したところカンザスの老農夫のようだが、農業をそれ自体から救う必要について話をさせれば、若きラディカルのように熱く燃え上がる。

これまでの四〇年間、ジャクソンのチームは野生の多年草を栽培品種化して、一年生の穀類作物を多年生の親戚と掛け合わせ、昔からある一年生の作物を深く根を張る多年生の作物に置き換えようと研究してきた。言い換えればジャクソンのチームは、遺伝子組み換え作物を作り出しているのだ。ただし伝統的なやり方、品種改良によって。一年生の作物から多年生のものを開発する利点はきわめて大きい。毎年種まきのために耕さないことは、究極の不耕起農業だ。犂を使うことをやめるのに最善の方法は、耕す必要がまったく必要ない作物を栽培することだからだ。

なぜジャクソンは、品種改良という手間暇のかかる漸進的で保守的な遺伝子組み換えに数十年を費やしてきたのか? 多年生の被覆植物は侵食を減らし、土壌有機物を、したがって長期的には土壌肥沃度を高める天然の妙案だ。多年生の作物を開発すれば、土壌侵食がなくなるだけではない。化学肥料と化石燃料の使用量も大幅に減らせるのだ。

カンザス州トピーカの農場に生まれたジャクソンは、自身を「適度に客観的だ」と考えている。一九七一年にサクラメントのカリフォルニア州立大学で環境学習プログラムを創設したあとで、ジャクソンは生態学の基本原則の無視が農学の弱点だと考えるようになった。四〇歳になった一九七六年、終身在職権がありながら、カンザスに戻り、ランド研究所で土壌を守り作る農法の開発を始めた。一九三〇年代を思わせる侵食に驚愕したジャクソンは、自然システム農業――生態学の原則を利用して、農業生産において自然の生産力を模倣するもの――の追究を始めた。グレートプレーンズでは、それは手つかずの草原に目を向けることを意味した。犂を入れていない草原の生産力は、温暖期と寒冷期のイネ科植物、マメ科植物、キク科植物が混ざっていることにあった。

草原は一年中草木に覆われ、風や雨に痛めつけられることなく、氷河期以来生産力を保っていることに、ジャクソンは気づいた。くり返し野火が起き、バッファローが草を食んでも、草原は地中に隠れた根茎のおかげで何度でも再生できた。その時代からわれわれがどれほど道を誤ってしまったかを思い起こさせるものは、研究所のまわりじゅう、春の嵐に茶色い水をほとばしらせる近隣の畑にあらわになっていた。

だが、この土地をどう変えるのか？　ジャクソンは、一年生でなく多年生の穀類を基礎にした草の混作を望んだ。けれども人類が栽培する主要な穀類はすべて一年草だ。多年生の穀類が欲しければ、作るしかなかった。そこでランド研究所は、野生の多年生のカモジグサを多年生の穀物に変える試みに取りかかった。目標は、栽培品種化された穀物を生産する草原を作ることだ。研究と植物の品種改良のためには五〇年から一〇〇年かかるだろうとジャクソンは予想した。結果的には、ジャクソンのチームは予定より早く進んでいた——それも相当に。

それは幸運だ。時間はわれわれの味方ではない。最近、イリノイ州のトウモロコシの収穫量が毎年一エーカーあたり一ブッシェル（約三五・二四リットル）落ちている。近代的な肥料は非効率であることがわかっている。穀類は農家が畑に与えた窒素の四〇から七〇パーセントしか取り込まないからだ。ハーバー・ボッシュ法で窒素肥料を製造すると、エネルギーを大量に消費し、触媒、四〇〇℃の熱、三五〇気圧の圧力が必要になる。世界の農薬製造は、レイチェル・カーソンが『沈黙の春』を出版したあとで二倍になり、その後の数十年でさらに倍になった。現代農業はものすごく能率的というわけではないかもしれないが、土壌とそれを支える生物を傷つけることにおいてはきわめて効率がいいことがわかっている。

最初から専門家たちは、多年生作物が高収量を生むというジャクソンの考えが、決してうまくいかないだろうと思っていた。だがジャクソンは、深く根を張ることが植物のできる最高の投資だと考えた。彼のチームは毎年数千の種をまき、穀類作物として有望な植物を探した。それから品種改良が始まった。くり返しこうすることで、彼らは深く根を張るきわめて有望な多年生穀類を生み出した。

新しい多年生作物

慣れた優雅な手つきで、ジャクソンは会議机に大きな巻紙を広げた。従来のコムギとカーンザ、すなわちカモジグサの新種の根系を並べて比較する実物大の写真が姿を現わすと、部屋にいた人々は息をのんだ。長さ一メートルの糸のようなコムギの根系は、長さ三メートルでドレッドヘアのようにからみ合う、がっしりしたカーンザの根の塊の隣で弱々しく見えた。ジャクソンは高らかに告げた。史上初の多年生穀物にして、人類が三五〇〇年ぶりに手にした新しい主要作物をご覧あれ。この業績は、野生の多年草が穀類作物となりうるというアメリカの、そして潜在的には世界中の農場にとって刺激的な可能性を示した。

研究が始まってから四〇年近く、ジャクソンはカーンザ畑で初の機械による収穫のビデオを、うれしそうに見せびらかしていた。新しい穀物はすでにビール、パン、ウィスキーの製造に使われていた。現在カーンザは、小規模ながら商業的に生産されている。ジャクソンは有頂天そのものだった。

それも当然だ。栽培期が長いことを考えれば、多年草はより多く実を結ぶので、いつか一年草を収穫高で上回るのが普通だからだ。多年生作物はひと足早く成長を始めて草冠を発達させ、雑草を日陰にする。当初ジャクソンは、カーンザが成功したことで、それが単一栽培されるのではないかと心配したが、彼のチームは別の多年生作物で進捗を見ていた。彼らは現在、中央アフリカで多年生のモロコシの野外試験を行なっている。多年生のヒマワリとヒヨコマメも完成間近だ。ランド研究所はマメ科植物とカーンザを同時に栽培し、家畜にカーンザの刈り株を食べさせる実験も行なっている。もちろんまだ課題はたくさんあるが、草原を栽培する夢が、数種類の作物を交互に植えた混作として農業の現実となるのをジャクソンは見ている。

この章の執筆中、ジャクソンが八〇歳の誕生日を目前にしてランド研究所の所長の地位を退くことを告げるEメールを受け取った。誰もが生きているあいだに、大きな夢が実を結ぶのを見られるわけではない。ジャクソンは幸運な一人だ。彼は今、応用生態学を通じてわれわれは、土壌の健康を農業生産の結果として収穫できることを確信している。これは革命的なことだ——真の大改革の種なのだ。

ジャクソンの洞察は土壌侵食の問題を解決し、長期的に農業を持続させる確かな方法かもしれないが、植物の品種改良には時間がかかる。ジャクソンも自分の仕事が完成するのに数十年かかると見積もっている。そして多年生作物の開発に企業の支援はない。多年生作物に手を出そうという種子会社はない。理由は明白だ。顧客に商品を一度しか売れないビジネスモデルなどあり得るだろうか？　種子会社は、製薬会社のように、顧客に毎年毎年くり返し買ってほしいのだ。これが一年生の種子、特に登録商標と特許のある種子が売り手に保証するものだ。そうするとそれまで私たちに何ができるだろう？

理屈の上では、環境保全型農法は明日にでも即刻採用できる。だが、それは本当に先進国でも開発途上国でも、大規模農場でも小規模なものでも効果があるのだろうか？　環境保全型農業の原則を三つすべて採用したときの効果を調べた研究はほとんどない。それを知るために、私は自分の目で見に行くことにし、複数の大陸へ、これを行なっている農場を巡る六カ月の旅に出発した。旅の最初の滞在地では、現代農業のもう一つの神話が叩き潰された。不耕起農家は多量の除草剤と化学肥料を必要とするという主張を。

＊1——ここで用語について注釈を加えておく。「環境保全型農業」という用語の使用法は一貫しておらず、そのため環境保全型

農業の農法としての効果をめぐる学術的な議論は混乱している。たとえば、多くの研究が不耕起農業を、三要素からなる農法の一要素ではなく、環境保全型農業の一形態として扱っている。本書ではこれ以降、「環境保全型農業」という用語を、以下の三原則すべてに従った農法を意味するものとして用いる。①最低限の土壌攪乱、②被覆作物（マメ科植物を含む）の取り入れ、③多様な輪作。しかし、最低限の攪乱と連作の多様性を構成する農法は、定義がはっきりせず、それが環境保全型農業の効果と普遍性の広範囲にわたる分析を混乱させる一因になっている。同種の用語「再生可能な農業」は、作物と家畜の生産の結果として、土を作り肥沃度を回復する農法を指す。

*2——一九九四年、議会は同局の名称を自然資源保全局と改めた。

*3——Faulkner, E. 1943. *Plowman's Folly*. Norman: University of Oklahoma Press, p.128.

*4——Lal, R., D. C. Reicosky and J. D. Hanson. 2007. Evolution of the plow over 10,000 years and the rationale for no-till farming. *Soil & Tillage Research* 93: p.6.

*5——Derpsch, R. et al. 2014. Why do we need to standardize no-tillage research? *Soil & Tillage Research* 137: p.20.

第6章　緑の肥料――被覆作物で土壌回復

農業ほどうまくやるために多くの知識を必要とする職業はない。そして現実には無知のほうが多い職業も。
――ユストゥス・フォン・リービッヒ（ドイツの化学者）

ダコタ・レイクス試験農場の農場長、ドウェイン・ベックに初めて会ったのは、二〇一四年の世界環境保全型農業会議でのことだ。彼は、サウスダコタ州ピア周辺の農家が、かつて大規模な砂嵐を引き起こすことで知られた土地を、どのようにして土壌が健康で生産性の高い農地に変えたかを説明し、最初から、そのプレゼンテーションは私を釘づけにした。

翌年四月の晴れた日、私はデンバーに飛んだ。長い通路を通って空港のはずれに向かうと、ターミナルの最後のゲートで小型機が待っていた。一時間半のフライトのあいだ、私は窓から、溜め池が点在する土地のやせた茶色い丘や、地形が平らであることを示す溝の跡を見ていた。農場がぽつんぽつんと、まばらな緑の円や長方形として一帯に散らばっているのが目についた。飛行機が旋回し、私の六カ月に及ぶ旅の最初の滞在地に着陸しようとするとき、乾いた大地を蛇行する青い命のリボン、ミズーリ川をせき止めてできたダコタ湖が見えた。

ベックが空港で私を出迎え、かつての氷床の縁に位置する質素なランチ様式〔訳註：第二次世界大戦後に流行した平屋建ての住宅」の自宅まで車で連れていってくれた。町の半分はかつて氷河が蹂躙して堆積物を押し固めた氷礫土の上に位置していた。あとの半分は、大昔に巨大な氷河が解けて流れ出た水が落とし、堆積した砂の上にある。それは変化の途中にある景観であり、ベックはそのもっとも最近のもの――不耕起農業の採用と被覆作物の輪作への取り入れの拡大――を推進する立役者だった。

夕食後、テーブルを囲みながら、ベックが地元の農家で育ったことを聞いても、私は意外に思わなかった。穏やかな物腰、がっしりとした体つき、大きな手、分厚い黒縁の遠近両用眼鏡、ベックは見るからに農民そのものだ。農業機械の事故で危うく落としかけ、再建された親指に至るまで。サウスダコタ州プラットに一九五一年に生まれたベックは、教室が一つだけの田舎の学校に入学し、一〇歳になるまで自宅に水道はなかった。アバディーン近郊のノーザン州立大学に進んだときには、屋内のトイレがありがたい贅沢だと思った。一九七五年に理学士号を取得すると、ベックは高校の化学教師になった。それから大学院に入学し、一九八三年にサウスダコタ州立大学で農学の博士過程を修了した。

肥料取り込みの効率を分析する論文に取り組んでいたとき、農家は大量の水を畑からの流出で失っていることにベックは注目した。どのくらいの水が土に染み込むかをテストするため、散水実験を行なったときのことだ。耕した畑は表面が固くなり多量の流出が起きがちだったのに、耕さずにおいた畑では、きわめて意外にも、流出が起きないことにベックは気づいた。こうした畑では、たとえ豪雨でも土に染み込むのだった。

ベックにはその意味は明白だった――耕すより耕さないほうがいい。大学院での研究を終えたベックは、不耕起の実験を続けた。犂を入れると決まって草原の風が舞い上げ、道路を通行止めにする土埃を止めたいと心から願っていた。

一九九〇年、ベックは新たに設立されたダコタ・レイクス試験農場の研究主任となった。農場そのものが実験だった。所有者は農家だが、サウスダコタ州立大学と共同で運営され、理事は全員、耕起が土壌に及ぼす影響を見てきた農家だった。彼らは耕起に代わる方法を求めていた。

二五年間、ベックは、農家にも環境にもよりよい農法の開発を目指して農場を経営してきた。研究を通じて彼は、土壌の生物相を回復させれば、耕す必要もなければ、それほど化学物質の投入に頼る必要もないことを知った。しかしこれには、不耕起農法と被覆作物を用いて多様な作物を複雑な輪作によって栽培する、新しい農法が必要となる。

当初、サウスダコタ小麦委員会は、不耕起と輪作がコムギの収穫を増やす――そして経費を減らす――ことに懐疑的だった。しかし、実際にコムギの、そして他の作物も収量が増えることに彼らは気づいた。誰に聞いても、それは驚くほどの大成功だった。ピア近隣地域の年間生産高は一九八六年に比べると一六億ドル増えているとベックは報告している。システム全体はもっと生産性が高く、ほとんど誰もが賞賛した。環境にもっともよい手法が経済的にももっともよいことが証明されたのだ。もちろん、化学肥料、除草剤、殺虫剤の製造会社にとっては別だが。

翌朝、私たちは車で北に向かい、ベックの農場から遠く離れたダコタ・レイクスの理事の農場をいくつも訪問した。巨大なアースダムのオアへ・ダムを過ぎ、私たちは景色を眺めるため車を停めた。ルイスとクラーク〔訳註：一九世紀初頭に、アメリカ人で初めてミシシッピ川から太平洋に至る大陸横断をなしとげた探検隊〕もこの絶景を見ただろうが、その地質学的な意味はわからなかっただろう。彼らは、自分たちが懸命にさかのぼっている川が、太古の氷床の縁にあたることを知らなかったはずだ。岩がごろごろした野原は氷河に浸食された東へ切れ落ち、西へ行くほどなだらかな地形になる。ルイスとクラークにとってこれは、太平洋へのルートを求めるルイジアナ購入地探検の途中で、ただ通り抜けるだけの土地でしかなかったのは間違いない。

草の海を突っ切って車を飛ばしているあいだ、ベックは一九七〇年代の農家がどのように耕作していたかを話してくれた。ある年にコムギを畑で栽培し、すき返して一年休耕する。こうしてできたコムギと休耕の循環は優れたものだった。定期的な耕起による土壌有機物の喪失を考えなければだが。このパターンが土壌肥沃度を使い果たしてしまうと、農家はやがて化学肥料中毒になった。

二、三カ所の農場に立ち寄ったあとで、私はいくつかの共通のテーマに気づき始めた。ベックの理事たち——物静かな大男マーブ・シューマーカー、事務室に銃剣つきの銃をかけているケント・キンクラー、かわいい黒ラブラドールを飼っているマイクとアンのアーノルディ兄妹、チャーミングなラルフとベティのホルツワース夫妻——は、みんな土壌を回復して、子どもたちが引き継ぐときが来たら、生活を支えられる農場を相続させたいと打ち明けた。

この理事たちがベックに出会う前、彼らはみな攪乱と投入量の大きな農法を行なっていた。だが干ばつと資材の値上がりで経済的に立ち行かなくなりかけると、何か違う方法を試してみようという気になった。不耕起栽培に切り替えるとすぐ、水使用量が大幅に減り、燃料代と肥料・農薬代が相当節約できることに彼らは気づいた。数年経つと、土壌の変化もわかり始めた。作物収量は以前のレベルに戻り、あるいはそれ以上になったが、投入コストは下がっていた。不耕起農家は、従来のコムギと休耕の循環でやっていたように畑の半分だけでなく、毎年全部の農地に植えつけ、収穫を倍増させた。土壌について——そしてそこに棲む生き物について——の考えも変わり始めた。ケント・キンクラーに、なぜウシを飼っていないのか尋ねると、彼はこう答えた。「家畜がいないわけじゃない。顕微鏡でないと見えないいんだ」。このようなサウスダコタの農民は、農業のやり方を変えただけでなく、土地についての考え方を変えたのだ。化学物質の貯蔵庫から生物の海へと。

こうしたことのすべてが、よりよい結果へとつながった。私がこれまでに見た最高のワインセラーは、このようなサウスダコタの農家が所有するもので、床から天井まで上等のフランス産赤ワインが積まれていた。ベックは、不耕起農業は金にならないと主張するカンザスのエコノミストの団体を連れて、この地域の農場を見せて回ったときのことを話してくれた。ベックは多くを語る必要がなかった。不耕起の農場には新しい穀物貯蔵庫があった。慣行農家にはなかった。エコノミストたちはベックの言わんとするところを理解した。

実物大の実験農場

どのようにしてベックは、まったく新しい農法の採用を地域の農家に納得させたのか？　まず、彼が変わり者で、博士号を持った研究者でありながら農業機械を運転でき、播種機の新しい部品を設計でき、それを組み立てて実際に試すことができた。農民に研究結果をパワーポイントを使ってプレゼンテーションしてもうまくいかないことを、彼は知っていた。代わりに数人を説得して自分のアイディアを試してもらい、またそのために不耕起栽培用に設計した機材の一部を提供して使わせることから始めた。すると、隣人がうまくやっているのを見た他の農家が、それにならった。農家は他の農家から口コミで情報を得るのを好むことを、ベックは知っていた。最初に採用した農家の収入が増えたとき、それは役に立った。サウスダコタでは、一九九〇年にはほぼすべての農家が耕起していたが、二〇一三年には四分の三以上が不耕起栽培に移っていた。この急激な移行によって、二、三〇年で農業慣行は変化した。

街に戻ると、ここの住民がベックの助言を信頼していることがはっきりとわかった。彼の胸ポケットの携帯電話は、何を植えればいいか、この作業にはどんな機材を使えばいいか、鶏糞の肥料としての価値はどのようなものかといった農家からの問い合わせで、ひっきりなしに鳴っていた。それは意外ではなかった。彼は農民の一人なのだ——ブルージーンズとニットのシャツが似合う、蛍光オレンジのゴルフティーを口にくわえた。

ベックはこのめまぐるしい農場ツアーを、印象づけるために計画した。それはうまくいった。サウスダコタを数百キロ車で巡っても、むき出しの土はあまり見られなかった。カリフォルニアの夏を思わせる丘を越えるとき、ベックは嘆いた。「この時期にこんなに雨が降らなかったのは初めてだ」。八月から雨らしい雨は降っていなかった。不耕起栽培が始まる前なら、これは災害だった。今年は一九三〇年代より乾燥しているとベックは言った。それでもほとんど砂埃は立たず、風食もない――不耕起栽培が広く受け入れられたおかげだ。

しかし土壌はどこかに留めておくことができない。ベックの農場の対岸で、私たちは大きな黒い土煙を空に吹き上げているトラクターを追い抜いた。驚いてベックの顔を見ると、長い目で見た土地の健康に興味がないらしい小作農のあいだでは、これがまだ普通なのだと言った。

川を渡り北岸に沿った平らな段丘に、ダコタ・レイクス試験農場はあった。二車線の国道三四号のすぐ南に位置する八〇〇エーカーの土地だ。入り口は農場の西側の砂利道で、名高い西経一〇〇度線に沿っている。この地質学的な標石は、グレートプレーンズの西の端、天水農業と灌漑農業の境目を表わす。農場の約四分の一は灌漑され、その日は四本の腕を持つ背の高いスプリンクラーが、水を滴らせた巨大ロボットのように、ゆっくりと畑を「歩いて」いた。段々の地面は、錆びた農業機械が散らばる雨裂の網目を伝って川へと下っている。

ミズーリ川をさかのぼる途中、ルイスとクラークはこの地を渡っている。それから二世紀、ベックは彼らの日誌を使って、本来の植生が高茎イネ科草本の草原と混生草原であることを証明した。それから、農場の周囲をぐるりと囲むようにプレーリーグラスを植え、花粉媒介者と畑の害虫を減らすのに役立つ天然の捕食者のすみかとした。

ベックが農場に新しく作られた正味エネルギーゼロの建物を自慢したがったので、私たちは太陽熱パネルと太陽電池が屋根に載った大きな灰色の納屋に車で向かった。納屋は私の家がすっぽり入ってしまうほど大きく、ダイズを主原料にした吹きつけ式の発泡断熱材が桁や壁を覆っている。古くさい感じがするかもしれないが、効果はある――外はとてつもなく暑く乾燥していたが、中は涼しく快適だった。冬はその反対だとベックは請け合った。

菜種油か大豆油がその場で作られ、事務棟の半分を暖めるのに使われる。北側の壁の脇で、巨大なスクリュープレスがダイズから油を絞り、ダイズかすを巨大なオニオンリングのように細長く吐き出していた。この「廃棄物」は大半がタンパク質で、動物の飼料として利用され、動物が出す畜糞は畑に戻される。これがエネルギー効率の高い栄養リサイクルだと、ベックは説明した。彼の最終的な目標は、土壌から栄養や有機物を、あるいは土地から在来の捕食者を失うことなく、ダコタ・レイクスを炭素中立にすることだ。そのためには段階的なものでなく根本的な変化が要求されると、ベックは確信している。

無理もないことだが、一般に農家はうまくいく証拠を見なければ、思い切った手段を取らない。試験区を二カ所か三カ所見たところで動かされることはない。自分で試してみる前に、新しいアイディアが実物大で――つまり実際の農場で――はたらいているところを見たいのだ。しかしベックは、農家に助言する農業研究者と農業相談員のほとんどが、特定の農法に通じた専門家であることを気にしている。彼らはたいてい段階的な手順、たとえば違う除草剤を試してみるといったことに重点を置き、根本的変化、たとえば自然の循環を利用して、除草剤の必要性を最小限にする方法を考えるというようなことは重視しない。だから、州の中で農業普及機関の試験農場がいまだに耕起している地域では、不耕起農家が少ないことは意外ではない。研究者が新しいことを試しているのを農家が見ていなければ、どうして農家が試すだろう?

もちろん、問題は実演モデルがないことだけではない。大学の教員や博士号を持つ新人の郡農事顧問に、実際の農業経験を持つ者がほとんどいないこともベックは気がかりに思っている。州と連邦政府の農業普及事業が大幅に削減されている中、実用的な知識の番人としての役割を、自分たちの製品を売り込むことに懸命な業界に引き渡してしまうことをベックは恐れている。ほとんどの企業は、自分たちが売ることのできる製品につながらない農法の転換の研究に対する資金提供には、まるっきり熱意を持たないだろう。残念ながら、農務省は企業との提携に力を入れ、新製品の試験と開発を、資材の使用量を減らしながら農家のニーズに応える費用効果の高い農法を探すシステム研究より重視しているようだ。

ベックの農場は農家の利益になる研究を優先している。第一に思うのは、ベックの農場を所有するのは五〇〇人のメンバーで、彼はこの農場を学びの共同体と考えていることだ。参加する農家のうち中心的な者の多くは、この地で農場を最初に始めた人々の子どもや孫だ。ベックは、これはうまくいくと考えている。というのは、農家は共同体の存続を求めており、サウスダコタへの不耕起栽培の導入は彼らを活気づけたからだ。

ダコタ・レイクス試験農場は、農場が生み出す利益、サウスダコタ州立大学の資金提供、特別プロジェクトへのメンバーの寄附を財源としている。このため特定の利益団体や政治に研究が左右されない。人手と新しい機械に投資する余力が限られているので、農場は輪作と節水策を採用し、生態学的な原則にのっとった農法を追究している。長いあいだに、農場のやり方は、被覆作物や輪作を利用した土壌の健康の増進、害虫や雑草の抑制に関する技術と知識が新しくなるにつれて変わっている。

午前の中頃、サウスダコタ州立大学の土壌物理学の学生が見学にやってきた。今週になって四組目だ。二〇人の学生と担当教授がどやどやと納屋に入っていった。彼らが落ち着くと、ベックは大づかみな目標から話し始めた。彼はダコタ・レイクスを二〇二五年までに炭素中立にすることを目指している。なぜか？　コムギ農家が運営費として費やすものの八〇パーセントは、元をたどれば化石燃料に行き着くからだ。それは一〇〇年前はゼロで、今から一〇〇年後も再びゼロになっているだろう。私たちは、現代の技術を使いながら昔からのやり方で、収穫や土壌そのものを損なうことなく農業をやる方法を学ばなければならない。

ベックが私たちを外に連れ出して移動教室、つまりジョン・ディアのトラクターにつながれた四列の高い座席のある平床トレーラーへと案内したとき、ノートを取っているのはまだ私だけだった。私たちが乗り込むと、ベックが最初に指摘したのは、在来種のアメリカクサキビが農場の周囲を取り巻いていることだった。

座席つきの荷車に乗って、私たちは農場を二つに区切っているよく踏まれた未舗装路をガタガタと揺られていった。通り過ぎる試験区は一つひとつ、ベックが丹誠を込めて見守っているものだ。いくつかは数年間トウモロコシが連作されている。またあるものは作物、輪作、除草剤、化学肥料がさまざまな組み合わせで試されている。

だが次の見学場所はすべて水にかかわるものだった。ベックは一行に、自分が灌漑用水の流出を研究したことから不耕起栽培にかかわるようになったいきさつを話した。彼は、人々が耕した土にピボットスプリンクラー〔訳註：地下水を汲み上げ、自動で水をまく機器〕を入れるのを見てきた。するとたちまちぬかるんだクラストができ、水が地面に染み込まなくなる。これはもちろん、灌漑の意味をすべて奪っていた。不耕起はどのように役立つのか？　地面が水を吸収する能力を維持し、侵食を引き起こす流出を防ぐのだ。

不耕起にはほかにも役に立つことがある。トウモロコシの刈り株を立ったまま残しておくと、地表に低速の空気の流れが発生し、これが蒸発を減らす。その効果をベックは学生にわかりやすく説明した。「耕すのをやめれば、水分が維持される」

圧縮も問題だと、ベックは続けた。重い機械を農地に走らせると、土壌が圧縮され、作物が利用できる水を保持する空間が潰れてしまう。だからダコタ・レイクス試験農場の機械はすべて大きく太いタイヤを履き、空気圧は〇・八キログラム／平方センチ、地面が濡れているときは〇・五キログラム／平方センチしか入っていない。これは人が片足で立っているときくらいの圧力だ。

不耕起農法は土壌の有機物含有量を増やす。これは保水力に影響する。夏の土壌水分が作物収量に死活問題となる半乾燥気候のダコタではきわめて重要なものだ。有機物含有量が一パーセントから三パーセントに増えると、土壌の保水力が時には二倍になり、一方で浸水して土壌中の病原体が好む嫌気的な条件ができるのを防ぐのに役立つ。「有機物を化学肥料で置き換えることができると言われていた」と、ベックは学生に言った。「それは嘘だ」

一方、この農場にある不耕起の灌漑農地は、同じくらいの広さの耕起されている農地の半分しか水を使わない。これは、気候変動への適応力だと、ベックは結論した。彼の論点を説明するために、私たちは、前の晩に三センチほどの水で灌漑された二つの隣りあった区画で足を止めた。一方の区画は土がむき出して、前年の収穫後、地面に作物残渣は残されていなかった。地面はひび割れ、厚いクラストを突き破って雑草が生え、表面には流水による侵食の形跡があった。隣の区画には前年の作物の残渣が残されており、ひび割れもクラストも、流出の跡もない。一回の灌漑でこれほど明らかな違いができることを、私は痛感した。学生たちが律儀に携帯電話をチェックする中、私はノートを閉じて右手を少し休ませた。

雑草が生える余地をなくす方法

始めたばかりの頃、誰もがベックに、不耕起農法は雑草と病気を呼び込むと言った。だが、「もし耕すことが雑草の根絶に効果があるなら、アメリカとカナダで雑草はすっかりなくなっているだろう」ということにベックは気づいた。現実には、地面をかき乱さないほうが処理すべき雑草は減ることを彼は発見した。

やがて、もっともいい雑草抑制は、よく育った作物群落との競争だとベックは理解した。効果的な雑草管理は、草を殺すことではなく生える機会を奪うことだと悟ったのだ。前の作物の残渣を分厚く残せば雑草が生えるのが難しくなり、耕起せず種をまけば作物は有利なスタートを切れ、雑草から水、場所、光を奪うことができる。輪作に被覆作物を取り入れると、雑草を競争で打ち負かし、除草剤の使用量を減らせることがわかった。被覆作物には土壌の炭素と窒素を増やすという副次的な効果もあり、そのため化学肥料の必要量も減る。これは予防医学の農業版のようなものだ。輪作を正しく行なえば、畑は全体的に健康になり、雑草がはびこることは決してない。

一九九〇年代初め、ベックが雑草抑制のために輪作を利用することを提唱し始めたばかりの頃、ALS阻害剤と呼ばれる種類の除草剤に耐性を持つトウモロコシが登場した。[*1] ある会議で若い農民が質問した。新しい除草剤でどんな雑草も退治できるのに、どうして輪作をしなくてはいけないのか？　ベックはそっけなく答えた。雑草は進化を続けて、新しい除草剤に出合うたびにやがて耐性を獲得すると。するとどうなったか。ベック――とベックが勤務する大学の学長――のもとにその除草剤を製造する企業から、発言を公式に撤回することを求める手紙が届いた。ベックは返事を書いた。三年後にダコタ・レイクスの雑草が耐性を獲得していなければ、予言を喜んで撤回しよう。それからベックは、ALS阻害剤を何年も使っている近隣の農地で採れた種をまいて、推奨量の二倍を使用する実地試験を開始した。わずか四カ月で耐性雑草が生えた。ベックは謝罪の手紙を書かずに済んだ。

この物語は現在、もっと大規模にくり広げられている。長年モンサント社は、雑草がグリホサート（ラウンドアップ）への耐性を獲得するという懸念を退けていた。しかし一九九六年（グリホサートの耐性が初めて認識された年）から二〇一一年のあいだに、少なくとも一九種の雑草がグリホサート耐性を獲得している。当時、業界の科学者が主導した除草剤耐性雑草の管理に関する報告は、除草剤耐性雑草の問題が拡大しているため、

「代替となる他の雑草管理方法を早急に突き止め、実行することが最重要である」と主張している。[*2] その直後、グリホサートと2,4-Dの両方に耐性を持つトウモロコシとダイズの種子に使用するために設計された除草剤をめぐって、規制論争が始まった。この動きは必ずや両方の除草剤に耐性を持つ雑草を生むとベックは考えた。彼は違う解決策を支持した。他の植物で雑草を圧倒し、本当に必要なときまで除草剤の効き目を取っておくのだ。

農家は一般に、まわりの草がグリホサートで枯れても生き残るように遺伝子操作されたトウモロコシなど、できあいの雑草管理法を好む。しかしそれには欠点があるとベックは学生たちに言い、近隣の農場から入り込んだ垣根沿いの除草剤耐性雑草を指さした——ある時点で、雑草は耐性を獲得するのだ。ダコタ・レイクスでは遺伝子組み換えのトウモロコシとダイズを栽培している。一つには非遺伝子組み換えのトウモロコシやダイズの種子をアメリカ国内で見つけるのが難しいからだ。だがここでは、以前に比べるとごくわずかしかグリホサートを使用していない。もうそれほどは必要ないからだ。ベックの畑には驚くほど雑草が少ない——探すのに骨が折れるほどである。それが絶えず地面を被覆しておいた効果なのだ。

被覆作物と輪作で雑草に対抗できることに気づいたのはベックだけではない。特に農務省に勤務する農学研究者ランディ・アンダーソンは、コロラド州とサウスダコタ州でさまざまな耕作方法のもとで雑草が作物に与える圧力を研究し、二年（トウモロコシとダイズ）から四年（コムギ、トウモロコシ、ダイズ、エンドウ）の輪作で、雑草の密度を三分の一から一二分の一に減らせることを発見した。この地域で昔から行なわれているコムギと休耕のサイクルを、寒冷期と温暖期両方の作物を栽培する二年サイクルの不耕起輪作に変えると、雑草の密度は除草剤の投入を半分に減らせるほどになった。四年の輪作を行なうと、一部の作物では除草剤の必要が一切なくなった。覚えておくべきは、被覆作物と輪作で作物残渣をより多く地面に残すほど、より雑草は抑制され、むき出しの土壌に比べて最大八〇パーセント以上減るということだ。

自給自足の肥料

被覆作物は除草剤の必要量を大幅に減らすだけではない。それは化学肥料の使用量削減にも役に立つ。適切な作物、すなわち窒素を固定し土壌中に炭素を蓄積するものを植えればだが。ベックは、農業とは土壌が作物を養えるように土壌を養うことだと考えている。不耕起によるトウモロコシとダイズの輪作システムでは、トウモロコシとダイズが共に、土壌中の微生物と炭素や窒素を交換することで利益を得る。だが耕起で微生物とのつながりが断ち切られると、トウモロコシとダイズは競争相手となる。

ベックは作物を、栄養の「キャッチ・アンド・リリース」だと考えている。他の研究者たちも、窒素固定能力のあるマメ科植物を被覆作物として栽培すれば、窒素肥料の必要量を一部あるいは全部を埋め合わせ、しかも作物収量を増加させることを確認している。被覆作物は土壌から栄養分を引き上げて有機物の中に凝縮し、それが分解されるときに植物が利用できる形で放出され、土壌劣化の回復を助ける。そのような研究の一つ、西部コーンベルト（アイオワ、イリノイ、ネブラスカ、ミネソタ）での長期的な農業慣行に関する二〇〇二年の報告は、マメ科植物とマメ科以外の植物両方を含む輪作が土壌窒素の可給度を大幅に増加させ、長期にわたる単一栽培は土壌窒素を減らすことを明らかにしている。

輪作作物によっては多くの残渣を生み出し、より多くの炭素を土に戻す。ベックは現在、一つの畑で一度に二種類の作物を栽培する実験を行なっている。七五センチの畝を二本作る代わりに、五〇センチの畝を三本使って、二本でトウモロコシ、一本でアルファルファを栽培する。五〇センチの畝のトウモロコシは、アルファルファの畝の力を借りて、一般的な七五センチの畝のものと同じ作物密度になるだろう。アルファルファがトウモロコシに窒素を与えるからだ。少なくとも計画では。

実験結果がどうあれ、土壌に含まれる有機物と窒素の上で耕作することの効果はよく知られている。「おじいさんに請求書を送ってやりなさい」と、ベックは学生に言った。「おじいさんが窒素と有機物をみんな使ってしまったんだから」

強い風が吹いてきて、私は帽子を押さえた。ベックは、自分と同僚たちはこの農場で、風を利用して窒素肥料を作ることもできると説明した。風車は水から水素を分離できる電力を生み出す。水素と窒素ガス（空気中のもっとも多い成分だ）を触媒がついた高温高圧下の反応器に通すと、アンモニアガスが発生し、それを冷やすと肥料として使える。一度設置してしまえば、翌シーズンの肥料を作るのにこのシステムが必要とするのは、風だけだ。そして平原に恵まれたものが一つあるとすれば、それは風だ。

実際に、新しい形のウィンドファーム（風力発電基地）は地域一帯で急成長している。二〇一五年のミネソタ大学の研究では、そうした方法で風力を使った費用効果の高い、コミュニティ規模のアンモニア生産が可能で、農業由来の温室効果ガスの発生を大幅に減らせることが明らかになっている。さらに斬新なアプローチが、池で培養したシアノバクテリアを利用した、アンモニア製造だ。研究者は、これがハーバー・ボッシュ法の代用となり、また広く採用されれば、もっと環境に優しい肥料生産方法となると提唱している。

だが、肥料の与え方についても、もっと賢く行なうことができる。それが精密施肥を支える考えだ。ガイ・スワンソンが売っているような不耕起播種機のために考案されたシステムは、少量の肥料を種子からわずか数センチ離れたところに置き、成長に必要なものを若芽に与えることができる。またそれにより農家は、肥料の使用量を大きく減らすことができ、農地から流れ出して水路を汚染する量も減る。われわれはやがて窒素肥料を完全に廃止することができるだろうとベックは考えているが、種まきにあたって種子の近くに精密施肥されるわずかな量の窒素肥料は、収穫を一〇パーセント向上させる。それでもベックは、精密農業は現代農家に必要な多くの道具の一つにすぎないと見ている。

次に、植物の成長に欠かせないもう一つの栄養、リンだ。一二〇両編成の貨車で市場に向かうダイズは、約五〇万ポンドのリンを運び去っていると、ベックは好んで表現する。土壌中のリンのほとんどは水に溶けず、土壌検定には出てこない。土壌中の鉱物、安定酸化物、有機物などに閉じ込められているからだ。だがこのリンを手に入れ、植物が利用できるようにする方法があるのだ。

菌根菌やある種の細菌は、リンを可溶化し、そして植物に運ぶ。なぜか？　植物の根から出る糖分を含んだ分泌物と引き換えにするのだ。こうして、菌糸は植物の根の延長として機能する。

あいにく、耕起は菌糸を切り刻んで植物の根とのつながりを壊してしまう。つまり耕すとその仕事をやってくれる十分な菌根菌がいなくなるので、リンを与えてやらなければならないということだ。だが土壌に適切な菌根菌が十分にいれば、作物は必要とするリンを手に入れることができる。その量は土壌検定レベルよりずっと低いので、大量に肥料を与えても収穫は上がらない。したがって農家は選択を迫られることになる。耕し、そして多量の肥料を施すか、耕さず、与えるにしても肥料は少量に留めるか。

ベックは無蓋車を停め、私たちが刈り株だらけの畑に降りると、トウモロコシの茎に注目を促した。彼はかがみ込むと地面の残渣をかき分けてミミズの穴をむき出しにし、そこにペンを突っ込めるだけ突っ込んだ。穴の深さは一二〇センチで、二七センチごとに一つあると彼は言った。生涯を巣穴で暮らすミミズは作物残渣を穴の中に引きずり込み、消化して水溶性の養分が豊富な糞を排泄する。この深い穴には水を地面に浸透させ、乾いた植物に届くようにする役目もある。ミミズは有機物を食べて畑を肥やす、小さな家畜のようなものだ。畑にミミズがいて、十分に食べて満足している必要があるのだ。耕すのは彼らの居間で爆弾を破裂させるようなものだ。まずミミズの家を壊し、次に表面のむき出しの土が水を通さないクラストになって、井戸を干上がらせる。

ベックは私たちを案内して農場を歩き回りながら、穴を掘ってさまざまな農法が土壌に及ぼす効果を見せてくれた。長期にわたって不耕起栽培を行なった土壌は濃い茶色でぼろぼろともろく、地表のすぐ下は——思い出せるかぎりでもっとも雨の少ない年だったにもかかわらず——湿っていた。再生を始めたときの埃っぽいカーキ色の土から、大きく改善されたのだ。

輪作で害虫管理

ベックは訪問者に、だいたい学生の半分が農家出身のクラスをどのように教えていたかという話を好んでする。学生の親が抱えていた害虫問題を調べ、リストを黒板にまとめる。それからリストを上から見ていき、害虫の種類を元に、親がどのような輪作や撹乱の形（耕起か不耕起か）を取っているかを学生に告げる——それはほとんど毎回当たった。学生は決まってびっくり仰天していた。

定期的に殺虫剤と除草剤を使う必要があるというのは神話だと、ベックは言う。害虫に対処する方法は他にもあり、サウスダコタの教訓は他の地域にも当てはまる。コーンベルトのたいがいの農場は、単純なトウモロコシとダイズの輪作を実行している。アイオワの農場では常に九八パーセント以上がトウモロコシかダイズで覆われている。このように規則性と均一性は、害虫と作物の病気に食事の時間を知らせているようなものだ。そして害虫がやってきて、われわれは農薬を手にするのだ。

現代の抗生物質のように、広範囲に効く殺虫剤は悪いものと一緒にいいものも殺してしまう。多くの作物の種は、現在、ネオニコチノイド系の殺虫剤で処理されている。樹液に移動して植物全体に行きわたる浸透性の毒物だ。これは草食性の昆虫だけでなく、害虫を抑制するのに役立つ肉食性昆虫も殺してしまう。たとえば*Journal of Applied Ecology*（『応用生態学誌』）に掲載された二〇一五年の研究は、広く使われているネオニコチノイド（チアメトキサム）で処理したダイズの種子が、ナメクジを食べる肉食甲虫を弱らせたり殺したりすると報告している。捕食者に脅かされなくなったナメクジは増殖し、ダイズの収量を五パーセント減少させた。種子の処理は害虫を排除して収穫を増やすことを意図しているのに、結果として生物による害虫抑制が阻害され、逆効果が発生したのだ。

国際的な科学者のチームが、過去数十年間に発表された八〇〇を超える査読付き論文を再検討したところ、ネオニコチノイドの農業への利益は依然はっきりしないという結論に達した。作物収量への純利益を示した研究はほとんどなく、一方で経済的な純損失を示すものがいくつかあった。さらに、このチームは、チョウやハナバチのような花粉媒介昆虫など目標外の有益な生物への深刻な悪影響の証拠を見つけた。処理した種子を二、三個摂取しただけで、小鳥には致命的であることもわかった。

コーン・ルートワーム・ビートルは、コーンベルトと灌漑平野の農家が同じ土地で毎年トウモロコシを栽培するようになって初めて永続的な問題として定着した。ルートワーム・ビートルはトウモロコシの毛を食べ、その根元に卵を産む。翌年の春に卵は孵化し、畑にトウモロコシがあれば、幼虫はそれをかじる。トウモロコシを続けて植えた土地には、貪欲なコガネムシによる重大な損害を防ぐために、すぐに大量の殺虫剤が必要となる。

だが輪作にダイズが組み込まれていれば、新しく生まれてくるコーン・ルートワーム・ビートルの幼虫を待つトウモロコシの根のごちそうはなくなる。これは役には立つが、完全な問題解決にはならなかった。一部の卵は産みつけられてから二度目の春に孵化するからだ。単純なトウモロコシとダイズの輪作は、この二年のライフサイクルを持つ虫が生き残るのに、有利にはたらく結果となった。トウモロコシの作付けの間隔が一定だったからだ。すぐに甲虫はこのパターンに従いだした。それに加えて、雌の中にダイズ畑に産卵するものが出始めた。先の予測がつくトウモロコシとダイズの輪作では、卵はトウモロコシ畑で孵化する。いずれの方法にせよ甲虫は単純なトウモロコシとダイズの輪作に適応し、問題は振り出しに戻った。

害虫抑制の鍵は害虫の習性を理解することだと、ベックは言った。ウェスタン・ビーン・カットワームとアメリカタバコガの場合を考えてみよう。タバコガの母親は花粉を食べ、トウモロコシの穂に産卵する。恐れ知らずで共食いの習性を持つ幼虫は一匹だけが生き残る——他の虫をすべて食べた一匹が。デュポンの子会社のパイオニアがアメリカタバコガを殺すBtコーンを開発したとき、もう一つの問題が発生した。Btコーン以前は、ウェスタン・ビーン・カットワームはそれほど問題ではなかった。貪欲なアメリカタバコガは自分の兄弟だけでなく、ウェスタン・ビーン・カットワームの幼虫も食べていたからだ。ところがBtコーンがタバコガを殺すようになると、それがビーン・カットワームにとって絶好の機会となった。ビーン・カットワームの幼虫はすべて生き延び、トウモロコシの穂により大きなダメージを与えた。ある害虫を抑制するための新技術が、新しく、もっと深刻でさえある害虫を生み出したのだ。それが進歩と言えるだろうか?

ベックは学生に、ダコタ・レイクスで初期に行なった実験から、別の例を示した。アメリカ農務省とサウスダコタ州立大学の研究者たちは、一九九〇年以降耕起したことも殺虫剤を散布したこともないトウモロコシの区画に、畝三〇センチあたり一〇〇〇個のコーン・ルートワーム・ビートルの卵を持ち込んだ。害虫が目に見える問題を起こさなかったので、彼らは土壌のコアを採取し、その理由を知った。土壌には一エーカーあたり一〇億を超える捕食性昆虫がいたのだ。「これを台無しにするのに必要なのは」と、ベックは言った。「殺虫剤をまき散らすことだけだ」。捕食者を全滅させれば、被捕食者の数は爆発的に増える——ピューマとオオカミを殺しつくしたあとで北アメリカのシカに起きたことと同じだ。

だから害虫問題を発見したとき、ベックが最初に取る手段は、何が害虫に機会を与えているかを——雑草抑制と同じように——見きわめることだ。それから、益虫も害虫もまとめて薬でやっつける——そして別の害虫に機会を作り出す——ことなく、問題を軽減するためにどうすればいいかを考える。間隔を不規則にした複雑な輪作は、害虫の適応を妨げる。こうすることで、ベックは一〇年以上殺虫剤をまく必要なしでやっている。

単純なトウモロコシとダイズの輪作から複雑なトウモロコシ—トウモロコシ—ダイズ—コムギ—ダイズの輪作に変えることで、ベックはダイズの収量を二五パーセント、一エーカーあたり六三ブッシェルから七九ブッシェルに増やした。同時にトウモロコシの収量も、トウモロコシ連作のエーカーあたり二〇三ブッシェルからトウモロコシ—ダイズ輪作の二一七ブッシェル、さらに複雑な輪作では二三五ブッシェルに増えた。システム全体が変化に富む輪作のもとで生産性が高くなった。そして使う資材が減る——燃料、肥料、除草剤が少なくて済む——ので、より利益も上がる。

ハイテク不耕起農業

ではなぜこの被覆作物と複雑な輪作というシステムを、もっと多くの農家が採用しないのか？　一つの大きな理由が、作物保険のような補助金つきの政府のプログラムが、複雑な輪作を用いる農家にとって不利にはたらき、時にはそれを許さないことだ。不自然な補助金制度を撤廃し、作物保険政策を変えることで、より多くの農家が投入コストと環境への悪影響を減らしながら収穫を維持できる農法を採用する方向に向かうと、ベックは信じている。

その日の午後、学生が帰ってから、私たちはゲティスバーグへ向けて北へと車を走らせ、クローニン農場を訪問した。一〇年前にベックのやり方を採用した家族経営の大規模な農場だ。途中でベックは、一九八〇年代にはサリー郡とポッター郡の境界までたどり着けることを祈りながら砂嵐の中を運転しなければならなかった話をした。一九六〇年代から七〇年代には、サリー郡にはオクラホマとテキサスから農家が流入し、耕起を基本にしたコムギ—休耕という農法が標準的に行なわれていた。対照的に、ポッター郡に来ていたのはヨーロッパからの移民で、より多様で家畜と穀物が一体化した農場経営に慣れていた。さまざまな農家がすぐに不耕起栽培の利点に気づき、採用した。当時ベックは、ポッター郡までたどり着けば空が晴れていることを知っていたのだ。

オナイダの町を抜けながら、私は草原にそびえ立つ高い穀物貯蔵庫に感心していた。ぴかぴか光る八基の新しいものの列が、古いコンクリート造りのものの脇にあり、最近の収穫増と繁栄を物語っていた。この町は二〇〇〇年代初めには消滅寸前だったが、不耕起栽培のおかげで復活したのだ。地価が生産性の向上を反映している。一九九〇年から二〇一五年のあいだに、一エーカーの価格は三〇〇ドル前後から三〇〇〇ドルへと、一〇倍に急騰した。

クローニン農場に到着すると、それは地平線から地平線まで広がっているかのようだった。耕地が九〇〇〇エーカー、天然の草原の放牧地が一万一〇〇〇エーカーだ。家屋、ウシの柵、穀物サイロの複合施設が、草原の海に浮かぶ人工の島のように固まっている。

マイクとモンティのクローニン兄弟が、農場の所有者だ。だが私たちを迎えたのは、農場支配人のダン・フォージーだった。ひげをきれいに剃り、分厚く黒い角縁の眼鏡とジーンズを身につけ、白髪をジョン・ディアの帽子に包んだフォージーは、まじめで実直な、初対面から信頼できるタイプの人物だった。フォージーはクローニン農場の一〇四年にわたる歴史の中で、四五年ここに勤めていた。

フォージーが働き始めたとき、この農場は慣行農業を行なっていた。不耕起栽培の効果を見るまでの人生の前半を、自分は土壌を壊すことに費やしてきたとフォージーは言う。現在彼らは一三通りに異なる輪作を農場で行ない、天候に応じて毎年変えている。彼らはベックの言葉に従い、それはうまくいっている。

輪作をすることで仕事量が年間を通じて均等に配分されるのでいいとフォージーは言い、またクローニン一家は、農場で「物事を正しくやる」ことに専念しているそうだ。「われわれは大きな変化のさなかにいる――今度はうまくやらなければならない」。一〇年前、誰もがそうしたように、フォージーは侵略的な雑草であるウマノチャヒキを抑制するために除草剤をまいていた。現在は輪作によって管理している。

被覆作物と輪作に加えて、彼らはハイテクな精密農業を採用している。それは輪作と収穫高の管理、施肥のペースの最適化（そして最小化）に役立つ。彼らは窒素肥料を地面全体に噴霧するということはしないで、すべて種まきのときに種から五～八センチ離して地中に埋める。少量のリンは種と一緒に溝に直接まく。これで肥料への出費が一五パーセント節約でき、農地での移動も少なくなる。彼らは一エーカーあたり一三〇から一三五ブッシェルの乾燥地トウモロコシと、六五から九〇ブッシェルの秋まきコムギという目標を達成している。これは郡の平均とほぼ同じ収穫高だが、投入コストははるかに低い。

一二年ほど前、フォージーは殺菌剤が他の有益な土壌生物に及ぼす影響を身をもって知った。殺菌剤を春コムギにまいたあと、壊滅的な葉枯細菌病が発生した。病原性細菌を抑えていた有益な菌類を殺菌剤が退治してしまったのだと、フォージーは考えた。現在では必要なときだけ噴霧するようにしていると、フォージーは言う。また、噴霧すれば常にコストがかかる。どこの農家でも同じだが、フォージーは出費を好まない――たとえマイクとモンティの金であっても。

フォージーは、どのように「土がみずから語る」か、地下にいるものが地上のものをどのように支えるかを見てきた。菌根菌と有機物を増やすために、彼らは現在、驚くほどさまざまな種類の作物を栽培している。たとえば秋まきコムギ、春コムギ、オートムギ、トウモロコシ、ヒマワリ、オオムギ、レンズマメ、エンドウマメ、アマ、アルファルファ、穀物として、あるいは牧草としてのテフなどだ。[*3] これまでのところ、土壌炭素は一パーセント増えている。大したことがないように聞こえるかもしれないが、有機物一パーセントごとに一エーカーあたり約六〇〇ドル相当の栄養を持っているとフォージーは言う。彼は土壌をまったく新しい見方で見ているのだ。フォージーは、より多くの残渣を畑に残す高炭素の被覆作物を栽培して、さらに土壌有機物を増やしたいと思っている。

フォージーはベックがまだ使ったことのない道具を使う――ウシだ。クローニンの九〇〇頭のウシは、被覆作物の刈り株を食べ、畑に肥料を落とす。フォージーは私たちを農場の端の不耕起農地――激しく攪乱された隣の畑の真向かい――に連れて行った。そこではウシが一二月の飼葉として被覆作物を食んでいた。地面はまだ一部がラディッシュ、オートムギ、アマ、カブの残渣に覆われていた。私は膝をついて土の中に手を突っ込み、豊かな黒土を引き出した。地面のすぐ下でもそれは湿り気があった。指でつつくとシルトが崩れた。フォージーが携帯温度計を使って土の温度を測った。気温は二七℃あったが、作物残渣の下は一三℃だった。

それからフォージーは私たちを案内して、自分の畑と隣の畑の境界になっている未舗装路を横断した。むき出しの地面に作物残渣はあまりなく、隣人はそこに播種機を使って直まきしていた。フォージーが「乱暴で、攪乱の大きな不耕起」と呼ぶやり方だ。ベックが口を挟み、この方式の種まきは土壌の表面と土壌生物をひどくかき乱すと言った。二つの不耕起栽培の違いは、夜と昼のようだ。ここ、隣人の畑では、土の色がもっと薄く、指で穴を掘ることもシャベルで掘った板状の土の塊を崩すこともできなかった。レンガのような土の塊は、親指で押しても突き通すことができなかった。地面の温度は二三℃で、地面の下はからからに乾燥していた。

この隣りあった二つの農地の土壌水分の違いだけで、不耕起農法はどれも同じではないというラッタン・ラルの言葉が実感できた。

帽子を吹き飛ばすほど風が強くなってきたので、この細粒シルト土壌が、耕されて乾燥し、むき出しになれば、どれほど容易に吹き飛ばされてしまうかが見られた。これがダスト・ボウルが起きた理由であり、作物残渣が土壌の低温と水分を保ち、地表に――あるべきところに――留めるのにきわめて重要である理由でもある。

フォージーは車で私たちを、センターピボット灌漑〔訳註：自走式の散水器による灌漑〕が行なわれている川沿いの大きな円形農場へ連れて行った。そこでマイク・クローニンがトウモロコシの種をまいていた。到着すると、背が高く泥まみれのオレンジ色のシャツとジーンズを身につけたマイクが、巨大なジョン・ディアの緑色の播種機を見せてくれた。刃先から始まって、私たちは機械のまわりを歩きながら、その内部構造、円盤や車輪の奇妙な集合体をじっくり見た。複雑に見えるが、それはじつはかなり単純で非常に巧妙だ。マイクがそのプロセスを解説した。まず滑らかなカッティングホイールが細い切れ目（トレンチ）を土に入れ、少量の肥料が種をまく場所から数センチ脇に施される。二本の角度がついた「残渣処理機」が余分な作物残渣を、土を乱すことなく畝から払いのける。次にダブルディスクの溝切り機が乱されていない土にトレンチを切り、その底に種をまく。種押さえ機構が種子を土に押し込んでから、少量の肥料が与えられる。最後に、両脇から内側に向かって角度がついた、とげの出た一対のクロージングホイールが、種をまいたトレンチを元通りに閉じる。播種機が仕事を終えると、地面がかき回されたことさえ見分けにくい。

よかったら乗ってみないかとマイクに言われ、私は喜び勇んで彼について運転台に乗り込み、草原の二人乗り宇宙船の司令室に入ったような気分でドーム状のドアを閉めた。反対側では多数のモニターが、ｉＰａｄと機器の機能を監視するジョン・ディアのセンサーの出力で動く、衛星を利用したＧＰＳを表示していた。マイクが操縦席に座り、農地一つひとつに合わせてプログラムしたメモリースティックを差し込んだ。エンジンに点火する。のろのろと畑を横切る自分たちの動きを、私は次から次へとモニターに表示される情報で追った。GPSは私たちの位置を追跡し続け、通り過ぎたあとに、分割スクリーンでタイヤが下方にかけた力と、肥料と種子の散布量を表示する。このデータは、何が畑にまかれたかを空間的に指定した記録を作り出し、クローニンはそれを収穫時に収量データと比較することができる。これは、それぞれの畑の場所によって異なる肥料と種子の散布量に応じて、資材の投入量を調節する上で役に立つ。

私は草原を見わたしながら、自分が低空飛行する飛行機かハイウェイを走るトレーラー——ただしもっと見晴らしのいい——に乗っているような気分になった。地平線の端から端までさえぎるもののない眺めは、茶色と緑と天然の草の黄褐色に彩られていた。一瞬、地表の丸さが見えそうな気がした。鳥の声が畑と広い空に響きわたった。クローニン農場は、あらゆる意味で生命に満ちあふれている——地上も、そして地下も。

マイクは、視線を畑に注ぎながら、土壌の健康をどう改善するかを考えるにあたっては、二、三年先を見越したいと思っていると言った。それについてはベックの責任と言える。ベックはモンティに高校で化学を教えていたのだ。「みんなが不耕起栽培を始めたのはモンティが原因なんだ。あいつにうるさいことを言われるのが面倒だったから」

農業システムを改善するための単純な原則

面白いことに、ベックが勧めるやり方はじつはそれほど新しいものではない。世界中の農民は、昔から土壌肥沃度を増進するためには被覆作物と輪作が効果的であると認識していた。それどころか、こうした農法は一七世紀から一八世紀の土壌管理の本に広く記述されている。だが、安価な化石燃料と化学肥料が、機械化と産業化による第三の農業革命を招くと、それらは捨てられた。新しいのは、それを不耕起と組み合わせた点だ。ルイスとクラークをミズーリ川へ派遣した頃、トーマス・ジェファーソンは日常的に被覆作物を栽培し輪作を行なっていた――つまり、現代の環境保全型農業の中心となる三つの慣行のうち二つを取り入れていた。しかしジェファーソンは雑草抑制のために耕していた。当時の人々は、ほとんどがそうだった。輪作するにしても単純な二種類の輪作を行なっていた。

ダスト・ボウルから数十年が経ち、犂を捨てる必要性が理解された今、われわれは被覆作物と多様な輪作の力を学び直すところに立ち返ろうとしている。こうしたやり方は、市販の化学肥料や農薬が登場するずっと前にはうまく機能しており、サウスダコタの成功は、それが先進国の大規模な近代的農場で有効でありうることを示している。必要なのは、適切な取り合わせの被覆作物を、適切なタイミングで複雑な輪作に取り入れ、それを不耕起栽培と組み合わせることを基本にした新しいシステム、言い換えれば、環境保全型農業の三原則すべてを採用することだ。

車でピアに戻りながら私は、これがアメリカ農村部で自営農家を復活させる秘策ではないかと思い始めていた。これは豊かな農村社会を、アメリカ民主主義の本来の中心であるものを再建する鍵ではないだろうか？

国道一八〇四号――ルイスとクラークの足跡が今ではこの名で知られている――に沿った畑は、ベックがこの地域で働き始めてからどれほど風景が変わったかを証言している。数十年前、この地域の土は耕起のあとで決まって空に舞い上げられた。今では農家が春の植えつけを行なうようになり、裸地はほとんど目に入らない。この景観を、侵食を引き起こす農業のイメージキャラクターとして、私が『土の文明史』の表紙〔訳註：原著*Dirt*の表紙には、ダスト・ボウルの砂嵐で埋まった車と納屋の写真（左ページ参照）が使われている〕にしたほどのものをここまで徹底して変えるのに、必要だったものは何だろう？　被覆作物と輪作という古い考えを、不耕起と

Dirt の表紙になったダスト・ボウル時の写真（USDA image No：00di0971CD8151-971；www.usda.gov/oc/photo/00di0971.htm）

いう新しい考えに取り入れて、農家にとって経済的に引き合い、耕起と投入コストを減らすことで省力化をもたらすシステムを作り出したことだ。

ダコタ・レイクスが不耕起栽培を始める決定を最初に下した第一の理由は、侵食抑制でもなければ炭素隔離でも、その他現在の環境保全型農業として喧伝されている利点のためでもなく、保水力を高め労働力と燃料を節約する可能性のためだった。これが少ない肥料と農薬での高収量につながり、ベックはこの追加の利益を受け入れた。

課題は前に進み続けていると、ベックは言う。政治家も農家も共に、進歩とは大きくなること——大きな農場に大きな設備——だと当然のように思い続けてきた。おそらくそれは、正解ではない。

話を聞くうちに、以前ベックから聞いた、地元の一四歳の少年が耕された農場を訪れて、犂が土をひっくり返す様子に興味を持ったという話を思い出した——それまでそんなものを見たことがなかったのだ。少年にとって、不耕起が普通だった。現在この地域では多くの農家が、耕起は大地震や火山の噴火のような大惨事だと考えている。不耕起栽培と被覆作物が標準となり、すべての農家がそれで農場を運営するようになったら、今後三、四〇年で何が起こるだろうか。

土壌生物を復活させ、土壌肥沃度を回復させるには時間がかかる。慣行農法からの転換には移行期間があり、そのあいだ二、三年は生産性と収益性が低下する。だが、農法を変える際に、システム全体の要となる側面を無視すれば、農家はもっと苦労することになるとベックは言う。

ベックのアドバイスは単純だ。「自分なりに料理することだ」と彼は言う。「アドバイスを求めることをためらってはならないが、他人のレシピを鵜呑みにしてもいけない」。「最良の」輪作はないことをベックは知っていた。それは確率ゲームなのだ。ある農場の特徴は、自分のものとも他の誰のものとも違っている。土壌、気候、作物が独特だからだ。だが自然の基本法則は、どこでも同じようにはたらいている。ベックは農業経営システムを改善するための単純な一般原則の考え方をいくつか提案している。

1　水利用は手に入る水量と見合ったものでなければならない。不耕起はその点でより効率がいい。水は植物が利用できるところまで地面に浸透できるからだ。

2　作物の多様性と地面の被覆は、雑草、害虫、病気を避けるために欠かせない。したがって寒冷期および温暖期のイネ科植物と、寒冷期および温暖期の広葉作物を輪作すること。

3　輪作の間隔と順序は一定であってはならない。これは害虫の適応を防ぎ、害虫の防除効果を最大に高めるためだ。輪作で同じ作物を栽培するまでに最低二年はあいだを空けるべきだ。

ベックの発想がラッタン・ラルが考案したものとそっくりであることに、私は感嘆した。今日、アフリカの自給自足農家のほとんどが、昔ながらの焼き畑農業を続けている。そこで私はベックに、彼がやっているような低投入の不耕起農法はアフリカでも可能かどうか尋ねた。ベックは答えた。ガーナのクマシ近郊にある不耕起農業センターの所長、コフィ・ボアに話を聞くといいだろう。

＊1——ＡＬＳ酵素（アセトラクテート合成酵素）は植物の成長に不可欠である。ＡＬＳ阻害剤はＡＬＳと結びついて不活性化することで作用する。

＊2——Green, J. M. and M. D. K. Owen. 2011. Herbicide-resistant crops: Utilities and limitations for herbicide-resistant weed management. *Journal of Agricultural and Food Chemistry* 59: p.5827.

＊3——私同様、テフ（*Eragrostis tef*）になじみの薄い読者がいるかもしれない。これはエチオピア原産の一年草で、食物繊維と鉄分に富む。人類がもっとも早く栽培品種化した植物の一つであり、低グルテンダイエットを行なっている人たちに人気がある。家畜用の上質な飼料にもなる。

第7章　解決策の構築——アフリカの不耕起伝道師

人々が貧困に見舞われ飢えるとき、彼らはみずからの苦しみを土地に転嫁する。
——ラッタン・ラル（オハイオ州立大学、土壌科学者）

機体が大西洋上から着陸態勢に入ると、赤い土が厚く白い雲と、空と海の紺碧と目の覚めるような対照をなした。上空から見ると都市は、豊かな緑の草木、色とりどりの金属屋根の群れ、赤土の通りを見わたすかぎりに不規則に広げていた。朝日の中着陸した飛行機は、低くうなりながら、滑走路の端にうち捨てられた翼のないジェット機のそばを通り過ぎた。赤道直下のガーナの首都アクラが、私があとにしてきた季節はずれに暑いシアトルより五、六℃涼しいことに気づいて驚いた。それでも湿気のせいで、税関を通って高さ二メートルの看板（「エボラについて知っておくべきこと」と派手派手しく書かれている）を過ぎるまでに汗が噴き出していた。

ターミナルを出ると、すぐににわか友達《ヽヽヽヽヽ》が、タクシーを紹介したり、国内線のターミナル——すぐ隣だ——への行き方を案内したりして小銭を稼ごうと先を争っていた。大きな扇風機のそばをうろうろしながら、私は二人の中年男性が異様に熱心な挨拶をするのを面白がって見ていた——二人は大きな音を立てて手を打ち合わせて握手し、機関銃のように続けざまにパチパチと指を鳴らした。ガーナへようこそ。

かつてのアシャンティ王国の首都、クマシを目指す北への短いフライトのあいだ窓から外を見ていると、厚く低い雲の下で、草原と森林を横切る赤橙色の縞《しま》がちらりと目に入った。高度四〇〇〇メートルから見ると、川と道路は同じ土色をして、蛇行しているかまっすぐかでしか見分けられなかった。

この平らな風景はサウスダコタを思い出させた。だがここに豊かな黒土は見られない。この暑い赤錆色の土地では、すぐに利用できる栄養を熱帯の雨が土壌から奪い去り、不溶性の鉄とアルミニウムがあとに残る。その錆の色から、土壌は有機物を長いあいだ留めておけないことが私にはわかった。ここでは栄養は、草原のように地下にではなく、地上のバイオマスに蓄積される。

私の乗った機が地上を自走しているとき、ターミナルの正面が土と同じ色であることに気づいた。二〇歳になるコフィ・ボアの末の息子が、にこやかに私を迎え、銀色のトヨタのSUVに案内してくれた。彼の農業大学の友人、キエイ・バフォーがエンジンをかけ、二人して私にスポーツ、音楽、シアトルについての質問を矢継ぎ早に浴びせながら、クマシの繁華街へ走り出した。

さまざまな売り物を持って通りをうろつく人の波を縫ってだらだらと進む車の流れに、私たちは滑り込んだ。揚げバナナの箱を頭に載せた女性たちが、走る車のあいだを滑るように歩き、競って旅行者の気を引こうとする。この混沌とした営みの中で私が驚いたのは、ぎりぎりでバランスを保っている商品が決して落ちないことだった。通り過ぎる町はどこも、にぎやかな大通りに、泥と同じ色をした屋根の小さな店と屋台が立ち並ぶそっくりな風景だった。

やがて私たちは舗装路をはずれ、さらに数ブロック走ってホテルに到着した。私は暗い二階の部屋に荷を下ろした。電気は通っていない、つまり天井のファンは死んでいるということだ。すぐに蚊に追い立てられて四つ辻に出ると、地元の人たちがぎゅうぎゅう詰めのミニバンのクラクションを鳴らして、ひっきりなしに笑いかけていた。

まぎれもない熱帯特有の奇妙に甘くきな臭い匂いで肺が満たされてくると、路傍のゴミ——小さなトウモロコシの穂軸、黒、白、青のポリ袋——が、何か楽しげに見えた。しかし通り過ぎる二台のトラックの黒煙に巻かれ、私はホテルに戻ることにした。それほど行かないうちに、うっとりするような光景に私は足を止めた。虹色をした体長二五センチのニジトカゲが、道路脇で美しい黄色、青紫、灰褐色の身体に日光を当てていた。他に誰ひとり気にする者はいなかった。

ホテルに戻ると、土曜の夜のドラムがバーからとどろき、すべてのビートに強勢を置いたリズムを響かせていた。それはロックンロールのワンツー、ワンツーではなかった。ブラジル音楽のようなワンワンワンのキックだ。

音楽は夜遅くまで続いた。時差ボケもあって眠れないので、自分がなぜここに来たのか、つらつら考えてみた。過去半世紀、世界の大半は、人口置換水準が一カップルにつき二・一——純人口増加ゼロ——への「人口転換」を経験していた。二〇一五年現在、ヨーロッパとアメリカ大陸の大部分を含む一〇〇カ国が、この節目に至っている。今やアフリカこそが、二〇五〇年までに養うべき人口が一〇億増えるという予測を後押ししているのだ。一方、土地の劣化も拡大しており、アフリカの農業は現在と未来、両方の世代を養うという重大な課題に直面している。

政府機関や援助機関は一般に、緑の革命の化学肥料を集中的に使う方法を、アフリカの増大する人口を養う鍵として売り込んでいる。だが私は熱帯の農村地帯で十分なフィールドワークを行ない、自給自足農家がそのような革命に参加する可能性は低いことを知った。彼らはハイテク種子や化学資材を購入する資金を持たない。世界の輸出市場に適応したアフリカの大規模農場は、国内の飢えた人々に食糧を供給しないだろう。世界各地で、高投入の欧米式の従来型農法が導入されたことにより、自給自足農家は限界耕作地に追いやられている。この方向へ引き続き進んでいけば、現在アフリカの農地の八〇パーセントで働く小規模農家はどうなるだろう?

広く認められた貧困を終わらせる処方箋は、設備投資とインフラストラクチャーおよび機会の改善を通じた発展だ。これには時間がかかる。ハイテクで資本集約的な農業は、それなりのインフラ——たとえば道路や農産物の新たな市場——が増設されないかぎり、農村の生活水準が引き上げられることはない。アフリカの作物収量をアメリカ並みに引き上げるには、それが熱帯の土壌で実際に可能であったとしても数十年——数世代——かかる。ではアフリカの増え続ける人口を養うために、今できることは何だろうか?

アフリカの自給自足農家のほとんどは、今も伝統的な焼き畑農法と五〇〇〇年以上前に発達した木製の鍬《くわ》の変種(アードと呼ばれている)を使っている。現代の機械化された耕起方法を熱帯の畑に導入すると、大規模な土壌侵食と劣化を引き起こすことがわかっているが、不耕起栽培の採用は、除草剤が高価であるなどの経済的障害のために進んでいない。また農民は煮炊きの燃料にするために、作物残渣や家畜の糞を畑から持ち去っている。これから数十年間、アフリカに確実な食糧供給をもたらすには、アフリカ大陸の小規模自給農家が生産性、持続可能性、経済的活力を高める必要がある。

この課題こそが私に世界を半周させたものだ。環境保全型農業は、サウスダコタの大規模農場でうまくいったように、アフリカの小規模農家にとっても機能するのだろうか?

自給農家向け不耕起センター

翌朝、クワシがホテルで私を拾い、道路へと走り出した。商店、屋台、教会の宣伝をする看板の前をのろのろと走り過ぎるとき、私は多くの視線を浴び、熱烈に手を振られ、果ては「ヘイ、白人さん！」と威勢のいい声をかけられた。減速帯ごとに物売りが立っていて、すぐに水、食べ物、サンダルを売りに突進できるよう身構えている。巨大なマホガニーとサペリの丸太を満載したトラックを追い越したとき、私はクワシに、どこの森が伐採されているのかと尋ねた。彼は言った。毎日どんどん西のほうから運ばれてくる――でも心配ない、切りつくしてしまうことはないから。それを聞いて私は、アメリカ大西洋岸北西部でまだ原生林を伐採していた頃、同じことを言っている人がいたことを思い出した。

ボアの村、アマンチアを目指していったん舗装路からそれると、私たちは木材運搬車を見なくなった。赤い砂塵を巻き上げながら、私は電線をのみ込むつる草や、のんびりと舞い降りるムナジロガラスに見とれていた。村では、扉がなく屋根は錆び、土、泥、木でできてたそこそこの数の家が、赤い下層土と風化した岩の上に建っていた。

道路をもう少し進んだところで、私たちは「不耕起センター」の大きな看板の後ろを通る未舗装の小道に車を寄せた。ボアの農場に着いたのだ。それはさまざまな取り合わせの作物を植えたいくつもの小さな長方形の区画からできていた。車から降りた私は、地面に散らばる石英の破片を調べた。この深く侵食された岩に、あまり栄養はなかった。

コフィ・ボアについてまず気づいたのは、彼の野球帽の刺繍だ。"GOT DIRT? GET SOIL!"〔訳註：「DIRTはあるか？　SOILを手に入れよう！」。DIRTは泥、土埃、生命のない土。SOILは生きている土、土壌〕。二つ目は背が私のあごのあたりだったことだ。身長一六〇センチほど、六〇歳、黒い肌と印象的な笑顔、四角い黒縁の眼鏡、短く刈り込んだ白髪交じりの髪が帽子の下からはみ出している。責任者らしい気取りのないゆったりとした態度で歓迎の意を表したボアは、時間を無駄にすることなく案内を始めた。

私は舗装されていない小道を彼のあとについて行き、いくつかの小さな区画を過ぎて、壁のない物置に着いた。ボアはそれを教室と呼んでいた。通り過ぎてきた畑はすべて、一つ共通点があった。むき出しの地面がないことだ。ボアによると、センターは四・五エーカーを占めているが、他に二〇エーカーの生産区画を持っており、そこには翌日訪れる予定だった。それはサウスダコタの基準では慎ましい事業規模かもしれないが、村の周辺地域をすでに変えていた。

ガーナ不耕起農業センター所長、コフィ・ボア

ボアがこのセンターを設立したのは、自給自足農家に土壌肥沃度の回復方法を見せるためだ。第一歩は、伝統的なやり方には悪影響があることを認識させることだと、ボアは言う。そのためにもっともいいのは、実証区画を並べて設置することだ。毎年ボアは、コンクリート枠に土を盛った隣接する長さ一五メートル、幅六メートルの区画に、一方は不耕起農法、もう一方は伝統的な焼き畑農法を使って、同じ作物を栽培している。それ

ぞれの区画は、坂の下に置いたバケツと樽で、侵食された土壌をすべて集めて見せるようになっている。
違いは明白だった。不耕起区画では五ガロンのバケツに四分の三の土が出た。焼き畑区画では五〇ガロンの樽三個に満杯の土が出た。マルチで覆った不耕起区画の二〇倍の土が流れ出していたのだ。* 百聞は一見に如《し》かずで、これは農民の関心を引いたとボアは言う。たしかに私も関心を抱いた。

作物収量の違いも同様だった。それぞれの区画にはトウモロコシ、そのあとでササゲが栽培された。不耕起区画のトウモロコシの収穫高は、一ヘクタールあたり四・五トンあり、一方で焼き畑区画ではヘクタールあたり一・五トンしかできなかった。不耕起のササゲの収穫はヘクタールあたり一・五トン、焼き畑区画の生産量はヘクタールあたり〇・八トンだった。言い換えれば、不耕起区画は旧来の農法を使った区画と比べて、トウモロコシで三倍、ササゲで二倍を産出したことになる。

ボアはこれらの区画を使って、焼き畑から環境保全型農業へとただちに移行する——耕起と大量の化学製品を組み合わせる旧来の欧米式のやり方を飛ばす——ことが、有機物がたちまち分解され、栄養は主に生きたバイオマスに貯蔵されるこの土地では理にかなっていることを示している。彼の目標は、被覆作物で収穫を増加させる方法をみずから行なって、村人に見せることだ。農民から農民へ——ちょうどベックのやり方のようだと、私は内心思った。ここの誰もが、ボアが農家だと知っているので、彼にできるなら自分にもできると考えるだろう。

ボアが不耕起センターを設立したのは、農家で慈善事業家のハワード・バフェットが二〇〇七年に訪問したあとのことだ。話の経緯はこうだ。二人が会ったとき、バフェットはネブラスカ大学のシャツを着ていた。その大学で修士号を取得していたボアは、バフェットを「コーンハスカー！」〔訳註：「トウモロコシの皮をむく人」の意味で、ネブラスカ州住民の通称〕と呼んで熱烈に歓迎した。二人はたちまち意気投合したが、バフェットはボアの環境保全型農業への取り組み、洞察、情熱に感銘を受けた。以来、バフェットの財団は奨学金や学生のための費用をはじめ、建設、備品、車両などにも支援を行ない、ボアによるアフリカ初の不耕起農業研究センターと公開農場の設立を援助している。だがダコタ・レイクス試験農場のように、ここは営農地だ。収穫からの利益で日々の業務と活動の費用が支払われる。

ここは忙しい場所で、ボアは非常に忙しい人だ。農業のほかに、農民向けの見学会や教室を何種類か提供している――すべて無料だ。一日の訪問で、彼らは、ボアがどのようなやり方をしているか見て、その方法の背景となる思想を学ぶことができる。興味を持った者は、何度通ってもいい。周辺の地域社会の農民は、日曜日の午後に毎回違う内容（環境保全型農業の思想、原則、実践。整地と種まき。土壌の健康と被覆作物、雑草管理）の連続講座を受けることができる。だいたい一カ月に一度、ボアは遠方から来た最大二〇人の農民に、四日間の集中講座で全課程を教えている。学生も夏休みや休日にセンターを訪れる。私が訪問する前の一カ月で五〇〇人以上が来ていた。

大学と兵役を終えた六人の新卒者のために、ボアは奨学金プログラムを運営している。彼らは一年間、奨学金と無料の食事を支給され、その後ボアが彼らに就職先を世話する。このプログラムでボアが目指しているのは、知識と技術をアフリカ全土に普及することのできる専門家によるネットワークを作ることだ。

「いつ休むんですか？」。私は尋ねた。

「休みってものを知らないんだ」。彼は答えた。冗談で言っているのだが、実際そうだ。その日センターを見学していたグループは、この一週間で四組目だった。

ボアが教えている農法は、ドウェイン・ベックのもの――耕さない、被覆作物を栽培する、多様な輪作を行なう――によく似ており、それを根本的に違った地形、気候、文化に合わせたもののようだ。それでどの程度の違いが得られたのか？　収穫が倍以上になり、村は急速に変わった。一、二年でよい結果が見られ、農民たちのほとんどは、今では借家ではなく持ち家に住んでいる。だが何より、収穫が安定して増えたことで、食糧が保障されたのだ。

ミスター・マルチ

ボアの畑の土が濃い茶色をしていることに、私はすでに気づいていた。道路沿いの畑の赤橙色をした土とは大違いだ。農家が自分の畑の土がこのように変わっていることに気づくには、数年かかるかもしれないが、コストが減ったことにはすぐに気づく。

ボアのやり方でもっとも魅力的なのは、化学製品投入の費用が減ることだ。農学者が勧める化学肥料や除草剤をボアはごくわずかしか使わず、殺虫剤はほとんど使っていない。農業用化学製品に反対というわけではない。便利な道具だとは思っている。しかし彼の考えでは、安全で、効率がよく、経済的な使用法を促進する最善の方法は、最小限にすることだ。

土壌の改良ができたら、いずれにせよ化学肥料を投入してもそれほど効果がないことに、ボアは気づいていた。しかし堆肥は安価だが、輸送と施肥に金がかかる。そこでボアは、畑に緑肥――被覆作物――を栽培することが、地元の農家が土作りをするのにもっともよい方法だと考えている。生きているあいだ、窒素を固定する被覆作物は土壌を肥沃にするのを助け、雑草を抑制し、除草剤の使用量を減らす。枯れると、腐って土壌生物の餌となり、それが土壌有機物と土壌肥沃度を増進する役目を果たす。さらに、中には食用で商品になる作物もある。

ボアの方式でもう一つの大きなセールスポイントは、耕さずあまり草取りもしないので、農作業にかかる時間が約三分の一減ることだ。もっと多くの農家が、時間を節約しながら収穫を増やせることに気づけば、そもそもなぜ耕していたのか不思議に思うようになるだろうと、ボアは確信している。加えて、効率がよくなれば農家には他のことをする時間ができる。「店を経営していたり、フルタイムの大工だったりする優秀な農民もいる。どうしてそんなことができるのかって？　このシステムがあるからだ」。これは私には、持続可能な開発へ至る道の第一歩のように思えた。

ベックのように、ボアは語るより見せることが大事だと心得ている。「農民がここへ来て自分の目で見れば、信じるようになる」。そしてそれが不耕起センターの肝だと、彼は言う。

センターを始めたとき、最初に来た農民たちは、試験区が狭すぎると不満を述べた。彼らはボアのシステムが実際の農場ではどうはたらくのかを見たがった――ベックが指導するサウスダコタの農民と同じように。そして、ベックがダコタ・レイクスの地元住民のあいだでそう思われているように、ここの農民はボアを自分たちの一員と認めている。

ボアはアマンチアで、四人兄弟の末っ子として育った。一二歳のときに不幸な事件が起き、その経験が「ミスター・マルチ」として広く知られるようになる始まりとなった。ある日、彼の母（父はすでに亡くなっていた）が暗くなっても家に帰らず、どこにいるのか誰も教えてくれなかった。午後一〇時、やっと帰った母は憔悴しきっていた――唯一の収入源だった彼女のカカオ農場が焼けてしまったのだ。全焼だった。そのときボアは、農地の火災と闘うことに生涯を捧げようと決意した。

農民が土地に種をまく準備をするために火を使うことは知っていた。だが、最近の農場の火災を受けて、ボアはそれに代わるものを調べだした。「プロカ」システムについて知ったのはそのときのことだった。村の古老たちが若い頃、畑を焼く代わりに種まきの前に用いていた耕作方法だ。現地の言葉でプロカとは「土の上に

マルチに覆われた畑

あるものは何でも腐らせて戻す」ことを意味する。

次の年に森のある一角で畑を作りたいと思ったら、木を切り倒して枝を切り刻む。種まきのために戻ってくる頃には、植物質はほとんど分解されている。それから残りかすのあいだに、カカオやプランテーン（調理用バナナ）を植える。ボアはこの教訓を取り入れた。それ以降彼は、マルチのあいだに種をまいた。

一九九一年、ボアは農学を学ぶために、遠く離れたネブラスカ州リンカーンへと旅立った。「いったいなぜネブラスカに？」。私は尋ねた。アメリカに遊びに行くわけじゃなかったからだと、彼は答えた。ネブラスカ大学では、不耕起は重要な研究対象で、そのまっただ中に入っていく使命をボアは帯びていた。現在彼は、自身をアメリカの大規模農場とアフリカの小規模農場の両方で不耕起栽培を経験した数少ない幸運な人間だと考えている。

帰国後、ボアは研究機関に勤務したが、すぐに農業のやり方を――そして生活を――変える方法を農民たちに教えることに大きな喜びを感じるようになった。研究所の所長に「おいコフィ・ボア、いいか、君は農業相談員じゃないんだぞ」と言われたのをきっかけに、彼はそこを辞めた。それは冒険的な思い切った決断だったが、ボアは後悔していない。ボアにとって、農民と共に働くことが応用研究の要点だ。「辞めようかと考えていたとき、人からおまえはおかしいと言われた。でも、就職先が見つからなければ、自分の農場で働けばいいと思っていた」。自分の農場を使って他の農民に教え始めてから数年後、バフェットの援助でボアの夢は不耕起センターとして結実した。

ほぼ午後二時だった。私はボア流の日曜学校が行なわれているのを見に行こうとしていた。だがまず、彼は私に二、三見せたいものがあった。

ボアは私を案内して、野外教室から本道をはずれた未舗装路の端まで戻った。駐車場脇の畑では、トウモロコシを有機肥料ありとなしで栽培する実験が進行中だった。トウモロコシの背丈にあまり差はない、とボアは言った。右側は一ヘクタールあたり三トンの有機肥料を与えられ、左側はまったく与えられていないのにだ。肥料を与えたトウモロコシは少し緑が濃かったが、与えていないほうもきわめて健康だった。ボアが畑に入っていくと、どちらのトウモロコシも彼より背が高かった。「土壌が健康なら、それほど肥料はいらない」とボアは言う。

「それで、どうやって土を健康に保つんですか？」。私は尋ねた。果たして、答えは予想通りだった。「マルチさ！」

次に彼が見せてくれたのは、被覆作物が土壌水分に与える影響を農民に教えるために使う仕掛けだった。それはここでは重要な問題だ。小川は少なくまばらで、灌漑はほとんど行なわれていないからだ。雨こそが農民が共同しなければならないものである。雨が地面に染み込むように――そして作物が吸い上げられるまで維持するように——する必要があるのだ。

ボアは私を、アマンチア移動式土壌喪失実演キットと呼ぶものへと案内した。畑の脇に置かれていたそれは、実物大の侵食実験区画のミニチュア版だった。緑の金属製の台に、土が入った深さ十数センチのトレーが三つ並べられている。左のトレーにはむき出しの耕起された土が、真ん中のものにはマルチ層で覆われた不耕起の土が、右には、表面の有機物が焼き払われた伝統的な焼き畑の土が入っている。それぞれのトレーの端には、金属の壁が内側に傾いて狭まった排水口が作られている。排水口の下には広口瓶が設置され、雨がトレーに降ったときに流れ出た水を受け止める。

違いは明白だった。耕起された土と焼き畑の土の下に置いた瓶には、チョコレートミルクのような、不透明で泥をいっぱいに含んだものが溜まっていた。むき出しになった耕起された土と焼き畑の土のトレーには、雑草が生え、いずれも乾いてクラストができ、表面はひび割れていた。不耕起の土では、下に置いた瓶の水は溶けた有機物で黄色っぽくなっていたが、底に溜まったほんの数グラムの土が見える程度には澄んでいた。そのトレーにはマルチを突き抜けて生えてくる雑草はなかった。マルチの下の土は湿っていた。

ボアは私にそれ以上を語る必要がなかった。彼はただ、湿度と温度のプローブをトレーに差し込んだ。むき出しのトレーは湿度が九パーセントと一二パーセントで表面温度は三七℃と四二℃だった。真ん中の不耕起のトレーは土壌湿度三〇パーセント、温度が三一℃だった。被覆作物のマルチを残せば土の温度を一〇℃前後低く保ち、水を作物が利用できるところに三倍多く保持できることの、それは驚くほど単純で、しかも効果的な実証だった。

授業の準備のためにボアが物置に戻るとき、私は土を見るために農場をうろついた。彼の畑はほぼ完全に植被に覆われ、その下は焦茶色のシルトと粘土だった。土はよく団粒を保っているが、指でこするとばらばらになる。道ばたに露出したがちがちの下層土とは大違いだ。

農民たちの日曜学校

まもなく一七人の男性と二人の女性が到着し、物置に集まって、トタン屋根の下で青と赤のプラスチックの椅子に腰を下ろした。年齢は二〇代から六〇代まで幅広い。ある者はサンダル履きで、ある者はぴかぴかの黒い革靴を履いている。泥まみれのシャツ姿の者もいれば、よそ行きの服を着ている者もいた。カラフルなアフリカ調のプリント柄の服を着た人が二人、優雅な長袖のガウンを着た人が二人いた。

ボアは灰色のTシャツ、茶色のスラックス、テニスシューズ、"GOT DIRT? GET SOIL!"の帽子という出で立ちで、教室の前に立った。まず祈禱から始まった。次にその日のテーマに入る。雑草抑制だった。クワシが私のために現地の言葉を通訳してくれた。

ボアは活発に話し、両手で大きく振り払うような身振りをしながら、ソクラテスのように質問した——なぜ耕すのか、なぜ除草剤をまくのか？　一分もしないうちに、ボアには教師として天賦の才があることがわかった。

ボアの背後のテーブルには、派手な色をした除草剤のプラスチック容器が二〇本並んでいた。ボアは一つひとつ説明していった——グリホサート、アトラジン、2,4-D。「浸透性で植物全体を枯らすものもあれば、緑の部分だけを枯らすものもある」。そう彼は説明した。覚えておいてほしいのは、種子レベルで枯らす物質は、土壌に残っていれば作物に影響しうることだと、彼は抑揚をつけて言った。そして農家は往々にして除草剤を使いすぎるのだと。

「不耕起栽培は除草剤に強く依存すると主張する人を大勢見てきた——そういう意見はあちこちで聞かれる

――が、ここのような環境では、それは間違っている」。一般的な農民は焼き畑を行ない、土をむき出しにする。最初の雨で雑草はたしかに生えてくる。裸の土地には競争相手がいないからだ。「彼らは雑草を招き、そしてグリホサートのような除草剤をまく。だが、そうすると、続けてパラコートやアトラジンのような別の除草剤を使う必要がある」。対照的に、不耕起農地にマルチを残すと、少なくとも除草剤使用量を半分にできる程度に雑草を抑制できる。春には除草剤がいらないところまであることに、ボアは気づいていた。新しく育った作物が雑草を押しのけられるようになるまで、作物残渣が雑草の成長を抑えているからだ。

被覆作物は雑草を防ぐもう一つの方法だ。正しく用いれば、除草剤の使用量を減らし、ゆくゆくは完全に廃止することもできる。マメ科のつる植物を被覆作物にすれば、カットラス（鉈《なた》。私がマシェットと呼んでいるものの現地での呼び名）を使って地面の高さで切り、マルチとして腐るに任せれば、小自作農にとって安くて手っ取り早い効果的な雑草抑制手段兼肥料になる。

ボアがこうつけ加えると、みんながうなずいた。「化学製品のメーカーは農家のお金を欲しがってる。被覆作物で雑草を抑制するということは、いろいろな化学製品にお金を使う必要がないということだ。お金をもっと節約できるんだ」。要するに、とボアは続けた。除草剤や化学肥料を一切やめることはないが、「もっともっと」というやり方――少しで効果があるなら、多ければもっといいだろうという考え――を捨てることだ。目標は、なるべく使用量を減らして多くの収穫を得ることであるべきだ。

クラスが畑の見学に出かける時間になった。ボアがそれぞれの区画の履歴を伝えるのを、生徒と私はあとについて聞いた。一つとして同じ作物を続けて栽培しているところはなく、年間を通じて栽培期なので、ボアと職員が輪作を正しく計画すれば、年に数種類の作物が収穫できる。ボアは作物の収穫後の地面の状態と市場の状況——作物が熟す時期に売れるもの——に応じて決定を下す。

だが、他にも考慮することがある。浅根の作物のあとに深根のものを栽培したほうがよい。バイオマス生産量の低い作物のあとに高いものを栽培したほうがよい。栄養を吸収する作物のあとに栄養を固定するものを栽培したほうがよい。言い換えれば、作物を栽培する順番にはパターンとリズムがあるのだ。

こうしたことすべてを、ボアはカットラスを生まれつきの腕の延長のように指示棒として使って説明した。それから、おそらくは私のために、カットラスを使った植えつけと施肥のやり方を実演した。カットラスをすばやく突き、手首をさっと返して土を起こし、できた穴に種を落とす。そのあとカットラスですばやく叩いて土をすっかりならし、表面のクラストを崩して発芽を助け、種子と土壌がよく触れあうようにする。それから、少しずつ肥料を与えるために、ボアはカットラスの先端を土に突き刺す。今度は高さ三〇センチほどのトウモロコシの脇だ。土を起こし、少量の肥料を手から穴に落とし、カットラスで元通りにならす。これがローテクで低資本な精密農業だ。

このデモンストレーションのあいだじゅう、一人の農民がしゃがみ込んで、トウモロコシのあいだに見つかったわずかな雑草を、取り憑かれたように抜いていた。この様子をじっと見ながら、私は不思議に思った。高価な遺伝子組み換え種子を使ったハイテクで化学肥料集約的な農法がこのような農民にとって実際的だと、どうして考えられるんだろう？　現実には、低投入、低コストでもっとも収穫を増やす方法を彼らは教えてほしいのだ。

ボアは自分の哲学をこうまとめた。「私たちがやっているのは有機農業ではない。私たちがやっているのは、自然と共に働くことだ。もしタマネギ畑に殺菌剤が必要な大きな問題が起きたら、私たちは使う。しかし除草剤や殺虫剤を大量に使う必要はない」

私の言える範囲では、彼の農場にチョウや鳥が多いことから判断して、自然もボアと働くことを喜んでいるようだ。ある種の被覆作物の花は、他の植物が咲かない時期に咲くので、多様な輪作は花粉媒介者の維持に役立つ。ボアは言う。「鳥たちはこの場所をすみかにしているんだ」。クワシと私が車で走り去るあいだも、鳥の歌はあたりに満ちていた。私は考え始めていた。有機っぽい農業は世界を変えるかもしれない――そして農業をそれ自身から救うかもしれない。

渇水から作物を守る

その夜ホテルでは、電気はまだ不意に切れ、扇風機は役立たずのままだった。私は蒸し暑さの中でまどろんでは目覚めることをくり返した。うとうとしていないときは、このマラリアが蔓延する国で蚊帳がないことを心配していた。翌朝、私は汗まみれで朝食を取った。

クワシと私はアマンチアの不耕起農家宿舎に立ち寄った。外から来た農民が実習期間中に滞在する居住区画だ。車を停めると、高さ三〇センチほどの苗でいっぱいのかごを頭に載せた女性が通りかかった。ボアにこのことを尋ねると、彼女は自分の畑から一度にかご一杯、移植する植物を運んでいるのだという。学校が休みになる土曜日には、子どもたちに頼んで余計に運んでくる。緑の革命の技術は、彼女にどう役立っているのか、私は疑問を抱いた。無料の干ばつ耐性品種はたぶん役立つだろう。高価な、あるいは肥料を馬鹿食いするものは役に立つまい。

私たちは地域の農業大学から来たバス二台分の学生に会いに、センターの生産農地に向かった。アマンチアが畑に変わるところに私たちは車を停めた。土と岩の高さ数十センチの段の隣、町を抜ける未舗装路が切り開かれているところだ。切り通しは、風化した岩のあいだを走る石英の鉱脈の上に、厚さ一五センチの本当の土をさらしていた。この薄い表土の層は、雨にさらされれば流されて、その肥沃度は有機物の急速な代謝回転に基づいている。ボアは表土を維持し、有機物がその場に蓄積されるようにしている。その方法のデモンストレーションを私はこれから見るのだ。

学生が到着すると、ボアは私たちをぞろぞろと引きつれて、畑のあいだの小径をたどり、田園地帯へと出た。景観は全体として、植えつけされた畑に分割され、隣あった農地やさまざまな作物と植被（あるいはその欠如）のあいだにすき間がなかった。

私たちが最初に足を止めたのは、ボアの生産区画から道を挟んで向かい側にある柑橘農園だった。ボアは学生に、木の根元の土を見るように言った。それはむき出しで、硬く、クラストができ、表土は失われて赤橙色の下層土が表面に出ていた。有機物もなければ土壌構造もないが、雑草はたくさん生えている。この畑を所有する女性はいい収穫があったためしがないと、ボアは言った。

道路を渡り、ボアは私たちをトウモロコシとプランテーンの畑に案内した。ササゲと密生したムクナ（ハッショウマメ）が下層植生を作っている。「被覆作物を使う必要がある」とボアは言い、土壌を豊かにするはたらきのある背の低いマメ科植物が背の高いトウモロコシと共生していることを示した。「ここに被覆作物を植えれば、草取りをする必要がない」

肝心なのは、さまざまな性質を持つ複数の被覆作物を使うことだと、ボアは説明する。ササゲは耐陰性があるマメ科植物で、他の作物の株間に植えるにはもってこいだ。タチナタマメ、フジマメ、ムクナもマメ科だが、これらはつるになってカカオやプランテーンにからみつく。「だから殺すのは簡単だ。カットラスで叩き切ってやればいい。あっという間だ」。それが枯れて腐ると、土を肥やす。

昨シーズン、ボアはプランテーンを植えた隣りあう二つの区画で、ある実験を試みた。タチナタマメの被覆作物を植えた区画では、草取りの必要がなかった。だがすぐ隣は、プランテーンのあいだに何も植えなかったところ、それまでに三回草取りをしてグリホサートをまかなければならなかった。この実験の教訓は何か？生物を自分のためにはたらかせて、時間と費用を節約しようということだ。

「何はともあれ」とボアは続ける。「土を覆っておくことだ」。地面を素手で掘れるような状態を作り出すことが必要だ。地面に被覆があれば、それが育む生物相が土を耕してくれ、有機物の被覆は水の流出を減らして土に染み込むようにする。ボアは一行に土壌の毛細管現象を思い出すように言った。水を下層土から上層土へと汲み上げているものだ。犂を入れるとどうなる？　細孔が壊れ、下層土の水が地表へ上がってこられなく――そして植物が吸い上げられなく――なる。また有機物はあまり熱を伝えないので、地面を覆っておけば蒸発も少なくなる。

今年は記憶にあるかぎりで一番雨が少ない年だが、トウガラシの苗はすべて生き延びたとボアは言う。一方、耕した農家は全部枯らしてしまった。なぜか？　すき起こして土を崩したとき、土壌水分を失ってしまったのだ。土に手を加えなければ、それはより長く水分を保ち、植物の生存を助ける。

渇水のときでも健康な作物を支えるために、ボアは学生に三つのことに気を配るよう助言した。

1　種がまけるだけの穴を地面に開ける――土壌の攪乱を最小限にする。
2　種まきのときは地面が以前の作物残渣で必ず覆われているようにし、バイオマスと土壌有機物を増やすために被覆作物を利用する。
3　輪作と混作で畑に多様性を与える。

プランテーンをはじめ、多様な混作でジャングルと化す

このリストに読者も見覚えがあるだろう。またも環境保全型農業の原則だ。

森の土壌を再現する

私たちはまわりの畑に進んだ。ボアは八〇人の学生を引きつれて、一車線道路沿いにある生産区画の中を案内した。食べ物のジャングルをハイキングしているような気分だった。葉の広いプランテーンとカカオの畝が交互に作られ、それぞれトウモロコシと、色鮮やかな黄パプリカなど被覆作物の下生えが混作されている。カカオは最高の換金作物だが、木が成熟するまでに数年かかり、若木は日陰を必要とする。それをプランテーンが提供する。一方でトウモロコシ、パプリカ、タマネギ、ササゲは土作りに役立ち、やはり収入源になる。こうした混作は投入を最小限に抑え、干ばつ耐性を高める。むき出しの地面は道路だけだ。

最後に立ち寄った生産区画の端の畑は、植えつけのために最近森を伐採したものだった。ボアは立ち止まると、学生たちを自分のまわりに半円を描くように集めた。

「枝が全部残されて、大きな材木だけどけてあるのがわかるだろう?」。木の葉、枝、切り刻まれた藪《やぶ》が畑を覆っていた。「お年寄りと話すと、これが機械化される前に行なわれていたことだとわかる。そのシステムに私たちは戻ろうとしている。ただし科学的思考と共に——昔の人がやっていたことを、新しい知識でやるんだ」

ボアはこの現場を、焼き畑農法（農民が有機物をすべて焼きつくす）および緑の革命の方法論（農学者が畑を土がむき出しになるまで整地してから化学肥料を与える）と対比した。「ここに来なかったら、信じられなかっただろう?」。「はい」という声が学生のあいだから一斉に上がった。一行の中でノートを取っているのは自分だけではないことに気づいて、私はうれしかった。ほとんど全員が取っていたのだ。

私たちは物置に戻り、ボアは森と裸の土地の写真を見せながら講義を続けた。「森林伐採がどういうものか、みんなわかっている。だが、見落としていることが一つある。私たちの農業慣行が、誰もがやっていることが、土壌を破壊しているということだ。森について考えてみよう。誰も耕していないが、とても肥沃なところだ。この写真を見て！　選べるとしたら、どちらで農業をやりたい?」。ある学生が大きな声で、自分なら森を選ぶと言った。ボアは学生たちに同じ意見かと尋ねた。全員が同意した。

「なぜ?」。ボアは質問した。

「森の土は水分があるからです」。ある学生が答えた。

「森の土のほうが生物が多いからです——微生物やミミズなどが」。別の学生が言った。

「そう」。ボアがつけ加えた。「土壌生物を繁殖させるには、日陰で湿った環境を作ってやらなければならない。土壌生物はアフリカの日差しの熱さに耐えられない。それに地表に食べ物になる落ち葉などが必要だ。さて、今、何があったか。われわれはみんな森を選んだ。全部引っくるめると、そちらのほうが肥沃であることがわかるからだ。農民の目標は」と、ボアは締めくくった。「森を肥沃にしている条件を農地に再現してやることであるはずだ」

ボアは、自分に注目している小自作農に特に関係の深い点を強調しながら、環境保全型農業のもう一つの利点を説明した。農家が輪作、群集、混作を使って多様な作物を育てているとき、それは自家製の保険のようなものなのだ。もしある作物がだめになっても、別のものに頼ることができる。もし農地の九〇パーセントに換金作物、たとえばショウガが植えられていたら、残りの一〇パーセントには食用作物を植えて主作物の不作に備えるべきだ。

栄養を吸収する作物の混作で養分を土壌からバイオマスに集める、被覆作物を使ったうまいやり方を、ボアは解説した。根を深く張る被覆作物は、栄養を地表まで引き上げ、マメ科植物以外のものでも枯れると栄養を土に返す。つまり堆肥がありすぎて置き場がないときは、土に入れて被覆作物を植え、それに取り込ませて貴重な栄養を一時的に保管させることができる。栄養を使いたいときは、被覆作物を切って腐らせ、栄養を土に戻すのだ。

熱帯では、土壌有機物はもともと非常に少ない。暑く湿った環境は、微生物による有機物の分解を促進する。ガーナの森林の土壌には最大四パーセントの有機物があるが、ほとんどの農地には現在、最大で一パーセントしかないとボアは言う。長年にわたる耕起と絶え間ない焼き畑のためだ。灰はたしかに養分を供給するが、雨で流されたり風に吹き飛ばされたりしやすい。焼き畑は土壌生物に一日食べさせ、一週間飢えさせることだとボアは考えている。では長期的に土壌有機物を蓄積する鍵は何か？　バイオマスを生産し維持すること、まさに被覆作物と作物残渣が果たしていることだ。ボアの経験では、栄養獲得と放出のために被覆作物を栽培することを輪作の一環に組み込むと、土壌有機物の濃度を二年以内で一パーセント前後から二パーセント近くにまで増やすことができる。数十年かけて、このやり方でボアは、畑の土の有機物を、森林のものより多い四パーセントに増やすことができたと考えている。

肥料を使っているかと学生から質問されたボアは、たとえ話で答えた。家に樽があったとする。土砂降りのあとで水があふれているとき、水を汲んできて樽に水を足してくれと兄弟に頼むだろうか？　そんなことはしないだろう。樽はいっぱいなのだから。だが雨のあとで樽に水が半分しかなければ、水を汲んできてもらって、樽をいっぱいにするだろう。土もこの樽と同じことだ。作物残渣が腐ったもので有機物を戻せば、いっぱいにすることができる。もちろん、肥料で肥沃度を足すこともできる——が、有機物が満タンになっていれば、多くは必要ない。

数多くの実験を通じてボアは、不耕起に転換した農家が、肥料の使用量を少なくとも半分に、被覆作物を組み合わせた場合はもっと減らしていることに気づいていた。ボアの区画のいくつかでも、肥料使用量を九〇パーセント以上減らせることがわかっている。

どうしても肥料を使うとしたら、自分は有機肥料を使うとボアはつけ加えた。だが、土壌有機物を作る自分のやり方をすべて取り入れるなら、ガーナは一〇年以内に完全に化学製品の投入をやめることができると、ボアは思っている。これは土壌からリンを取り込む菌根菌と細菌を復活させるのに役に立つ。アフリカの大部分では、土壌中の総リン濃度は十分なのだが、ほとんどすべてが不溶性の鉱物に閉じ込められている。土壌生物は無機リンを生物循環に入り込める形に変えることができる。一度に大量に与えられ、浸透率も高い水溶性の無機肥料とは違って、菌根菌は少量を時間をかけて供給する。自分の畑に菌根菌を補充して維持することも、耕さない理由だ。ボアの言うとおり「菌根はとても小さく壊れやすいもの」であり、「攪乱していいわけがない」。農家はそれに餌を与えるべきなのだ。では菌根菌は何を食べるのか？　有機物だ。

無機肥料はさまざまな多量栄養素を供給するが、たいてい微量栄養素を欠いている。それもやはり、植物には必要なものだ。有機物は微量栄養素と多量栄養素の両方を含んでいる。ボアは微量栄養素の重要性を料理にたとえて説明する。「スープを作るときのことを考えてみよう。水と肉はたくさん使うが、塩とコショウはほんの少ししか使わない。でも塩コショウ抜きのスープが好きな人はほとんどいない。たくさんはいらないが、入っていることが重要なんだ」

食糧ジャングルの生産力

アフリカの熱い太陽の下、水は不足しがちであり干ばつは拡大しつつある問題だ。ボアは、捨てられていた一・五リットルのプラスチック製ボトルで作った独創的な点滴灌漑システムを見せてくれた。これならいくらでも手に入る。ボトルの底の脇に小さな穴を一つ開け、水を入れる。水漏れのする容器をカカオの木の根元に作った小さなくぼみに置く。これが優秀な点滴灌漑を、まさに植物が必要としているところにもたらす。農家はこの無料の「テクノロジー」がたいそう気に入った。廃品だと思っていたものを利用するからだ。

タマネギと、ゾウの耳ほどもあるココヤムの葉で作ったマッシュ（指とプランテーンを食器代わりに木のボウルからすくう）の遅い昼食を取りながら、ボアは自分の経験を話してくれた。「どれもうちの農場で取れたものだ」。ボアは言い、五メートル先に生えているプランテーンを指さした。一〇年前、人々は彼を変わり者と呼んだ。今ではこの町の農民のほとんど全員が彼のシステムを使っている。

デザートには軸につけたまま料理したトウモロコシが出た。これも農場で取れたものだ。小ぶりで軸が黒くなった粒は、木の実のようで食べ応えがあった。あたりを見回して、私はボアに、食べ終わった軸はどこに捨てたらいいか聞いた。彼は答えた。「どこにでも。無駄にさえしなければ」。私は即座にそれをトウモロコシ畑に投げ戻した。ボアは、それでいいと言うように笑った。二、三年前、ボアは村の農民にこう言い始めた。

「お腹に入らないものはなんでも畑に戻す」。今ではたいてい、誰かがかごを持って畑に出ていくのを見ると、その中には家庭の有機廃棄物が入っている。家に持って帰ったが食べなかったもの、たとえばプランテーンやキャッサバの皮などを、土に返しているのだ。

学生たちがその日の課程を終えてから、ボア、クワシ、私はもう二、三の農場に向かった。不耕起農家宿舎で私たちはアデュ・メンザとばったり会った。オールド・ネイビーの灰色のタンクトップが、短く刈り込んだあごひげと同じ色をした農民だ。

彼の農場まで、私たちは土壁の家が立ち並ぶ村の中を歩いていった。たいていの家は洗濯物が表に干してあった。一軒の家の前を通り過ぎようとしたとき、好奇心旺盛な婦人が駆け寄ってきて、私を上から下まで検分してから宣告した。「アイラブユー」。ボアはくすくすと笑い、私は自分も同じ気持ちであることを彼女に請け合った。それからわれわれは畑に向けて歩き出した。

一車線の道をたどっているあいだ、ボアは随時解説をしてくれた。最初は、トマトとトウモロコシの耕起された地面がむき出しになった畑についての悲観的な意見からだった。最近の移住者が作っているもので、あらかじめ除草剤がまかれていた。ほら、とボアは言った。あのトマトは菌類に感染している。次に彼は、そこより青々と高く育っている畑を指さした。腐りかけた多くの有機物が地面にあった。次の畑では、作物残渣が地面を覆っているとミミズの糞が多いことを見せてくれた。ボアが不耕起農地をカットラスでほじると、土壌が水分を含んでいることとミミズの巣穴だらけなことが見て取れた。同じことを隣の慣行農地で試すと、土壌は乾いて押し固められ、ミミズのいる形跡はなかった。

カカオ、プランテーン、キャッサバ、トウモロコシ、被覆作物など、さまざまな組み合わせの畑の中を一キロ半ほど歩いて、私たちはアデュの農場に到着した。アデュは、不耕起と被覆作物を始めたのは二、三年前からだと話した。肥料も除草剤も使っていないが、すでにいろいろな違いが見えているという。非常に雨が少ない年でも、彼の不耕起農地の作物は、そうでない畑のものより元気だった。そこでアデュはボアを手本にして、農場すべてを不耕起に転換した。アデュはココヤムをプランテーンの畝に混作し、畝間にタロイモとキャッサバを植えた。また、ヤムイモを、支柱や森を伐採したときに残しておいた立枯れの木に這わせていた。その下で、カカオの木が芽生え始めていた。他の作物は、やがてアデュの主要な換金作物となるカカオの若木に望ましい微気候を作り出し、また、カカオが成熟するまでのあいだ食べ物と収入を生む。アデュはこの畑に六種の作物を同時に栽培している。「こういうのが見たかったんだ!」。ボアは強く言った。

アデュは不耕起栽培に専念することに決め、他の畑を一つの重要な動機、つまり収穫高の違いから転換した。もちろん、アデュは肥料代と除草剤代が節約できることも、自分の畑が鳥で、特に好きな小さな鳴き鳥でにぎわっていることと共に気に入っていた。

アデュは、単位面積あたりの純収量が四倍になったと概算している。これは、降雨の少ない年で三、四倍の差というボアによる推定の、上限にあたる。収量四倍は緑の革命による収量増より多いと私が言うと、ボアは心の底から笑った。「そうだ、ずっといい!」

私たちは連れだって不耕起センターに戻り、ボアは私をココル・ヤーに紹介した。若い農民でジーンズ、ゴム長靴、長袖のフランネルシャツを身につけていた——この暑さの中で想像もできない出で立ちだ。しかし彼女が小道をたどって畑へと私たちを案内しているときは、快適そのものに見えた。いくつか丘を越え谷を渡るあいだ、地表水や流れは見られなかった。小道はフィリピンやアマゾンのジャングルを歩いたときのことを思い起こさせた——ただしここでは、すべて植えられたものだ。

被覆作物の植わったトウモロコシ畑とカカオの森をかき分けて、一マイルも進んだのではないかという気がした頃、私たちはよく踏まれた小道にたどりついた。それは栽培されて数年が経ったプランテーンの、地面がむき出しになった畑を通っていた。誰にともなくボアが言った。「これをやったのは誰だ？　ひどいな。裸じゃないか」

私たちはココルの畑に着いた。長方形で、一方の端にはパプリカが、もう一方にはプランテーンが植えられている。ココルは殺虫剤を使ったことがない。理由は単純で、買えないからだ。不耕起栽培に移行する一〇年以上前に焼き畑でこの農地を作ったため、地面は植物残渣で覆われていたが、まだ土は炭を多く含んでいた。なぜココルはやり方を変えたのか？　ボアの日曜学校が目を開かせたのだ。彼女が不耕起を好むのは「雨が降らなくても、土に湿り気がある」からだという。それと、時間の節約になるからだ。畑の世話をしたあとで働いている町の小さな店までは、相当な距離を歩かなければならないのだ。

帰り道、ボアは一定の足どりでこの食糧ジャングルの中を移動した。畑を一つひとつ見ては、声に出して尋ねた。土は覆われているかむき出しか？　湿っているか乾いているか？　作物は背が高く緑色か、背が低く黄色をしているか？　不耕起センターの正面に通じる道路へ出ると、ボアはいいものが見られたと言った。「今年はとても雨が少なかった。不耕起栽培のいい実験になった」

この時点で、私は汗でずぶ濡れになっていた。ありがたいことにボアのところの農業主任が未熟なココナッツ一袋とカットラスを持ってきてくれた。彼は手早くココナッツの殻を削ると、中のさわやかなジュースを飲めるようにてっぺんに窓を切ってこじ開けた。私があまりに大汗をかいていたのを見たボアは、もう一つ飲めとしきりに勧めた。私はそれを拒める状態ではなかった。

採鉱によって破壊された大地

金は食べられない

ようやく身体が冷えると、ボアはもう一つ見せたいものがあると私を連れて行った。隣接するアマンシエ・ウェスト郡での採掘活動によって、肥沃な谷底が破壊されている現場だ。車でボアの村をあとにすると、土地は赤と緑の丘陵地になった――赤は土と家、緑は森と畑だ。だが不耕起センターから離れるほど、通り過ぎる農地にむき出しで耕起されたものが増えた。裸の区画には見てわかるような有機物と表土がなく、赤っぽい下層土が地表に露出していた。いくつかの村では、各戸に小さな羊毛の貯蔵庫があるらしく、またヒツジの群れがごちゃごちゃと通りをふさいでいる。すぐに、町を仕切っているのはヒツジだが、土地を仕切っているのは鉱山会社であることがわかった。

ここ一〇年、中国の鉱業会社が、谷底を作っている川砂利から金を採掘するために進出していると、ボアは言った。企業は砂利をふるいにかけ、金を採取し、残りの選鉱くずを長く畝状に戻す。谷底全体が根こそぎにされ、ひっくり返されてしまっている。

物理的な攪乱は土壌を破壊しただけではない。廃土の山からは有毒物質が流出しているのだ。悪臭を放つ濁った流れを渡るとき、ボアはふと思い出した。「若い頃、このあたりの流れは澄みきっていた。今はここの水は飲めたものじゃない」。採掘地区では、以前川の水を使っていた村人は、今では毎日村に水を運んでくるトラックから、ポリ袋入りの水を買わねばならなくなった。

かつての優良な農地は、月世界の風景のようなボタ山になった。もともとは、誰も谷底を所有することはできなかった。そこは村長《むらおさ》たちに守られていたのだ。だが鉱業会社は大金を積み、長は一人また一人と目の前の金に手を出して、土地を破壊し水を汚すことを認めた。ボアによれば、この手の目先のことだけを考えた採掘は、ガーナ全土で始まっているという。アフリカ中の政府は投資を渇望しており、そのために何でもやることを心配している。「谷は一番肥沃な土地だ。ここはよい土地なんだ。これはとても悲しいことだ。土地の死だ」

翌朝、まだ飛行機の時間には間があるので、私はボアと不耕起農家宿舎の二階のベランダで、オレンジ色のプラスチックのテーブル（椅子が揃いの色だった）を挟んでいた。彼の別れ際の言葉を私が手早く書き留めようとして、ついていくのに苦労していると、彼は微笑んでゆっくりと話してくれた。アマンチアでただ一つの二階建ての建物から、私たちには村のパノラマが、日干しレンガの家と、その住人たちがサンダルから果物、チェーンソーまで頭に載せた荷物のバランスを取りながら通り過ぎるのが見えた。

話しながら、ボアの目は伝道の情熱に輝いていた。ボアはガーナにおける不耕起の預言者のようなもので、人々に一世代のうちにいくつもの農業革命を経験させ、焼き畑から環境保全型農業へと直行させようとしていた。

環境保全型農業はアフリカを養えるだろうかと私が聞くと、ボアは即答した。「率直に言ってイエスだ。気候変動が食糧生産を圧迫している今、われわれには特にそれが必要なんだ。アフリカは昔から小農が養ってきた。不耕起栽培を適切な作物や制度と組み合わせれば、そうし続けられない理由が見あたらない」

人々はアフリカ全土から技術を学びにこのセンターにやってきている。この大陸の自給自足農家の生産力は低い。そしてまたこの数十年、休耕ができず伝統的農法による連作で土壌劣化が拡大したため低下し続けている。攪乱の大きな焼き畑農業から、被覆作物、混作、輪作を利用した攪乱の小さな方法に転換することで、持続可能な開発へ向けた進歩を推し進められるかどうかには、かなりの関心が集まっている。

投入コストの低さは、環境保全型農業が、農村の飢餓とアフリカの自給自足農家の貧困に効果的に対処する手段となるための要だとボアは見ている。サウスダコタを変えたのと同じ原則が、自給自足農家の収穫を増やし、場合によっては倍増させられることをボアは私に見せてくれた。しかも費用の高くつく灌漑や設備の設置なしで、肥料や除草剤のような資材への出費も最小限で。

土地の特徴を生かす研究

それでも、環境保全型農業に、アフリカに食糧を供給する能力があるかどうかについては、議論がある。不耕起農業と環境保全型農業の文献レビューの結論が食い違っているのだ。環境保全型農業はかなり余計に資材の投入を必要とする、あるいは収量が少ないと報告している研究もある。これは一部には、やはり環境保全型農法の定義のされ方とやり方が一定していないことに原因があるのではないかと、私は考えている。二〇一四年に入手できる文献を検討したある研究では、主要な原則を三つすべて採用したときの環境保全型農業の効果とコストを評価した研究はほとんどないと結論していた。

それを行なっていた研究、サブサハラアフリカ（サハラ砂漠以南）一帯での六一の研究に関するメタ分析は、環境保全型農業のもとでの収量増は、やはり三つの特徴——不耕起、被覆作物、複雑な輪作——すべてを取り入れるかどうかにかかっていることを明らかにしている。しかし、原則が普遍的であったとしても、もっともうまくいくやり方は地域によって、また農場に固有の条件によってさまざまであることが、このような比較を複雑なものにしている。

ラッタン・ラルのように、コフィ・ボアは、不耕起とは名ばかりのさまざまな農法を嘆いている。どうして裸地での不耕起栽培について語ったり、まして研究したり実行したりするのか？「裸の土は耕すより悪い」のだから、そんなものに意味はないのだ。

土壌肥沃度を高めてより少ない資材の投入でより多くの収穫を維持する前に、まず土壌侵食を減らさなければならないことに疑いはない。一九七〇年代後半、ガーナ北部での実験で、むき出しの畑とマルチを施した畑では、侵食速度に二〇倍の差があることが明らかになっている。ジンバブエで行なわれたより最近の環境保全型農業の研究で、有機物を土壌の被覆として用いることと、マメ科植物を輪作に取り入れることの組み合わせで、侵食が減るだけでなく、土壌肥沃度の低下を逆転させ土壌有機物を増やすことがわかっている。環境保全型農業のもとでトウモロコシの平均収量は一貫して高くなり、保全型でない農地と比べて最大二倍である。

ザンビアでの長期にわたる圃場試験では、環境保全型農地で土壌炭素濃度が九パーセント増加し、隣接する従来型の耕起した農地では七パーセント減少したと報告されている。マリの農村部では、環境保全型農業と化学肥料の少量の使用（マイクロドーズ）を組み合わせて、短期的には収量の増加、長期的には土壌の質と土壌有機物の向上がもたらされた。このような研究が示唆するものは明らかだ。環境保全型農業は土を作り、慣行農業は土を劣化させる。

サブサハラアフリカでの多くの研究は、環境保全型農業には旧来の農法より大きな経済的収益があることを報告している。同等あるいは高い収量が得られるときでも、相当な労力と時間の節約が可能だ。たとえば、マ

劣化し、むき出しになった赤い下層土

ラウイの二四の農場を三年間研究した結果、トウモロコシとキマメ（*Cajanus cajan*）を混作した環境保全型農業の区画は、初年度こそ変化がなかったものの、以降、三分の一高い収量を生み出した。また、農家が管理のために要する時間は四分の三しかかからず、従来通りの耕起によるトウモロコシ栽培の二倍の利益になった。これらの農場の土壌は有機物を一パーセント未満しか含んでいなかった。この地域で農業生産を維持するための最小限の数値だ。この研究は、土壌有機物を増やす農法が決定的に必要とされていると結論している。

アフリカにおける減耕起と不耕起農法に関する研究の別のレビューは、マルチが土壌の性質を改善し作物収量を増やすための鍵であることを明らかにしている。また、ブルキナファソでの興味深い実験から、劣化していた土壌にマルチを施したところ、シロアリが集まってきてマルチを食い、分解することで栄養を循環させ土地の肥沃度の回復を助けたことがわかった。研究者たちは完全にむき出しでクラストができた土壌（現地の農民はジペラ、「死んだ土」と呼んでいた）に、一ヘクタールあたり数トンの干しわらと灌木のマルチを施した。すぐにシロアリの巣が地表のクラストに穴を開け、水が流れ去ることなく再び地面に浸透するようになった。

サブサハラアフリカでは、コフィ・ボアが教えているような完全な低投入保全型農業を採用している小規模農家は、少ししかいない。アフリカで被覆作物方式の普及を妨げているのは、主にアフリカの条件に合った被覆作物の種子が手に入らないことだ。ボアによれば、農家はいつも彼に、「だめになった」もはや肥沃でない土地を復活させるのに役立つ被覆作物の種をくれと言ってくるのだという。彼らは被覆作物に何ができるかを知ったが、種はどこで手に入るのか？　どうやらもうすぐ仕入れ先が見つかりそうだ。ハワード・バフェットの基金が、高品質で低価格の被覆作物の種子を生産するため、南アフリカに持っている農場の一部ですでに転作しているのだ。

環境保全型農業がアフリカで広く受け入れられるために、他に障壁はないかと尋ねると、短いが手ごわいリストをすらすらと並べ立てた。伝統、政治的支援の欠如、劣悪な政策、知識の蓄積と普及の困難さだ。アフリカ諸国の政府と海外の援助プログラムは、二〇世紀後半にアメリカ農業を変えた「大きくならない者は去れ」という哲学の背後にある投入集約的な方法中心になりがちだ。ボアが提唱する手法は、短期的に見て自給自足農家に経済上の意味があるものだが、それを実行するには発想の転換が伴う。世界の農業関連ビジネスを支配する企業が作る製品を使うのとはわけが違うのだ。

シンガーの古風な足踏みミシンや、棚に並んだかごの中のニワトリを売る道路脇の小さな露天、卵の箱を一〇個――卵六〇ダース――重ねて頭の上に載せ、バランスを取っている女性、解体工場で組み立てた虹色のフランケンシュタイン・タクシー（パネルの色が一枚ずつ違う）をあとに空港へ向かうあいだ、この考えは私につきまとっていた。アフリカを去る用意をしながら、私は援助機関や慈善家が、「もっと多く」というやり方を助長することによってでなく、ボアが説くような方法を通じて影響を持ち続ける道があると思わずにはいられなかった。そして、ボアが見せてくれたように、それを実現する道は実験農場を利用して研究と地域的な経験の、科学と実践のギャップに橋渡しをし、小規模農家に関係の深い知識の基礎を築くことにある。

土壌、気候、農法に大きな違いはあれど、サウスダコタとガーナのいずれにも、同じ基本原則がはたらいていた。ドウェイン・ベックのやり方は半乾燥の草原での栄養循環にならったものだ。コフィ・ボアのものは、熱帯林の栄養循環にならっている。個々のやり方は農家の状況に応じて異なるが、土を作る農業は世界中で可能だと、私は考え始めていた。

ドウェイン・ベックもコフィ・ボアも、ほんの少しだが、除草剤や化学肥料を使う。しかし、不耕起栽培と有機農業を大規模に連動させることはできるのだろうか？　被覆作物とマメ科植物の栽培は、有機農法も進歩させるのだろうか？　この疑問を探るために、私はもっとも長期にわたって操業している有機不耕起栽培の試験場を訪れることにした。それはペンシルベニア州クツタウン近郊にあった。

＊——具体的に数字を挙げると、その年の不耕起区画の侵食速度は七七キログラム／ヘクタール、一方、焼き畑区画では一七八七キログラム／ヘクタールだった。

第8章 有機農業のジレンマ——何が普及を阻むのか？

除草剤がそんなにいいものなら、なぜ雑草がなくならないのか？
——ゲイブ・ブラウン（有畜農家）

有機農業と持続可能性はワンセットだと考えがちだ。だが必ずしもそうではない——歴史の大部分を通じて、そうではなかった。有機栽培にはいくつか大きな利点があるが、今日でも有機農家のほとんどが、まだ犂——この物語の主犯——に頼っている。なぜか？ それが安上がりで確実な雑草抑制手段だからだ。それでも、私たちが知るように、犂は唯一の選択肢でなければ、また除草剤が常により優れた代替手段であるわけでもない。

さかのぼること一九三八年、アメリカ農務省の農学者クライド・ライティは、「輪作は……土地に雑草を生やさないための手段として、これまでに考え出された中でももっとも効果がある」[*1]と記している。ライティは、雑草に対する最大の防御は有用な植物による被覆であり、栽培することで雑草を打ち負かして緑肥になると述べた。

ライティはまた、輪作が収穫を増やすことも知っていた。「輪作が作物の収量と質によい影響を与えることを示す事例は多数記録されており……害虫と作物の病気による被害は輪作の手法で最小限に軽減される……」[*2]

その主張を裏付けるために、ライティはミズーリ農業試験場での三〇年にわたる圃場試験のデータを提出した。それは四年間のトウモロコシ、オートムギ、コムギ、クローバーの輪作で、収量が単一栽培のときに比べて三分の二から二倍以上増加したことを示していた。

農家は、被覆作物を利用すれば土壌肥沃度が高まり作物収量が増えることを、何世紀も前から知っていた。だが、第二次世界大戦後、大量に出回った安価な化学肥料で同じくらいの収量増が実現し、農家は特定の商品作物に特化できるようになり、面倒くさい動物の世話一切から解放されると、こうした方法は輝きを失った。短い間に、農業は高収量の単一栽培を支えるため、化学肥料に頼るようになった。化学肥料と除草剤が安く、簡単で、効果的だと——少なくとも短期的には——わかると、肥沃度の維持、向上と雑草の抑制のために被覆作物や輪作を用いることは、進歩的な感じがしなくなった。

それは、しかし、はたらいている要素のすべてではなかった。化学メーカーは政府に有力な味方がいる。短期間で軍需品生産に戻すことのできる肥料工場の維持に利害関係のある者たちだ。[*3] みんながみんな農芸化学の時流に乗ったわけではないが、専門化が進む大学、企業、政府機関の研究者は、有機農業を近代科学以前の時代への逆行として片付けてしまう傾向があった。一九五〇年代には、農務省は全力をあげて化学農業を支援するようになっていた。

除草剤という簡単で実用的な雑草抑制の手段が登場すると、不耕起栽培はいっそう魅力的になった。除草剤のグリホサートに耐性を持つ遺伝子組み換え作物が導入されると、関心はいやが上にも高まった。グリホサートは遺伝子が組み換えられていない植物を、基礎的な生理学的プロセスを阻害することで枯らす。グリホサートの効果によって、その製造者であるモンサント社は除草剤市場での大幅な優位を得て、グリホサート耐性作物の特許種子を独占した。慣行農家はグリホサートを愛用した。たとえ使った結果それとわかる収穫の向上がなくても。彼らは雑草を憎み、グリホサートは本当に効率よくそれを枯らして、耕さずに簡単で効果的に雑草が抑制できるようになった――少なくとも初めのうちは。これが今度は、遺伝子組み換えトウモロコシとダイズの普及を推進する原動力となった。

初めての除草剤耐性雑草は一九七〇年に明るみに出た、アトラジン耐性ノボロギクだった。六年後、モンサント社はグリホサートを広範囲な雑草抑制用として登録した。最初のグリホサート耐性雑草、ボウムギ（*Lolium rigidum*）はオーストラリアで一九九六年に報告された――グリホサート耐性作物が初めて導入された年に。アメリカではグリホサート耐性を持つ雑草が二十数種報告されている。全世界では、合計四三二種の多様な雑草が、さまざまな除草剤に対して耐性を持っている。このため当然、そもそもこのような除草剤がすべて本当に必要なのかについて、関心が再び高まった。不耕起栽培を有機農法でできるのだろうか？　それとも除草剤か犂かどちらかを選ばなければならないのだろうか？

有機不耕起農法は可能か？

この疑問をぶつけるのにロデール研究所、ペンシルベニア州クッタウン近郊にある三三三エーカーの農場よりふさわしい場所はない。研究所名の由来でもあるジェローム・ロデールは、アメリカにおける最初の有機農業提唱者の一人だ。ニューヨーク市のユダヤ系食料品商の病弱な息子だったロデールは、製造業で成功をおさめていたが、一九三〇年にペンシルベニアのエメーアスにある農場へ一家で移転することを決断した。

新たに手に入れた七〇エーカーの土地をどうしたらいいか、ロデールは大学の学者たちに質問した。彼らは化学肥料と農薬の使用を勧めた。これをロデールは、特別いいアドバイスとは感じなかった。そもそも彼がニューヨークを離れたのは、子どもたちをより健康的な環境で育てるためだからだ。サー・アルバート・ハワードによる、土壌の健康と人間の健康に関する論考を読んだロデールは、「有機」という語を農業とつなげて、実験的な有機農場を一九四〇年に始めた。二年後には*Organic Gardening and Farming*（『有機園芸と農業』）誌（現在は*Rodale's Organic Life*〔『ロデールの有機生活』〕に改題）を創刊した。健康問題の書籍と雑誌の出版でロデールは名を知られ、被覆作物、輪作、厩肥を利用した健康な暮らしと有機農業の傑出した提唱者になった。少なくとも一九七一年に、*The Dick Cavett Show*（『ディック・キャベット・ショー』）の収録中に心臓発作で亡くなるまでは。同じ年、ロデールの息子ロバートがクッタウンの農場を購入した。

ロデール研究所の農場長、ジェフ・モイヤー

私は以前、ロデール研究所の農場長ジェフ・モイヤー（現所長）が、被覆作物を除草剤なしで管理する方法——不耕起雑草抑制のための有機農法による実用的代替手段——について、会議で講演するのを見たことがある。モイヤーは有機不耕起農法という難問を解決しているのだろうか？　アフリカから戻って一週間、じめじめする七月の日にまた汗をかきながら、ペンシルベニアの起伏に富んだ緑の丘に車を走らせているあいだ私が

明らかにしたかったことが、これだ。

トウモロコシ畑が家を一軒一軒取り巻き、丘の上の大きな教会以外をすっぽり覆っている田園を、スマートフォンをガイドに進んだ。やがて私は、白い「ロデール研究所」の看板を通り過ぎた砂利の駐車場に車を乗り入れた。ビジターセンターでジェフに面会を求めると、「母屋におります——納屋と古い石造りの建物を通り過ぎた白い家です」と言われた。

車でビジターセンターをあとにすると、畑のあいだに咲き誇る鮮やかな野の花の中を、チョウの群れが乱れ飛んでいるのに気づいた。大きな赤い扉がついた立派な石造りの納屋を通り過ぎるとき、白いカウボーイハットの男が堆肥を運ぶトラクターに乗ってやってきた。もっとも長く続いている有機不耕起農業の圃場試験の本拠地に私は到着した。

大きな綿玉のような雲の下、それは懐かしい牧歌的な風景——緑の縁取りと一対の大きな赤い納屋を備えた白い建物の集まり——だったが、人を乗せて行き来する電動ゴルフカートのような現代風なものもいくつかあった。屋根の樋から雨水を集める樽、建物のあいだに広がる野菜畑と花壇、畑の脇にはドーム型やカマボコ型のビニールハウスが立ち、トマトがたわわに実っている。数人の観光客（半分は子どもだ）が地面を歩き回っているが、花のまわりを舞い飛ぶミツバチ、チョウ、昆虫のほうがはるかに多い。

一つの納屋の裏で、赤いトラクターに乗ったモイヤーを見つけた。モイヤーはロデール研究所の帽子、赤と白のチェックのシャツ、ジーンズを身につけ、堂々たるカイゼルひげを生やしていた。短身だががっしりとした体格で、その手は土を扱い慣れているようだ。五〇歳を過ぎているようには見えなかった。あとで、間もなく六〇歳の誕生日を迎えようとしているところだと知った。自分が何を言おうとしているかをわかっているという自信に満ちた、速くはっきりとした話し方をする。

被覆作物をマルチにするローラークリンパー

納屋の戸口にいるモイヤーの肩越しに、私が見に来たものがちらりと見えた。不耕起有機栽培の雑草抑制に彼が使う道具だ。それは重い金属のローラーで、ロードローラーの車輪のようだが、それほど直径は大きくない。角ばった鉄の突起が車輪の表面から突き出ていて、何かの巨大な機械から回収したはぐれ歯車のように見える。だがこれはじつはかなり単純だ。トラクターの前部に取りつけて、被覆作物を倒し、踏み潰して殺し、麦わらの茎を突起と地面のあいだで押さえつけてから折り曲げ、雑草を抑え込むマルチに変える。これは植物を殺すのと倒してマルチにするのを一度にやるのだ。播種機の前に取りつければ、一工程で種をできたてのマルチの中に直接植えつけ、効果的に雑草が抑制できる。

モイヤーのローラークリンパーは、大きな農場でも楽に簡単に被覆作物をマルチに変えられる。[*4] 必要なのは適切な部品をトラクターの前につけてやることだけだ。次の作物を植えつけるときに前の作物の残渣を引き潰してやることで、実用的で薬品を使わない雑草抑制——まさに不耕起有機栽培に必要なもの——が可能になる。ローラークリンパーを使えば、慣行農家は雑草を抑制して、除草剤への出費を減らすことができる。他の地域での研究は、ローラークリンパーに除草剤に匹敵する雑草抑制効果があると報告している——しかも薬剤耐性の問題がないのだ。

モイヤーは私を事務所に案内しながら、健康な土が健康な食物と健康な人を育むのに必要だという自分の信念を形作るのに、J・I・ロデールの考えが大きく影響したと語った。室内に入ると、私は、モイヤーが講演した何十もの会議で使った名札がコートハンガーに飾られているのに気づいた。彼の意見には需要がある。なにしろこの研究所は、問題を明らかにし、有機農業に関する教育を促進し、ローラークリンパーのような解決策を考え出すために設置されたのだ。ロデールに勤務して以来ずっと、耕さずに有機栽培をする方法が最大の難問——モイヤーが一番解決したい問題——だった。

畑を自然の意志に任せれば、まず一年生の雑草、次に多年草、それから木が生える。やがて景観は高さ数十メートルの森に還ろうとする。あいにく、われわれは木を食べない。そしてマルチで一年草を防ぐことはできても、自然を永久に押し留めておくことはできない。ジェフは多年草を有機農家の最大の悪夢と呼んだ。

慣行農家は耕したり除草剤を使ったりできるが、モイヤーは耕起をコンピューターのリセットボタンにたとえる——たまには役に立つが、そう毎日毎日それに頼るわけにいかない。モイヤーは雑草の抑制を主に被覆作物に頼っている。除草剤をまかず、日常的に耕すことに伴う攪乱と侵食を好まないからだ。だがローラークリンパーは数年のあいだは多年草を寄せつけずにおけるものの、まだ十分に問題はあり、そのためモイヤーたちは二、三年に一度耕起してやるはめになる。だから不耕起有機栽培は彼のやり方を指すものとしては少し不適当だ。モイヤーは自分がやっていることを〝rotational tillage〟（輪番耕起）と呼ぶ。

モイヤーの目標は「緑を保ってどの農地にも常に生い茂らせておく」ことだ。被覆作物の濃密な茂みを作ることが、雑草と戦うための最善策であり、適切な被覆作物には、換金作物が栽培されていないときに土壌窒素を増やすという追加の利益があるとモイヤーは考えている。耐寒性の一年生マメ科植物のヘアリーベッチは、一エーカーあたり二五〇ポンド以上の窒素を増やせることを、モイヤーは発見した。これは次に栽培する換金作物の肥料として十分な量だ。

意外にも、不耕起有機栽培の経済性こそが、モイヤーが自分のやり方が広く受け入れられる可能性があると、楽観的に思っている理由なのだ。旧来の耕起を基礎にした方式と、不耕起栽培方式の両方で有機トウモロコシを並べて栽培し、比較した実験を考えてみようとモイヤーは言った。前にヘアリーベッチが植えてあった畑で、トウモロコシを不耕起栽培するには、ディーゼルエンジンの機械がたった二回通過するだけでいい。被覆作物をローラーで潰して折り曲げ、同時にトウモロコシをまくのに一回、収穫時に一回だ。一方、被覆作物なしの慣行農法で栽培すると、耕起、ディスクハロー（砕土機）、鎮圧、播種、回転除草機、中耕、最後に収穫と何度も畑に機械を通す必要がある。慣行農法の区画は一エーカーあたり一四三ブッシェルを生産した。不耕起の区画は一エーカーあたり一六〇ブッシェルだった。かいつまんで言えば、被覆作物を栽培した有機栽培の区画は、必要とする燃料が少なく、収穫が多かったのだ。隣人のコメントが不耕起有機栽培と慣行農法による栽培との比較を簡潔に捉えていた。「うちもトウモロコシが一五〇ブッシェル穫れた。でもそっちは何もしていない。ただまいただけだ」

モイヤーは笑いながら、この実例にペンシルベニア州立大学の経済学者がどう反応したかを話した。「ああ、でも金が節約できたことを証明できますか？」。ちょっと計算してみればいい。有機トウモロコシは一ブッシエル八ドル三六セント、慣行農法によるトウモロコシは四ドル一五セントだ。不耕起有機栽培では一エーカーあたり正味五七八ドルの利益を生んだ。一方、耕起した慣行農法ではエーカーあたり一六ドルの純損失となった。不耕起有機栽培では少ないコストでより多くを生み出したのだ。

自分のやり方がどれほど雑草抑制に効果があるかを説明するため、モイヤーはウィスコンシン州のある有機農場の話をした。そこでは従来通り耕起したときのダイズの収穫がエーカーあたり二四ブッシェル、ローラーをかけて種をまいただけの不耕起栽培では三分の一増の三二ブッシェルだった。この農場での野外演習見学会で、モイヤーは見学者に、不耕起有機栽培農地で雑草が見つかったら一本につき一ドル払うと言った。見学者は一日中探したが、結局誰にも支払われることはなかった——本当に一本も見つからなかったのだ。

有機農法のメリット——経済・環境・土の健康

モイヤーは、政治的あるいは思想的な理由から有機農業に職を求めたわけではなかった。彼は研究所に近い小さな農場で育ち、ロデール家の一人と同じ高校に通った。一九七五年に森林プログラムを卒業したとき、コロラド州で仕事の口があったが、当時のガールフレンド——今では約四〇年来の妻——が引っ越したがらなかった。そこでモイヤーは新聞に載っていた温室技師の求人に応募した。気がつけば四〇年、ロデールにいた。

働き始めたときは知らなかったが、モイヤーの一族はのちに研究所になる農場と、そこが最初に開拓された一七二〇年代にさかのぼるゆかりがあった。系図を調べていた義理の姉妹が、モイヤーの九世代前の祖母がこの農場で生まれていたことを発見したのだ。ボブ・ロデールがここを一九七一年に買ったとき、地元住民は、「有機の人たち」はすぐに農場を草ぼうぼうにしてしまうだろうと言った。モイヤーがそうはさせなかった。

だが態度は変わってきている。数週間前、地元の農家がモイヤーに言った。「ジェフ、あんたに礼を言わなくちゃ」

驚いたモイヤーは聞いた。「何で？」

「あんたの話を聞きに行って、思ったんだ。あんたは俺より頭がいいってわけじゃない、だから、あんたにできることなら、自分にもできるってね。あのとき、俺たちは農業をやめようかと思っていたんだ。でも気が変わった。で、先週二つ目の有機農場を息子のために買ったんだ。俺は子どもたちに農業をやってほしくなかった。骨が折れるし、暮らしていけないから。でも今ではまた金が入るようになった。これから一生、息子といっしょに働けるんだ」

自分にとって、これはロデール研究所の使命の本質だと、モイヤーは言った。「要は、変化を起こす触媒となること、人々に変化を促し、道具を与えることだ。一度に一エーカーずつ、農民一人ずつ」。正しく行なえば集約的な農業でも土壌の健康を改善できることを社会が認識するなら、現代農業は変わることができるとモイヤーは主張する。

有機栽培は必ず収量減、あるいは人口が増える将来には人々を飢えさせるリスクにつながるという考えを、モイヤーは否定する。また、古いタイプの農学者が有機栽培を原始的なものとして描きたがるのにもいらだっている。有機農家は科学と農業工学を忌避しているわけではなく、土壌生物学を基礎にした方法を重視していることをモイヤーは知っている。そうしたものは「ハイテクでも人工的でもないから、馬鹿馬鹿しい、近代的でないと思う人もいる。でもわれわれがやっていることは科学なのだ」と、モイヤーは言う。

化学はすっきりしていて、予想しやすい――いつでも同じ反応が得られる。だが生物学はごちゃごちゃしている。あまりに多くのものが影響するからだ。単純なレシピがあれば有機農法はもっと受け入れられやすいんだがと、農業相談員はモイヤーに言い続けている。しかし、それは災いのレシピだと、モイヤーは考えている。生物学はあまりに変化に富んでおり、だから鍵は順応性にある。有機栽培が大きな規模でうまくいくということは「われわれは必要とするあらゆる食物を栽培でき、なおかつ健康な環境を維持できる」ことを示している。モイヤーはこれがうまくいくことを知っている。なぜならそれをやったからだ。

　モイヤーは自身を「楽な道を選んだことがない」人間だと称している。彼は明らかに粘り強い。一つの実験を三五年間続けるためには、そうでなければならない。

　ロデール研究所農法実験は、アメリカでもっとも長く続けられている有機栽培と慣行栽培を並べた比較実験だ。それは一九八一年に農務省による有機農業の研究が、そのような研究がないことが慣行農法から有機農法への農家の転換を妨げていると明らかにしたことで始まった。そこで研究所は、圃場規模で三種類の異なる農法を直接比較する実験を開始した。①畜糞を使った有機農法、②マメ科の被覆作物を使った有機農法、③化学肥料を使った慣行農法だ。二〇〇八年より、上記三種の農法を不耕起で行なうものが、各実験区画を分割して加えられた。不耕起有機栽培区画は、当時は三年に一度耕され（多年生の雑草を駆除するため）、遺伝子組み換え作物の種子が慣行栽培区画で使われた。

　実験区画へ行く途中、モイヤーは私を圃場実験の新しいプロジェクトリーダー、エマニュエル・オモンディ博士に紹介してくれた。ケニア生まれのオモンディは、ワイオミング州で一〇年間環境保全型農業を研究したあと、ロデール研究所に来て一カ月だった。私たち三人は、E－Z－GO《イージーゴー》と呼ばれているゴルフカートのような乗り物に飛び乗って、パタパタと畑に出ていった。そこには高さ一八〇センチの屋外広告板のようなパネルが何枚か設置され、圃場試験の経緯が記されていた。オモンディが先導してそのあいだを歩いていった。

　小雨が降り始める中、雑草を抑制するにはマルチを敷くことだとオモンディは解説した。それこそまさにアンがわが家の庭でしたことだと、私は言った〔訳註：『土と内臓』に詳しい〕。オモンディは応えた。「一〇〇〇エーカーの畑にマルチを敷けと言われても、できない相談だ。でも畑にマルチを生やすことができれば、話は違ってくる」。これこそが被覆作物とローラークリンパーの役割だ。

圃場試験の総面積はほぼ六街区の大きさ（六ヘクタール）がある。緩やかな斜面に幅一八メートル、長さ九〇メートルの区画が並び、畝が延々と連なっている。それぞれの区画はさらに幅六メートルの区画三つに小さく分割されている。試験が始まる前、この用地ではトウモロコシの慣行栽培が二五年以上行なわれていた。ロデールの研究は外部の科学諮問委員会が計画し、結果は数十の査読付き専門誌に記事として発表されており、執筆者は主にロデールに勤務していない独立の科学者だ。農業の成功を測る基準として、作物収量を計量するのに加え、この研究は経済的収益、エネルギー消費、温室効果ガスの放出、土壌の健康度も追跡している。

有機農法はどの尺度でも一貫して他より好成績を示した。収量以外は。最初の数年間、有機の区画ではトウモロコシの収量が低い期間が続き、のちに同等となった。試験の全期間で平均すると、有機の区画が化学肥料を断ったことによる「禁断症状」に陥った移行期間の年数を含めれば、有機農法と慣行農法の収量に統計上の差はなかった。

差があったのは最初の三年だけだった。化学肥料を与えないと、四半世紀にわたり慣行農法で単一栽培されていたトウモロコシの収量は、有機農法では当初低下した。だが、ダイズから輪作を始めた区画では、最初の収量減はなかった。ここからわかるのは、土壌が劣化している場合は、窒素を消費するトウモロコシから転作を始めてはならないということだ。まずはダイズのような窒素固定作用のある作物から始めるべきなのだ。当初収量が低下したもう一つの原因は、農家側に経験がなく、輪作や新たな被覆作物を扱うための新しい技術を学ぶ必要があったことだとモイヤーは言った。

最初から、ダイズの収量は畜糞を使った有機農法で一番高かった。初めの移行期間が過ぎると、全体的な作物収量は三つの方法すべてで統計的に似通っていた。ただし渇水の年には、有機農法は三〇パーセント高い収量を生産した。結論を言えば、数年の移行期間を過ぎれば、有機農法を採用したことによる収量の不利益はないということだ。それどころか雨の少ない年には有利でさえあるのだ。

だが土壌の状況には大きな差が生まれた。土壌の質と健康が、有機区画では改善されたのだ。圃場試験が始まった一九八一年、土壌を調べたところ、すべての区画で似たような炭素と窒素の数値が得られた。一九九四年には、土壌炭素と窒素の濃度が有機農法では大きく増えていたが、慣行農法では変化がなかった。畜糞を与えたりマメ科植物を栽培したりした有機区画の土壌の質は、改善が続いていた。一部の区画では、試験を始めた頃一パーセントだった土壌有機物濃度が、現在では六パーセント以上に増えた。すべての有機区画で現在四パーセントを超えており、一方で慣行農法の区画では二パーセント未満のままだ。控えめに推定して、土壌中の炭素の量は数十年で倍増している。他にもいくつもの研究が同じ結論に達している。有機農業と有機物の投入は土壌炭素と窒素の濃度を、微生物バイオマスと微生物の活動と同様に増やす。

これは重要なことだ。土壌有機物を増やすことで、団粒の安定性が高まる、すると今度は、水が地面を流れ去ることなくより多く土に浸透できるようになるのだ。

この変化を見るには、スコップさえあればいい。モイヤーと私が実際に区画を見に行くと、有機の区画の土は茶色で湿り気があり、目に見える間孔隙が開いた安定した団粒でできているのがわかった。慣行農法の土壌は目に見える間孔隙がほとんどなく、黄色っぽく乾いていて、手に取るとばらばらになった。これは、慣行農法の土壌が簡単に崩れて浸食力のある地表流水に流されることを意味する。これが、なぜアイオワ州がミシシッピ川に流されているかの理由だと、モイヤーは言う。

エネルギー消費の観点では、有機農法は同じ収穫を生み出すために、半分以下のエネルギーしか使わなかった。違いは主に、慣行区画で使う肥料と除草剤の製造に要するエネルギーから来る。全体として見ると、有機農法は同等の収穫を生みながら土壌有機物を増やし、土壌の健康を高め、使用エネルギーは小さい。私にはこちらのほうが効率がよいように思える。

経済分析はさらに驚くべきものだった。慣行農法は最初の数年、有機農法を収量でしのぎ、高い利益を生み出す――ただしそれは、有機と慣行の作物が同じ市場価格だと仮定した場合だ。その初期の期間を過ぎると、両農法は同等となる。しかし有機と慣行は普通同じ市場価格がつくわけではない。有機作物への価格プレミアムを計算に入れると、有機農業は慣行農業の三倍以上利益になる。ここからわかるのは、慣行農家が有機農業に転換すれば、高収量を維持し、土壌を改善し、より利益をあげられるということだ。

モイヤーは、ロデール研究所農法実験を、厳密な科学的分析を通じて慣行農業から有機に移行する可能性を開くものと呼んでいる。使う尺度に関係なく――水、エネルギー、土壌の健康度、利益、窒素汚染どれを取っても――有機農業のほうが優れている。ただし、収量は例外で、移行期間を過ぎてから同等になることを、モイヤーは強調する。これが、注目される慣行農業と有機農業の比較のメタ分析が見落としがちな点だ。有機生産の長期にわたる研究は非常に少ないが、ロデールの三五年に及ぶ圃場試験は、集約的な有機農業が高収量を維持するための、経済的に採算が合い、エネルギー効率の高い選択肢となることを示す。別の研究は、有機による収量の不利益は、数年の移行期間を経過すれば、なくすことはできないまでも大幅に減ることを示唆している。

「有機っぽい」農業のススメ

ここで疑問が生まれる。有機農法が慣行農法と遜色のない収量をもたらすだけでなく、慣行農業を悩ませる数々の問題を大幅に減らしたり解決したりできるのに、なぜ農務省は有機農法の研究と、それへの移行の全面的な支援に乗り出さないのか？　影響力を持つ大手アグリビジネスにとって気にくわないことだからだろうか？　モイヤーは、農務省が避けて通れない、新たな研究を見たいと思っている。慣行農法に匹敵する収量を実現し、侵食を減らし、土壌の健康を回復させるため、さまざまな地域と作物において、農業を再生可能な方法に適応させる研究だ。「データを見て、科学を見れば、私たちは変わらなければならないという結論に至らざるを得ない」

私はジェフに尋ねた。「なぜ有機農法に転換する農家が増えないんでしょう？」。作物保険が不作の年でも慣行農家のリスクをなくすからだと、間髪を入れず彼は指摘した。「土壌に渇水対策を施すには、二通り方法がある——一つは生物学によって、もう一つは作物保険で」。モイヤーは作物保険に入る農家を、一〇万ドルを持ってラスベガスに向かうギャンブラーにたとえた。ただし、負けた場合はカジノが払い戻して最初からやり直せる保証つきの。農家はそのような取引で常に大きなリスクを負う。「慣行栽培のトウモロコシは競走馬のようなものだ」と、モイヤーは私に言った。「理想的な走路でならすばらしい走りを見せる。有機トウモロコシは昔の使役馬のようだ。信頼性はあるが、大勝ちすることはない」。有機農家はあまり作物保険を必要としないとモイヤーは言う。そのやり方はあまりリスクを伴わないからだ。有機区画からの収穫は信頼性が高く安定しているのだ。

当初農務省は、ロデールの出した結果を疑っていたという印象を私は受けた。それから興味を持つようになった。一〇年間研究所を見続けた農務省は、メリーランドで同様の分割試験を行なって、有機農業が化学農業と同じようにうまくいくという極論を試した。いくつかの大学——ウィスコンシン大学、ミネソタ大学、アイオワ州立大学、カリフォルニア大学デイビス校——もだ。六つの長期にわたる有機農法の比較試験を対象にした二〇一五年のレビューでは、有機農法には経済的に見込みがあり（遜色がないか、より利益が大きい）、土壌改善、土壌炭素回収量の増加、害虫抑制の向上などをもたらしたことがわかった。収量の違いはもっとばらつきがあり、個別の作物、土壌と気候の状況に左右されていた。しかし、いくつかの現場では、有機の収量が一貫して慣行農法と同じか勝っていた。六カ所中四カ所では、農家が雑草管理の経験を積むに従って、有機の収量が向上した。有機の区画でもっとも収量が多かったところは、輪作にマメ科植物を取り入れ、定期的な畜糞の施肥を併用していた。

私にとって、これらの研究から学ぶべきポイントは、被覆作物と輪作が土壌有機物（炭素）の蓄積と土壌の健康の向上に役立ち、短期的には利用できる栄養の量、長期的には肥沃度を、慣行農業でも有機農業でも高めることだ。

だが、もし明日すべての農地が有機に転換したとしたら、本当に世界を養うことができるのだろうか？　二〇一五年に『英国王立協会紀要』に掲載されたメタ分析は、一〇〇〇を超える観察事例を含む一一五の研究から引用して、慣行農地と有機農地の収量をより徹底的に比較している。まず、筆者らは有機栽培の作物と慣行栽培のものの収量について、通常の単純な比較を行なった。有機農産物は平均して一九パーセント少ないことがわかった。この結果は「有機は世界を養えない」一派が引き合いに出す先行のメタ分析に似ている。

ところが、筆者が二〇一五年の研究で使った大規模なデータセットは、それ以上の比較を可能にした。彼らは、被覆作物と輪作を組み込んだ有機作物だけの収量と、慣行農法によるものとを分析した。すると、収量の差はもっと小さく、八から九パーセント程度であることがわかった。有機農法を改良する研究は、さらにこの差を縮め、なくすことができるだろうと、筆者は結論した。また、この差は見かけよりも実際は小さいかもしれない。「慣行農業の高収量を報告する研究への偏向を示すメタデータセットの証拠」[*5]に筆者は気づいているからだ。結論を言えば有機農法と、土壌肥沃度を高める方法——被覆作物と多様な輪作のような——とを組み合わせたときは、収量の不利益はほとんどないのだ。

この方向に沿って、八年（二〇〇三～一一年）にわたるアイオワ大学の圃場試験は、慣行農法によるトウモロコシとダイズの二年の輪作と、より多様な三～四年の輪作を直接比較している。後者に施した窒素肥料は五分の一から七分の一、除草剤は六分の一から一〇分の一だった。化学製品の投入を大幅に減らしたにもかかわらず、多様な輪作のもとでのほうが穀類の収量が一貫して高かった。多様性を高めると、さらに収益が高くなることが明らかになった。王立協会の論文筆者のように、この研究者らも、一般に報告されている有機農業と慣行農業の収量の差は、多様化した輪作システムにほんの少し化学製品を足してやれば克服できると主張している。調べれば調べるほど、有機農業は世界を養えないという一般論が、空疎なものに思えてきた。問題は有機農業のやり方なのだ。また、「有機っぽい」農法が慣行農業の実用的な代案となるかもしれない。

有機農家はその農法を農場固有の条件に合わせる必要があると、モイヤーは特に強調する。それは競技に臨むスキー選手のようなものだ。雪の状態、天候、こぶ、傾斜など、コースは一つひとつ違う。選手はこうしたものすべてを計算に入れて、トップに立てそうな戦術と動きを練る。有機農業のコツも土地をよく知り、被覆作物と輪作の実験から、それぞれの地域と農場に合った成功の組み合わせを見つけることにある。

オモンディはもう一つの要素を圃場試験に加え、慣行農法と有機農法を組み合わせたハイブリッドシステムを試してみたいと考えている。被覆作物とマメ科植物を利用して、除草剤と化学肥料の使用量を最小限に抑える実験だ。慣行農家が、少ない化学製品の使用で高収量を得られることを知れば、コスト削減に大挙して動くだろう。完全な有機農業には移行しないかもしれないが、費用を節約して環境負荷を大幅に減らすこともありうる。オモンディはまさにドウェイン・ベックやコフィ・ボアと同じように考えているのだ。

私たちが立ち話をしているあいだに、二〇代の若者が四人、畑にやってきた。彼らはハドソン・バレーから来ていて、そこで八ヘクタールの有機野菜農園を経営していた。不耕起栽培への移行を検討しており、ロデールの実証区を見たいと思ったのだった。モイヤーは彼らをトウモロコシ畑に案内し、彼らの目についたものを説明した。

モイヤーはすでに私に考える材料をたくさんくれていた。そこで彼らにはついて行かずに、私は天高く立ち上る積乱雲を見ながら、慣行農法と有機農法のぼやけてきた境界線のことを考えた。慣行農家が有機っぽい農業へと移行し、有機農家が化学製品を少しだけ利用することの利益を再評価することは、重要なことではないだろうか。彼らは共に何かに気づいているのだと、私は思い始めた。

「農業はなくてはならない」

翌朝、私はホリデイ・イン・エクスプレスのうんざりするような朝食ビュッフェを抜いて、研究所へと出発した。見わたすかぎりのトウモロコシとダイズの中、車を走らせながら、何か食べるものはないか探した。クツタウンに向かう途中、大きな二四時間営業の食料品店を見つけた。チップスで埋めつくされた通路まるまる二本をすみからすみまで探し回って、ようやくただ一種の有機全粒粉のものを、けばけばしいフロアディスプレーの裏で見つけた。このトウモロコシとダイズの加工食品のジャングルをもう少しさまよったあとで、私は有機製品コーナーにたどり着いた。そこにはラップをかけられた貧相なアボカドとピーマンがいくらか置いてあった。有機農業の推進派がアメリカの農業を変えることを目指しているのなら、道は遠い。彼らがやっていることは、農家が商品を流通、販売させ、客が買える（そして買いたがる）ようにできなければ、大して意味はない。

ロデールに着くと、新任の主任科学者クリスティン・ニコルズが駐車場で待っていた。彼女は私を、緑で縁取られた白い平屋の建物に招き入れた。中は小部屋と小さなオフィスに分かれている。彼女の部屋は「土壌健康キット」(園芸家や農家が土壌の健康度を評価できるように彼女が集めたものだ)がぎっしり詰め込まれた部屋の向かい側にあった。机を挟んで話すうちに、ニコルズは研究所に勤務してやっと一周年を迎えたばかりであること、十数個のプロジェクトとインターン、技術者、科学者の一団の管理で手一杯であることがわかった。

ニコルズはサンダル履きで、水色のシャツに紺のズボンを身につけ、黒縁眼鏡をかけて、細い白のヘアバンドで肩までのレッドブロンドの髪を上げた姿で、現場の科学者らしい気取りのない自信を醸し出していた。ニコルズはノースダコタ州マンダンにある農務省の農業研究事業団からロデールに来た。私たちの会話はすぐに科学に関するものとなり、私が必死に吸収して書き留めていた迷路のような細かい事項に、彼女は喜んで飛び込んでいくことがわかるまでに時間はかからなかった。

見上げると、オフィスの壁にひときわ目立つ、長さ一メートルの「AGRICULTURE IS IMPERATIVE(農業はなくてはならない)」と記された看板が気になった。ニコルズがここに勤務し始めたとき、スタッフが贈ったものだとわかった。面接で農業をひと言で表わしたらと聞かれて、「なくてはならないもの」と答えたからだ。そのおかげでこの仕事に就けたのだろうと、ニコルズは冗談めかして言った。看板は出勤初日にはすでにオフィスにかかっていた。

土壌科学の考え方は大きな発展を経験していると、ニコルズは見ている。土壌化学と土壌物理学が土壌生物学に道を譲っているのだ。この変化は主に、昔からの問題を解決するのに新しい方法を求める農家と研究者が推進している。「化学や物理学が間違っているというわけじゃない」とニコルズは言う。「でもこれまでの考え方は全体像を示していない。何かが欠けているの」

この新しい考え方の根本にあるのは、土壌は単に元素からできているものではないというものだ。むしろそれは、地質学と生物学の複雑な混合物なのだ。土の中で起きていることには、ややこしく複雑な生化学がかかわっている。微生物学は化学や物理と同様に重要だ――ずっとそうだったのだ。

第3章ですでに見たように、最初の陸上植物には菌根との相互作用があった。当初、根は単なる植物の支えで、吸収のための構造ではなかった。菌類が植物のために吸収を行なっていたからだ。地衣類、細菌、菌類は鉱物を分解した。土壌が形成され始めてようやく、植物は根を進化させ、周囲の水溶性の栄養を吸い上げられるようになった。植物と土どちらが先にできたかは、ニワトリと卵のなぞなぞのようなものだとニコルズは言う。「土壌がなければ植物はありえないし、植物がなければ土壌もありえない――ミッシング・リンクは菌類だった」。陸上生物の五億年にわたる歴史の中で、菌類と植物の共生は、水と栄養の管理を驚くほど効率的に進化させた。これをしのぐ方法は、栄養を植物の根に、日に何回も手作業で直接注射してやることしかないだろうと、ニコルズは言う。つまり、微生物学は肥沃な土をよみがえらせるすばらしい手だてを与えてくれるということだ。

すでに述べたように、標準土壌試験はその時々の植物可給性の化学的栄養を測定する。この情報には大いに価値があるが、土壌中の生物学的な相互作用（それが多くの物事に影響するのだが）を明らかにすることはできない。たとえばリンは、水溶性の植物可給態では長く存在しない。ほとんどの土壌には作物を成長させるのに十分なリンが含まれているが、大部分は微生物の助けがなければ植物が利用できない。「私たちはこのクッタウンにいるけれど、私たちのリンはみんなフィラデルフィアにあるようなもの」とニコルズは言った。微生物は宅配サービスを営んでいる。鉱物を分解する強力な酵素を持つ菌類は少ないが、菌根菌に集落を作るリン酸溶解菌は、鉱物から栄養を取り出すために共生関係を形成する。長く伸ばした菌糸で菌類は栄養を吸収し、植物まで——炭素の豊富な根からの滲出液と引き換えに——長距離輸送する。だから、生物学的な肥沃度を最大限に利用するために、農家は土壌に有益な細菌と菌根菌がたくさんいるようにしておく必要がある。

農地土壌は一般に、菌根菌の数も多様性も大幅に失っており、数種の細菌が優位になっている。耕起が特に菌糸の網目を断ち切り、絶妙に研ぎ澄まされた自然の栄養輸送システムをずたずたにしてしまう理由は、理解に難くない。加えて、微生物群集はあまりに多様であるため、土壌微生物のざっと半分は今のところ未知のものだ。だから他にどんな影響があるか確定するのは難しいし、現実に何が起きているかについても議論が絶えないのだ。それでも、リンのような強く結合した栄養を解き放つ鍵として微生物を見ることは、土壌肥沃度について考えるときに重要である。

作物を肥料漬けにすると、吸収されなかったものが畑から流れ出したり染み出したりして、下流へと流される。そして、植物はあまり滲出液を出さなくなる。「ただのものにわざわざお金を出すことはない」とニコルズは言う。だが、それによって植物には微生物のパートナーがいなくなるので、大量に肥料を施された作物は、微量栄養素を完全には得られない。すぐに植物が使える状態でないのに、堆肥や畜糞に含まれる不溶性の有機窒素を与えて何の役に立つのかと慣行農家は疑問視するが、彼らはパズルの欠けたピースを見落としている——生物が栄養を利用できるようにすることを。

菌根菌と土壌団粒——グロマリンのはたらき

なぜ菌類に興味を持つようになったのかと、私はニコルズに質問した。ニコルズの父とおじたちは農家で、彼女は何か違うことをしたいと思った。ミネソタ大学の学生だったとき、ニコルズは遺伝学に興味を持ったが、研究室で働きたいと問い合わせても遺伝学の教授からは返事がなかった。植物生物学の教授からはあったので、三年半を研究室で菌根を研究して過ごした。

卒業する頃には、ニコルズは菌類に熱中していた。菌類の進化の専門家と研究できることを期待して、ニコルズはウェストバージニア大学の修士課程に出願した。入学すると指導教授は、植物と菌類がどのように協力しているかを考えてみるように勧めた。生化学の課程を取ったあと、ニコルズの論文は、農務省の科学者サラ・ライトのグロマリン研究を応援することに狙いを定めた。この奇妙な物質は、菌根菌が菌糸の壁で作り土壌に放出するタンパク質だ。菌根菌が最初に作るものが菌糸だ。グロマリンはその次で、菌糸は正しくはたらくためにこれを必要とする。これは、もし菌類が土壌肥沃度を高めるのに役割を果たすなら、菌類に栄養を与えるために、土壌中に利用できる炭素が十分あることが必須であるということだ。

ニコルズが修士論文の仕上げをしていたとき、ライト博士は彼女を、農務省からの奨学金付きでメリーランド大学の博士課程にスカウトした。修士論文審査委員の一人が質問した。「土の中に出ていくだけの物質を作るのに、なぜ微生物はそんなにもエネルギーを注ぐのか？」

これは、なぜ植物は炭素の豊富な糖などの分子を根から土壌に放出するのかという疑問と似ている。だがグロマリンについては、奇妙な点がある。分解されにくく、したがって何の餌にもならない。だがそれは、透過性を持つ菌糸の壁の「防水剤」らしいのだ。それがないと、菌糸は穴だらけのパイプのようなものだ。グロマリンは樹脂塗膜のようにはたらき、必要に応じて漏れをふさぐ。このため菌糸は、空気や水の溜まった場所で圧力が変わっても、物質を土壌中で長距離輸送できるのだ。

グロマリンは土壌が団粒を作るのも助ける。それはべたべたした接着剤のような性質を持ち、小さな粒子をくっつける。また、菌糸を目張りする蠟《ろう》のような性質で、一部の土壌の孔隙を、水は浸透しないが空気は通るようにする。だから団粒をグロマリンが固定した土壌では、水が孔隙を満たしたとき、中の空気は逃げることができる。だが団粒がグロマリンで固定されていない土壌では、水が孔隙を満たしても、空気の逃げ場がない。すると残った空間で空気の圧力が増し、団粒が壊れる。このようにして菌類は、水が移動し溜まることのできる通り道を固定するために、微細団粒をまとめる接着剤を作っているのだ。こうした空間は、菌類が成長するために必要であり、また、土壌生物の生息地としても機能する。言い換えると、肥沃な土壌の物理的構造は、その動植物相にかかっている。物理、化学に加えて生物学が作用しているのだ。

これが頭の古い農学者が見落としていたものだ。慣行的な耕起法は土壌の団粒を作り出すだろうが、それはグロマリンで固定されていない。対照的に、被覆作物を利用した不耕起栽培では、菌根が消費してグロマリンに変換する炭素が十分に供給される。つまり、生物が豊富な土壌は浸透を促し、保水力が高まり、したがって植物は乾燥した季節により多くの予備を持つということだ。ここから、耕起された土壌がすぐに団粒を失い、流出水は増え、攪乱されていない土壌ほど水や肥料を保持しなくなる理由も説明できる。

安定した土壌団粒は、土壌有機物の再生にも重要だ。有機物が安定した団粒の中に保持されると、その代謝間隔は数年から数十年、さらにはもっと長くなる。菌根菌が豊富な土壌が、生物のいない土より早く炭素を隔離できる理由の一つだ。それは、グロマリンを作る菌類が非常に繁栄するもう一つの理由でもある——土壌がより肥沃になり、すると今度は土壌が、菌類が消費して分解する有機物をより多く生み出すからだ。

これは農業における大きな問題の核心を突くものだと、ニコルズは言う。土壌炭素を増やし土壌の健康を増進するように植物を管理するだけで、何もかもが修復されるのだ。「私たちは応急手当てだけに時間を費やしている。農業助成事業は収量をベースに行なわれるべきではない——土壌の健康に基づいて行なわれる必要がある。問題は、土壌の浸透能力を壊す愚かな耕作方法を、私たちがお金を払って人々に選ばせていることよ」。作物保険に政府が補助金を出すことで、リスクを社会化し利益を私物化させてしまったと私が言うと、ニコルズは力強くうなずいた。

土壌の状況に人々がもっと注意を払えば、事態は変わるだろう。「今、農業に一番重要な道具は、スコップね——穴を掘って自分の畑の土を見ること」とニコルズは言う。そう言ったときの彼女の目は、いたずらっぽく輝いていた。それからニコルズは、試孔を見に行こうと私を誘った。彼女は農法試験場のいくつかの試験区に溝を掘っていて、私にこの窓から土の中を見せたがっていた。

後部にトラックのような小さな荷台がついたE-Z-GOに乗って、私たちはごとごと圃場試験区に戻った。車を停めて畑の隅まで歩いていくと、そこにはバックホーで掘った深さ一メートルの溝があった。一方の端は降りやすいように傾斜している。試孔は、一九八一年から運用されている処理の異なる二つの区画——慣行栽培と畜糞による有機栽培——の境界に掘られている。いずれも二〇〇八年に不耕起に転換された。

溝の底は風化した頁岩《けつがん》の岩盤でできていた。昨夜のにわか雨で少々粘つきぬかるんでいる。溝の長い壁には、それぞれの区画の土壌が露出している。慣行不耕起栽培区画の土壌は左側、有機不耕起栽培区画の土壌は右側の壁だ。上に行くにしたがい岩盤がだんだんと黄褐色の下層土になり、それから急に焦茶色の表土と地表に積もった有機物に変わる。

ニコルズはE-Z-GOの荷台から、先に白い旗がついた細く白い竿を何本か取り出した。私たちは一緒にかがみ込んで、表土から下層土へのはっきりとした移り変わりに注目しながら、土壌断面を調べた。それから旗を溝の壁に立てて表土の最下部をマークし、地表からの長さを測って、土壌科学者が「A層位」と呼ぶものの厚みを測定した。これは有機物と鉱物からなる部分で、いわゆる表土である。慣行農法の区画は深さ二三センチあり、一方で有機区画のA層位は三〇・五センチだった。始めたときは同じだったので、有機区画の畜糞有機農業は一九八一年以来、七・五センチ余計に表土を作っていたことになる。一〇年で二・五センチ近い。

集約的農業生産がどれだけ土壌を作ることができるかを示すという点において、これ以上望みようのないほど明快な実例だ。

これはじつに大きい。上から下へ土壌を作っていくことで、ロデールの農家は農地土壌の劣化という昔からの物語を逆転させ、土壌の健康を農業によって失われるものではなく生まれるものにした。

再生可能な農法へ

E-Z-GOに乗ってオフィスに帰る途中、私はニコルズに、なぜ農務省を辞めたのか聞いた。農業研究事業団が、自分が思っていた第一にあるべき任務、つまり農家を助けることから離れてしまったのに不満を抱いたからだと、彼女は答えた。事業団は圃場試験も品種改良も植物病理学もやっていなかった。その代わり、資金調達と最新の話題を追いかけるようにとのプレッシャーが絶えずあった――「そんなことを研究機関がやっていたってわけ!」。ニコルズががっかりしたのは、事業団の研究者が、農家とじかに話すことを許されていないことだった。彼女は研究結果を農業相談員に伝えることになっていて、その相談員が農家と話していた。彼女はこう言われていた。「君の仕事は研究だ。自分の仕事をやれ」。もし査読付き学術誌だけが成功を測る尺度とされるのなら、事業団は農家と無縁のものになろうとしているとニコルズは思った。

それでもニコルズは、自分が受けた最高の教育はノースダコタの農業研究事業団にいたときのものだと言う。それは農業の制度について考えるきっかけとなった。毎年レッド川は氾濫し、来る年も来る年も農家はジャガイモや根菜類を栽培するために土を耕した。この過程で、彼らは土壌構造を壊し、雨や雪解け水は地面に染み込むことなく流出するようになった。これが侵食を引き起こし、洪水を拡大した。だが農地が洪水に遭うと、農家は植え直しのための資金をもらい、同じことをくり返した。何度も何度も。制度のすべてが不合理だった。

不耕起農家がやっていることを見ると、そのほうがはるかに理にかなっていた。ニコルズが一つ話してくれたのが、ゲイブ・ブラウンについてだった。ブラウンは作物保険に入る資格がなかった。それは被覆作物を植えていたからだった。政府の方針の根拠となる考えは、緑の植物は水を吸い上げるのだから、被覆作物を栽培すれば収量が減るというものだ。実際にはそのような作用がないことは、どうやら問題ではないようだった。ニコルズがブラウンの農場を訪れたとき、ブラウンはニコルズに、自分のやっていることは昔からの知識に反しているのに、なぜ近隣の農家より収穫が多いのだろうかと尋ねた。ニコルズにはすぐに答えられなかった。

これは、犂に代わる雑草抑制手段と、被覆作物と輪作の効果――環境保全型農業を支えるおなじみの柱――という以前からの疑問にわれわれを引き戻す。たぶん、われわれはこのような単純な原則をすべての土地に当てはめ、慣行か有機かの論争を控えるべきではないかと、私は思う。革新的な有機農家と慣行不耕起農家は、別々の方向から出発して似たような結論にたどり着こうとしていた。両陣営が類似したやり方に収斂しているなら、すべての農業をこの土壌の健康を増進する方法へと転換するように推し進めてはどうだろうか？　文化的に違う、反射的に敵対する二つの集団が同じ原則を受け入れるようになるのは、たぶんそれがうまくいくからだ！

これは革命の予感がする――慣行農業から再生可能な農法への移行という革命の。私は特に、ジェフ・モイヤーのこんな言い方が気に入った。「保全するというのは、すでに持っているものを手放さないことだ。再生農業は、正しく使えばそれ以上のものを手に入れることができる」。また、再生が繁栄を意味するところも気に入っている。土壌を再生し農場を再生すれば、それは農村の再生につながるからだ。そして、採算の取れる有機、あるいは「有機っぽい」低投入農業への移行には、ほんの二、三年しかかからないので、変化はすぐに起こせるのだ。

だがニコルズは、まだ欠けているピースがないかと疑っている。ノースダコタのゲイブ・ブラウンの農場で見たものをもとに、ニコルズは、家畜を耕作に再び組み込む必要があるかもしれないと考えている。そこでロデール研究所は、ウシに刈り株を食べさせるある種の二毛作の実験を始めようとしている。このやり方では、ウシがトウモロコシの葉や茎の部分（ウシはそれらを食べられるように進化している）を食べ、人間は実の部分を食べる――土壌は被覆作物残渣と畜糞という栄養源の安定供給を受ける。もちろん、私たちはウシが作り出す肉や牛乳（そしてチーズ）も食べられる。

しかし、ニコルズの畜産への関心をかき立てるものとしては、家畜が食べることで、きれいに切ったり刈ったりしたときとは異なる根滲出物を植物が生産することのほうが大きいかもしれない。動物が草を食むときの引っ張る動作で、根毛が引き抜かれ、細かく引きちぎられて穴が開く。食べられて多くの傷ができると、植物は治癒のために土壌からより多く資源を集めなくてはならない。そこで植物は土壌中に放出する炭素の豊富な滲出液を増やして、微生物の応援を呼び、傷の修復を手伝わせる。このようにして、放牧で土作りが促進されるかもしれない。そうした炭素が豊富な滲出物は、土壌生物を刺激して、土壌有機物を増やすからだ。

ロデールが放牧ににわかに関心を持ったのは、近隣の酪農家に触発されてのことだった。四〇エーカーの農場で、この男性は六〇頭のウシを小屋飼いし、トウモロコシの餌を与えていた。トウモロコシの価格が上がり牛乳が下落したとき、彼は銀行へ行き、ウシを売らなきゃならないと言った。しかし銀行は首を縦に振らなかった。ウシの所有権は銀行にあったからだ。そこでロデールは、有機栽培への移行を支援し、ウシを研究所が新たに植えつけた牧草地で放牧させる――ウィンウィンの状況だ――ことで、彼を救った。友人たちは訳知り顔でこの酪農家に、外に出して放牧しようとしてもウシはどうしたらいいのかわからないぞと言った。だが、小屋の扉を開けると、ウシたちはすぐ「休み時間に校庭に駆け出す女生徒のように」牧草地に向かって走り出した。現在彼は農地を借りてはおらず、買い取ってしまっている。そして毎年、ロデールは放牧料としてウシの主要副産物——畜糞——を徴収し、それは土壌炭素の蓄積と土壌の健康の改善に役立っている。

車に戻りながら、ロデールの長期比較実験が示すことについて、私は考えていた。不耕起有機栽培が作物収量を維持し、土壌を作り、農家により多くの現金収入をもたらし、しかもそれを農場全体の規模で行なうことができるということを。私は赤いセダンのレンタカーに乗り込んで、窓を開けた。ちょうどそのとき、風向きが変わった。堆肥化されている畜糞の匂いが鼻を突いた。心地よい焦げたような匂い、強烈な有機物の匂い、だがまったくの嫌な臭いではない——大地に還る生命の匂いだ。家畜を農場に戻すと、実際のところどれほどの違いが得られるのだろう？　ノースダコタ州ビスマークのゲイブ・ブラウンのもとに向かうと、それは私の想像以上だった。

＊1——Lleighty, C. E. 1938. Crop rotation. In *Soils & Men, Yearbook of Agriculture 1938*. 75th Congress, 2nd Session, House Document No. 398, United States Department of Agriculture. Washington, D.C.: Government Printing Office, p.417.

＊2——Ibid., p.411.

＊3——アンモニアと硝酸アンモニウムは肥料としても爆薬製造にも使用できる。

＊4——初期の設計は農務省農業研究局が開発したが、もっともよく知られる現行型はロデールの設計に基づいている。

＊5——Ponisio, L. C. et al. 2015. Diversification practices reduce organic to conventional yield gap. *Proceedings of the Royal Society B* 282: 20141396, doi:10.1098/rspb.2014.1396, p.4.

第9章　過放牧神話の真実——ウシと土壌の健康

牛がもたらすものはバターがすべてではない。
——イディッシュ語のことわざ

ほとんどの環境保護主義者——と環境学者——は、家畜が土地を荒廃させると考えている。過放牧が植生をはぎ取り、むき出しになった土壌の侵食を早めることは、秘密でも何でもない。私も、集約放牧が景観を修復し土壌肥沃度を回復させるなどと言われたら、鼻で笑っていたかもしれない。ゲイブ・ブラウンがそのノースダコタ州の牧場で、土壌の健康を回復させるためにウシを使ってやったことを見るまでは。

この考えに私が同意するまでには紆余曲折があった。私の博士研究は、河川流路の始まりを識別することを主眼としており、野外調査の現場の一つがサンフランシスコのすぐ北、テネシー川流域の草地だった。源流を地図上に記すために流域を歩いていると、谷底に削られた深いガリー（雨裂）に、いやおうなく気づかされた。

ある日、雪のように白いウシの骨が、一メートル数十センチ下のガリーの壁面にむき出しになって、カリフォルニアの日差しを照り返してきらめいているのが目に止まった。興味を持った私は、放射性炭素年代測定に使う木炭か木のかけらを求めて壁面を削った。二・七メートルほど下から採取した二つのサンプルは、およそ六〇〇〇年前のものだとわかった。私が見つけたもっとも深いところのサンプル、谷底から約四・五メートル下のガリーの壁面に露出していたものは、九〇〇〇年以上前のものだった。

話のつじつまは合った。最後の氷河期が終わると、テネシー川流域には少しずつ堆積物が積もった。少なくとも一九世紀半ばにウシが到来し、ガリーが岩盤まで削られるまでは。それどころか、一九〇七年以前に行なわれた考古学調査では、先住民族の海岸ミウォク族の遺跡が、切れ落ちたガリーの壁面に現われていたことが報告されている。また一九八〇年代末には、流域で育った八〇代の男性が、子どもの頃に崩れ落ちるガリーの壁を固めるためにユーカリの木——今では大木になっている——を植えているのを見たと、私に話してくれた。では、なぜ谷床は一九世紀末に崩れたのか？

一八五〇年代から一八九〇年代にかけて乳牛の放牧のために貸し出されるまで、テネシー川流域はところどころで狩猟に利用されるだけだったことがわかっている。郡の納税記録を見ると、この時期ウシの数は四倍になっている。一九世紀の終わりに、カリフォルニア北部で発達していたガリーに注目したある土木工学者は、原因を「餌とされた植物や草が消えかけるほど、きわめて過密で継続して行なわれている」過放牧に求めた。*気候の変化やその他の注目すべき要因もないので、私の結論も過放牧が谷床を不安定にしたというものだ。

このような経験が私の意見を固めた。また、集約放牧が景観を確実に崩壊させる方法であると考えるのは、明らかに私だけではなかった。その後、私はゲイブ・ブラウンに会った。

二〇一三年一月、ブラウンと私は共に、カンザス州サライナの会議で講演した。ブラウンによる農場の土壌改善の話に、私は感銘を受けた。だが、本当に驚いたのは、ブラウンが集約放牧を土作りの要として強調したことだ。五〇〇〇エーカーの牧場を混合畜産、不耕起、被覆作物を加えた輪作に転換したところ、農業用化学製品の投入が大幅に少なくなり、その上慣行農業を行なっている近隣の農家を生産量でしのいでいる。私が世界中の農場を訪れるようになったとき、ブラウンの農場は私の必見リストの上位にあった。ロデール研究所の

集約放牧で土を作るゲイブ・ブラウン

クリスティン・ニコルズがその名を出す前から。

初めて会ったとき、ブラウンは私に、小規模農場を支持しているとも言った。小さな農場で豊かな暮らしをできることが、アメリカの小さな町を再活性化する鍵だと考えているからだ。私は彼が正しいと思っている。たとえ、小さな農場という思想が現代史の傾向に沿わなくても。二〇世紀後半、大きいことはいいことだという哲学が農業政策と補助金を方向づけ、それはモノカルチャーを推進し畜産と作物生産を分離させた。一九三〇年から二〇〇〇年のあいだに、アメリカの農場の平均規模は一五〇エーカーから四五〇エーカーへと三倍になり、農業収入の基礎は多様性から専門化へと移った。農家は少数の作物の栽培にきわめて熟練した。これにより商品作物生産が増え、需要に対して供給が増加して農産物価格が低下した。しかし同時に、化学製品の投入はますます農業生産の中核となり、そのためのコストは上昇した。

商品作物生産を農場の収益性より優先するシステムに農家が圧迫されるにつれて、小規模農場は消え始めた。一九三〇年には、アメリカの農民一人は一二人の市民を養っていた。一九九〇年には、アメリカの農民一人で一〇〇人を養うようになっていた。農場が大きくなるということは、農地で働く人数が減ることであり、最終的にはアメリカ中の小さな町から経済的な活力を低下させてしまった。

肥沃な土壌を再建することが、小規模農場を再び採算の合うものにする鍵だと、ブラウンは考えている。その秘訣は収量を維持しながら投入コストを削ることだ。それこそが彼のやったことだ。だがブラウンならまず、特に頑固で独立心旺盛で変化に対し用心深い者（農民の多くがそうだ）にとって、それはたやすいことではないと言うかもしれない。ブラウンは政府の補助金なしでやっていて、有機農業には向かわなかった。というのも、自分のほうが慣行農家よりもうまくやっていることが、誰の目にもはっきりしていると思われるのに、それを金を払って認証してもらう必要があるだろうか？　ブラウンは、自分の道具の選択を狭めようとする人間に対していらだちを覚える。自分があまりたくさん、あるいはひんぱんには使わないもの——化学肥料や除草剤のような——であっても。

野球帽とジーンズに身を包み、灰色のダッジ・ラム一五〇〇〔訳註：フルサイズのピックアップトラック〕で私が泊まっているノースダコタ州ビスマークのはずれにあるホテルに乗りつけたブラウンは、持続可能な農業の提唱者として表彰された人物には見えなかった。背が低く、ひげをきれいに剃り、はげかかったブラウンは、率直にものを言い、ジェスチャーを交えて話すのを好み、当意即妙の自虐的な冗談を言う。「さてと、私はそれほど頭がよくないのでね」。慣行農業に対する洞察に満ちた簡潔な批判を述べるとき、ブラウンはこう始める。

私たちはブラウンの牧場へと車を向けた。農地を蚕食《さんしょく》する画一的な住宅群をあとに、開けた草原に出る。だが農場に着く前に、ブラウンは私に近隣の農地の土を見せたいと言った。

四種の畑

ブラウンの農場へ続く長い私道の向かいで、私たちは砂利道に乗り入れ、倒れた「立ち入り禁止」の看板の前の草地で車を停めた。ブラウンが先導して、高さ一メートルのヒマワリが密生する隣人の畑に入っていく。一九六〇年代後半より、この畑では主にアマとコムギの二種の作物による多様性の低い輪作が行なわれていた。今栽培されているヒマワリは、一時間足らずのうちに八〇ミリを超える春の雨が降り、本来のコムギが流されたあとで、収穫を埋め合わせるためだけに植えられたものだ。数年来不耕起で栽培されているが、この畑にはいつも大量の化学肥料が施されている。また地面にはほとんど作物残渣がなく、土壌を維持するものがない。

ブラウンは私の手にスコップを押しつけた。私は刃を地面に突き立て、縁に足をかけて、薄茶色をしたシルト質の土に押し込んだ。土は硬く乾いていて、なかなか砕けなかった――ブラウンはそれを知っていた。試験をすると有機物は二パーセントに満たないと、ブラウンは私に言った。それはおおむね正しいように思われた。土壌生物の形跡はなく、一匹のミミズも見つからなかった。種がついた頭状花序を調べて、ブラウンは頭を振った。「ゾウムシが入ってきている。もうすぐ農薬をまくだろうな」

二つ目の畑は、さらに道を進んだところにあった。三人兄弟が管理し、主に借地からなる四万エーカーの不耕起農場だ。同業者から最優秀の農家だと思われている三兄弟は、トウモロコシ―ヒマワリ―オオムギの輪作を行ない、年によっては一エーカーあたり四〇〇ポンドを超える窒素を与えている。化学肥料の大量投入で彼らの土地の菌根菌は全滅し、そのため不耕起でやっているにもかかわらず、土壌の改良はそれほど進んでいないとブラウンは言う。掘ってみると、シルト質の茶色の土は乾いて板状構造を持ち、最初の畑とそっくりだった。土をまとめている団粒がないので、このもろい土は握ると崩れて砂埃になってしまった。

三番目に足を止めたのは、一〇年以上にわたり有機農業をやっている隣人の畑だった。私が最初に注目したのはハチだった。今しがた訪れた沈黙の畑とは違って、ここは昆虫に満ちあふれていた。また、色は他の二つより少し濃い茶色だが、土壌構造はあまりなく、固まっていて団粒がなかった。この畑ではアマ、コムギ、ダイズ、アルファルファ、クローバー、ヒマワリ、トウモロコシ、オートムギ、オオムギなど多様な輪作をしてきた経歴があるのに、水が浸透しないのだとブラウンは言う。降雨は水溜まりになり、流れていく。「土が蓋をされている」からだ。この畑は常に耕されており、耕起は菌根菌をばらばらにしてしまう。つまり土壌の団粒を保つグロマリンが、あったとしてもあまり多くはないということだ。土壌構造と孔隙を作る団粒がなければ、土は水を通すことも保持することもできない。土壌に化学製品は使われていないが、その物理的構造は作物を栽培するための理想的状態とはほど遠い。

これら三つの農場の土壌はどれも、ブラウンの農場と同じタイプで、この地域ではもっともありふれたウィリアムズ・ロームと呼ばれるものだ。だから違いは農法だけが原因だ。隣人たちは環境保全型農業の原則の一部を採用しているが、すべての方法を採用している者はいない。慣行農業よりよい結果を生みながら土壌肥沃度を高めるには、三つの原則すべて——不耕起、被覆作物、多様な輪作——を採用する必要があるとブラウンは強調する。そして第四の道具、家畜の利用も役に立つと言う。

「うちの土に違いがあるかどうか、見に行こう」と、トラックに戻りながらブラウンは言った。見たばかりのものと、道路を渡ったブラウンの土地との差に、かなり離れたところからでも気づかずにはいられなかった。牧場の正面は芝生ではなく、在来種の野の花が細長い区画に生えていた。花粉媒介者を支えるためにブラウンが植えたものだ。ブラウンは養蜂家と組んで巣箱を置き、蜂蜜を収穫している。ミツバチが蜜を取り終えると、ウシが花を食べる。ウシは選り好みせず花を肉に換え、それをブラウンは現金に換えることができる。こうした発想が、彼の羽振りがいい大きな理由の一つなのだろう。

農場へと続く長い砂利の私道を車で進み、植えたばかりの並木を通り過ぎた――右にはナッツの樹、左には果樹が植わっている。数軒の離れ家、緑色の農機具、ブラウンの質素なランチハウスをあとに、ヘアリーベッチがトウモロコシの茎にからみつき、野菜が畝間に育つ畑へと私たちは向かった。

歩いて畑に入っていくと、耳障りな虫の羽音が出迎えた。目を閉じれば、自分が熱帯で野外調査をしているような気がした。ブラウンから手渡されたスコップは、今度はシルト質の土壌に抵抗なく滑り込んだ。手にいっぱい土を取ると、それは湿り気を帯び、濃い茶色で、粗孔隙（大きな穴）がたくさん開いていた。土壌には厚さ一センチの作物残渣の層が被されていた。ブラウンの土壌は、近隣の表面が固い土とは似ても似つかなかった。

この土地を一九九一年にブラウンが買ったとき、土壌有機物は近隣と同様に二パーセントに満たなかった。二〇一三年までに、ブラウンはそれを三倍以上に増やした。ブラウンは、利益の大きな集約的農業生産を通じて、二〇年という地質学的にはまたたく間に土壌とその肥沃度を回復することに成功したのだ。

土作りのやり方を理解するのに少し時間がかかったが、今ならもっと早くできるだろうとブラウンは言う。鍵は、炭素が豊富な根の滲出物と連繋してグロマリン生産を促進し、土壌団粒を作り、土壌有機物を増やす菌根菌を繁殖させることだ。これは、被覆作物によって有機物を与え、耕起によって土壌を撹乱しないということだ。だがブラウンは、土作りの本当の秘訣は集約放牧だと言う。そして土壌の回復は思いもよらない形で効果を上げた。隣のコムギを壊滅させた春の嵐は、ブラウンの畑にはまったく被害を与えなかった。それどころか、むしろ収穫を増やしたのだ。

よりよいやり方

一九九三年、土壌保全局（現・自然資源保全局、NRCS）はブラウンの畑の評価に訪れ、〇・五インチの水が地面に染み込むのに一時間かかると判定した。その時点でブラウンは、土壌回復のプロセスに着手したばかりだった。二〇〇九年、ブラウンは苦労の成果を見た。その六月、強いストームセル〔訳註：雷雲組織を構成している積乱雲〕がブラウンの農場に六時間で約三三〇ミリの雨を降らせた。翌日、土は湿っていたが、水溜まりは一つもなかった。一方、隣の農場では、侵食や畑にできた水溜まりで作物は失われていた。豪雨の二日後、ブラウンの畑はどんな車を走らせても跡が残らないほどになっていた。なぜこんなにも違ったのか？ブラウンの畑に降った雨はすべて地面に染み込んだのだ。

二〇一一年にNRCSが再び、ブラウンの畑の評価を行なったところ、一時間に八インチが浸透した。そして二〇一五年には、二インチの水が染み込むのに三〇秒とかからなかった。流れずに浸透する水が増えたということは、土壌水分が高まり渇水からの回復力が大きくなったということだ。

現代アメリカの農場の多分に漏れず、ブラウン牧場はいくつものブロックに分かれ、それが一帯に点々と存在する。ブラウンは約一四〇〇エーカーを所有するが、高低差三〇メートルに満たない低い丘陵地を地平線まで五〇〇〇エーカーほど耕作している。この地域では平均より小さな農場だが、大きくしようとは思っていない。ブラウンは農場を縮小して、自分の所有地だけでやっていきたいと考えている。

ブラウンはビスマークで育った。数世代前の先祖が一八八〇年代にノースダコタに移住してきた。一九九一年、ブラウンは義父母の農場一街区を購入した。義父母は一九五六年からそこで慣行農業を営み、定期的に耕起し、大量の化学肥料を使い、ウシの小さな群れを飼っていた。ブラウンが引き継いだ最初の年、高収量は依然多量の化学肥料と農薬に頼っていた。翌年、友人が、不耕起にすれば時間と労力を節約できると助言した。

それは節水法として理にかなっているとブラウンは思った。水は大きな心配事だった。ブラウンの土地は通常、年間降水量が平均四〇〇ミリしかない――雨として二五〇ミリ、雪として一五〇ミリ――からだ。

ブラウンが一九九三年に不耕起栽培を始めたとき、「耕せば耕すほど土はよくなる」と信じていた義父は困惑し、とまどった。だが初めの数年、驚くほどうまく事が運んだので、ブラウンは家畜の飼料としてヘアリーベッチやエンドウなど多彩な作物の栽培を始めた。

そして一九九五年の取り入れ前日、ブラウンはコムギの収穫のすべてを雹《ひょう》で失った。ウシの放牧のために、成長の早い被覆作物を何とか植えることはできた。雹にやられたコムギ畑をどうするか？　特に少しばかり頑固な人だったら、もう一度コムギを栽培する。一九九六年にブラウンがそうしたように。そして雹が再び降った。ブラウンは支払いのため、農業以外に職を得なければならなくなった。

翌年、一九九七年は非常に乾燥していた。ブラウンは何も収穫できず、近隣の誰もが同じだった。銀行の差し押さえを逃れる手だては、親族からの借金だけだった。それに加え、ブラウンは翌年の収穫の八〇パーセントも――お察しのとおり――一九九八年の雹で失った。

不運な成りゆきだった。だが振り返ってみると、その四年連続の不作は「絶好のできごとだった」とブラウンは言う。その四年――と、そこから生まれた死にものぐるいの気持ち――に後押しされて、ブラウンは耕作方法を変えたのだった。ブラウンには資材を買う余裕がなく、それらなしで作物を栽培する方法を考え出さねばならなかった。

低コストの再生可能農業

長い学び直しの初め、ブラウンは、被覆作物に興味を持ち、トーマス・ジェファーソンの農場日誌を徹底的に研究した。すると手持ちの農学書をすべて生態学の本と取り替えたくなった。*Buffalo Bird Woman's Garden*（『バッファロー・バード・ウーマンの庭』）という一九一七年に書かれたヒダーツァ族の女性の物語を読んでから、ブラウンは現代農業が多様性を考慮に入れていないことを実感した。この女性はさまざまな種類のトウモロコシやマメをひと畝おきにウリやヒマワリと一緒に栽培していた。彼女の物語は、輪作が新しいものではまったくないことの実例だった。ブラウンの農法は、効果のある古い考えを現代的に改めただけのものなのだ。

間もなくブラウンは土壌の微妙な変化に気づきだした。匂いが変わり、保水力が高くなり、色が濃くなった。当時ブラウンは「土壌」と「健康」という言葉をつなげて聞いたことがなく、被覆作物は侵食の発生を抑えるために使われるのだと思っていた。だが、被覆作物の栽培と不耕起で土壌が改善されることがはっきりした。ブラウンはそれが気に入った。

二〇〇〇年には、ブラウンは再び化学肥料を使えるようになり、そして使いだした。二〇〇三年にクリスティン・ニコルズ（当時はノースダコタの自然資源保全局に勤務していた）が、なぜまた化学肥料を使い始めたのかと尋ねた。代わりに土壌生物を利用して栄養を循環させてはどうか？　彼女の質問に興味を覚えて――そして肥料の使用量を減らして大幅な節約になる可能性に惹かれて――ブラウンは二〇〇三年から二〇〇七年にかけて比較圃場試験を行なった。非常に驚いたことに、化学肥料を使わずに同じかそれ以上の収量が得られた。

今度はブラウンに疑問が湧いてきた。もう肥料が効かないほど自分のところの土は改善されてしまったのだろうか？　自分は何の意味もないものに大金を支払っていたのか？　以後、ブラウンは化学肥料を一切畑に入れていない。代わりに、マメ科植物を使ってイネ科植物に窒素を与え、イネ科植物を使って、菌根菌の作用によってマメ科植物にリンを与えている。ブラウンは二〇〇〇年以降殺虫剤や殺菌剤を使っておらず、数年後に殺虫剤処理をした種子も使うのをやめた。大量の化学製品に金を払わずに収量を維持できることがわかったのは、うれしい発見だった。「私は小切手の裏にサインするのが好きだ。表ではなくね！」

現在、ブラウンの目標は土壌の健康向上を続け、除草剤を完全にやめることだ。彼はまだ除草剤をときたま、三年か四年に一度くらい、セイヨウトゲアザミのような多年生の雑草を退治するために使っている。これはジェフ・モイヤーがロデール研究所で多年草を抑制するために耕起するのと、ほぼ同じ間隔だ。

ブラウンにとって、土壌の健康というパズルの次のピースがはまったのは、不耕起の急先鋒であるアデミール・カレガリが講演で、複数種の被覆作物を組み合わせて栽培することについて話したのを聞いたときだ。このブラジル人農学者が言った二つのことがブラウンの心に響いた。被覆作物は成長に年間わずか五〇ミリしか雨を必要とせず、数種類を混ぜて植えるようになっている。そこでブラウンは、複数種の被覆作物の混作を試した。その年は渇水になった。ブラウンの作物は予想をはるかに超えてよくできた。それどころか、出来がよすぎて政府の作物保険を辞退するほどだった。一〇年経った今、ブラウンはそれを悔やんでいない。「私は福祉に頼るつもりはない。どうして納税者が私に補助金を出さなきゃならないんだ？」。自分は作物保険制度にとどまっている人たちよりうまくやっているばかりか、土地に回復力を取り戻していると、ブラウンは言う。

新しい農法がものの見方にどう影響したかを語るブラウンの言葉を、私は賞賛せずにはいられない。「慣行農法でやっていた頃は、朝起きると今日は何を殺すかを考えていた。今では朝起きて、何を生かすかを考える」

ブラウンは重々しい口調になって、再生可能な農業の運動に加わっている者の多くは、やがて子や孫に引き継がせる土地のよき管理者であろうとするクリスチャンだと言った。彼の信仰が、土壌を回復しようとする熱意の中心にあった。それは天地創造を引き受けることなのだ。だがブラウンは、長続きするには、採算が合わなければならないことも知っている。幸い、再生可能なモデルは収益にもなるものだ。

二七歳になるブラウンの息子、ポールは、父親の背を伸ばし、ほっそりとさせたような容姿だ。ポールも土を耕したことがない新世代の農家に属していた。そして彼にはたまたまビジネスの手腕があった。両親の背中を押して直販サービスに参入させ、「Nourished by Nature（自然に育まれた）」という独自のブランドを立ち上げた。需要の多さと、消費者が、健康な土壌で育った栄養豊富な食品を健康に欠かせない予防薬だと考え始めていることは、彼らにとってうれしい驚きだった。

再生可能な農業には必ずしも多額の費用はかからないことを理解させようと、ブラウンはしきりに念を押した。それはかなり低いコストで可能なのだ。コンバインや大型噴霧器のような高価な減価償却資産を所有することで、一九八〇年代には多くの農家が苦境に陥った。慣行農場は、ある年には純利益一〇〇万ドルだったものが翌年には一〇〇万ドルの損失と、たちまちひっくり返ってしまうことがある。猛烈な嵐かひどく乾燥した夏が一度あればそれまでだ。それは堅実な家業というより金融投機のように思える。ブラウンは、自分のやり方では財政が多様であるため、人のためにも土地のためにもいいのだと確信している。

では、小規模農場を育てるための戦略とはどのようなものだろうか？　ブラウンは、農業廃棄物を利益に変えることは自然の効率のよさに引けを取らず、非常に採算が合うと指摘する。この方向で事業を積み重ねていけば、ゆとりが生まれて回復力が高まり、収入源が多様化する。すべての中心にあるのは肥沃な土壌の回復だ。もっともそれは、従来の農業補助金や作物保険の改革や廃止、農場から食卓まで食品のマーケティングと販売に関する許認可の簡略化にも役立つと、ブラウンは急いでつけ加えた。

ブラウンは土壌の健康を優先することに関心が高まるのを期待しているが、持続可能という言葉を振り回すのは好まない。「どうして劣化した資源を持続させようとするんだ？　そんなことはしたくない——土壌を再生するのが先だ」

ブラウンの経験では、農業相談員、大学、産業界が農家に提供する情報は、化学製品を多用する単一栽培の推進を目的としている。ブラウンはそのことをかなり簡潔にまとめた。「農家にアドバイスする者は全員、物を売ろうとしているか、農家を食いものにしようとしているかだ。みんなここに機材を見に来る！　でも大事なのは機材じゃない。機材を使う方法が大事なんだ」。ブラウンの農場は近隣より収量が多いわけではないかもしれないが、はるかに収益が高いと彼は断言する。「トウモロコシの収穫で記録を持っている農家が、そのために損をした──馬鹿馬鹿しい話じゃないか？」

だが、土壌肥沃度の回復によって得られる利益は、小規模農家の再活性化にとどまらない。「カリフォルニアの渇水のことは聞いたことがあるだろう」とブラウンは尋ねてきた。「メキシコ湾の硝酸塩のことも。半世紀前からわれわれは、畑に与えた硝酸塩の半分が作物に届かないことを知っているんだ」。硝酸塩汚染、過度の流出水、作物の乾燥耐性、土壌劣化、こうしたものは、ただ一つの問題──土壌の健康──を解決するように農地を管理すれば改善できるのだ。これは難しい話ではないと、ブラウンは言う──誰でも理解できることなのだ。大企業が出資する研究は、往々にして低コストの予防策を重視しない。だが、それを重視する農家は増え続けているのだ。

結局、ブラウンの農場に魔法はなかった。環境保全型農業の原則を一式すべて取り入れただけだ──そして家畜を使うことでさらに進歩させたのだ。

雑草をベーコンに──有畜農業

翌朝、空はどんよりと雲に覆われていた。私はミネソタ、マニトバ、南アフリカからこの農場を見学にやってきた農民たちのあとをついて歩いた。年間数千人の訪問者のために、ブラウンは毎夏、見学会を週に数回やっている。こういうことをする時間があるのも、不耕起に転換したから――それとポールがウシを世話してくれるから――だとブラウンは言う。

農民たちはブラウンの土を見に来ていた。私たちは全員、ブラウンが着ているグリーンベイ・パッカーズのスウェットシャツのあとを三エーカーの畑までついていった。そこではサヤインゲンが、高さ一・八メートルのトウモロコシを足場によじ登っていた。冗談めかしてブラウンは、自分はマメとトウモロコシを一緒に栽培するのが好きだ、そうすればマメを摘むのに腰を曲げなくてすむからと言った。他にもさまざまな野菜がトウモロコシの畝間に育っていた。ブラウンは一行に向かって、この畑は単一の作物を栽培するものと比べて、同じ面積で三倍の食糧を生産すると話した。それどころかブラウン一家は、この畑で自家消費用に収穫し、ファーマーズ・マーケットの需要を満たし、さらに地元のフードバンクに寄附できるほどの作物を栽培している。

集まった農家に土を見せる前に、ブラウンは三つのバケツを彼らの前に並べた。それぞれにブラウンと私が前日訪れた畑のどれかの土が入っている。一つひとつに彼らは近寄り、手をバケツに突っ込んで土の感触を確かめ、砕き、そしてもちろん論評を加えた。「あまり砕けない。有機物があまり含まれていない」「これには孔隙がない」「これは最悪だ」と、耕起された有機農法の土を調べたあと一人が意見を述べた。もっとも密なのは高投入のものであることに、全員が同意した。いずれもそれほど興味を引くものではなかった。

彼らが調べているあいだ、ブラウンは志願者を募って自分のトウモロコシ畑からスコップ一杯の土を取ってこさせた。志願者が戻り、スコップが各人に回されると論評のトーンが変わった。「これはいい土だ」と、カウボーイハットをかぶって立っている男性が言った。「色が濃くてたくさん穴が開いている――スイスチーズみたいに」と、もう一人がつけ加えた。「いい団粒だ」と三人目が言った。

この最後のコメントを捉えて、ブラウンは一行に、このような土壌を作るのに菌根菌が必要なのだと言った。耕起も多すぎる窒素も菌根を殺す。前者は菌根を切り刻み、後者は植物が出す滲出液の餌を大幅に減らし、菌根やその他の有益な土壌微生物を飢えさせる。これがブラウンの近隣の土壌が抱える問題――慣行農業が抱える問題――だった。

強調のために、ブラウンは二つの土を取り上げた。一つは自分の畑のもの、もう一つは隣人の耕起された有機農業の畑のものだ。隣人の乾いた薄茶色の土壌は、ブラウンの湿り気を帯びて黒っぽい、穴と目に見える有機物の小片としっかりした団粒に富んだ土壌の隣に置くと弱々しく見えた。農民たちはブラウンの話を集中して聞いていた。「この農法を動かしているのは生物だ」とブラウンは言った。「われわれはみんな知っている。炭素と団粒を増やすということは、生物と栄養の循環を増やすということだ」。ブラウンはこの区画の有機物を、わずか六年で四パーセント未満から一〇パーセント以上に増やした。一年に約一パーセント増加させたことになる。ブラウンはこれを資材も除草剤も土壌改良材もなしで、被覆作物、畜糞、堆肥、マルチ、それから秘密の材料――炭素を増やし菌根菌の成長を促進する木材チップ――だけを使ってやってのけた。

ここで大きな問題は、それをどのように拡大するかだと、ブラウンは解説した。牧場全体を覆うほどたくさんの木材チップはないからだ。もともとの草原の土壌には最大八パーセントの有機物が含まれており、ポールは牧場全体を自分が生きているあいだに、一二パーセントまで引き上げるつもりでいる。どのようにして実現するのか、一行は疑問に思った。

「ウシの力を借りるんだ」と、ブラウンは答えた。

家畜が草を食み、地上部を噛んだり引きちぎったり踏みつけたりすると植物は傷つき、修復しなければならなくなる。だが植物は自力ではそれができない。土壌微量栄養素と微生物代謝が必要だ。どちらも植物が根から炭素に富む滲出液を安定して供給し、微生物の協力を取りつけるときだけ得られる。このようにして自然は肥沃な草地の土壌を作る。それはまた、ウシが土壌の健康を回復し、農地の栄養循環を促進することができる理由でもある。

ブラウンは放牧が土壌に炭素を増やす効果的な方法だと考えているが、自分が炭素を「隔離」していると言うのを好まない。それはただ自然の循環の一部なのだ。植物が炭素を固定し、微生物に食べさせるために根から放出するとき、植物は炭素を土壌中に蓄える。そこでブラウンは高密度、低頻度の放牧を土壌と元の草原を回復するために利用するのだ。

ブラウンは一行を、牧歌的な場所へ連れていった。数十頭のウシがソルガム、ウリ、腐りかけたカボチャを食み、そのまわりで数百羽のニワトリがちょこまかと歩き回っていた。ウシがうるさがってすばしっこいニワトリを追いかけるのを横目に、ブラウンは、このように事業の積み重ねは土壌肥沃度――と、農場の利益――を増進するんだと説明した。

「ポール養鶏所」と書かれた二台のトレーラーが、畑の端に張った単線電気柵のすぐ外に停まっていた。このエッグモビール（とポールは呼ぶ）は、古い家畜用トレーラーを改造したものだ。中にポールが鶏小屋とニワトリが卵を産む小さな箱を作り、糞が直接地面に落ちるように床を格子にした。日中、ニワトリはうろついて移動式鶏小屋のまわりで畑に鶏糞を与える。夜になると小屋をねぐらにする。加えて、ニワトリはウシのためにハエを駆除し、大きなウシのまわりにいることで見返りに、コヨーテやキツネから保護される。この農場では捕食者に襲われて失われるニワトリもいくらかいるが、ポールはそれも自然の循環の一部だとして気にしない。

農場で儲けを出す鍵は、あるところで間引いたものを別のところで資材として用いることだとブラウン親子は考えている。彼らはニワトリの飼料を、ふるいにかけた穀物くずで作り、廃棄されるはずのものでニワトリと卵を増やしている。ニワトリの世話をしに出ていくのは、卵を集めるときと、エッグモビールをウシのあとについて動かすときだけだ。春から夏の生産のピーク時には、週に七〇〇ドルを超える卵を売る。なんとか需要に追いついている状況だ。

ポールは、この農場で家畜の多様さを高める陰の原動力となって、ヒツジとブタも仲間に加えていた。「いつでも雑草をベーコンに変えられたら、それは好都合だ」とポールは言う。また、彼らのウシは自然の草原で草を食べているだけではない。被覆作物と収穫後の刈り株も食べているのだ。

被覆作物はブラウンの不耕起栽培と放牧を橋渡しするものだ。ゲイブはササゲなどの被覆作物の種をトウモロコシと一緒にまき、トウモロコシがまず発芽し、それから被覆作物がその下で育つようにしている。トウモロコシを収穫したあと、ウシは被覆作物を食べ、肥料を落とし、そのあと作物残渣の中に不耕起播種される。

彼らは、ジェフ・モイヤーがロデール研究所で使っているようなローラークリンパーを試したが、この方法がうまくはたらくためには被覆作物に花が咲いている必要があり、その成長期はあとに換金作物の種をまくためには短すぎる。そこで彼らは代わりに家畜を使い、ウシが歩き回って被覆作物を食べ、そして大量の糞をすることを利用している。

被覆作物を植える際に何種類を混ぜるかを決めるのに、単純な公式はないとブラウンは言う。ブラウンは七種以上で好結果を得ており、今では一般に一〇種から二〇種を使っているが、被覆作物の構成に七〇以上もの植物種を入れている。一つひとつの構成は、リン捕捉のため主根が深く伸びるヒマワリとダイコンをソバと組み合わせるといった相乗効果を意識しながら、特定の畑でのブラウンの目的に合わせて特製される。ブラウンは、ウシのためのサラダミックスを思わせるものを植えようとしている。雪の中から顔を出して、一二月から

ヒマワリをはじめとしたウシのサラダミックス

二月のあいだウシが食べられる冬の被覆作物だ。

ブラウンが最初にこの農場にやってきたとき、劣化した土壌を多年生の草原に戻そうと種をまいた。これはうまくいかなかった。被覆作物と放牧を使って土壌の改良に着手すると、今度はうまくいった。それから在来種の草の種をまき直した。そのあとで輪換放牧を始めて滲出液の製造を促進させ、土壌の健康がさらに改善することを願った。

当初、ブラウンの農場には三つの大きな牧草地があり、ウシを一年中放牧していた。現在では一〇〇を超える小さな牧草地があって、一〇〇種を超える在来の草がいっぱいに生えており、一カ所で年に多くても数日しか放牧されない。これはすっきりした考えだと、ブラウンは説明する。「ウシには理由があって足が四本ある。だからそれを使わせてやるんだ」。彼らは放牧の時期をごちゃごちゃにして、順序や一年のどの時期に来るかを予測できなくする。ウシは二月までは刈り株を食べ、そのあとは干し草が餌になる。ブラウンは俵にした干し草を土地の外に持ち出さない。彼のウシは、それが生えたのと同じ牧草地で食べる。だがブラウンは、わらを近隣の農家から買っている。三〇ドル相当の栄養を含むわらの代金を、たった五ドルしか請求されないからだ。

ブラウンは、野生動物学者でアフリカにおける新時代の放牧法の教祖に転じたアラン・セイボリーの議論のある考えに出合って、放牧方法を考え直し始めた。もともとは放牧反対の立場だった「全体論的管理」の教祖は、アフリカで野生動物の管理を研究しながら驚くべき報告を行なった。土壌劣化の原因は、土地に草食動物が多すぎることではなく、一カ所に長く留まりすぎることだ。そこでセイボリーは、一区画で年に一日か二日だけ集約的に放牧すべきだと提唱した。

私はブラウンに、そもそも畜産と作物栽培を引き離したものは何だと思うかと聞いた。即座に「農業相談員」という答えが返ってきた。「肥育場が始まった理由は余剰な穀物を処理するためだ」とブラウンは言う。また、オートメーションが集中家畜飼養施設の成長を加速させるにつれて、穀物生産に特化した農家は、家畜にかかわる余分な仕事を省けるようになった。畜糞がなくなったことで、穀物農家は化学肥料への依存に押しやられた。

ブラウンとその息子が放牧のやり方を変えた当初、糞虫《ふんちゅう》はあまり見られなかった。三年後、それがたくさん出てきたことに気づくようになった。今では一六種がいて、ポールはちょっとした糞虫の専門家になっており、嬉々としてさまざまな種類の説明をした。小さな糞の玉を丸める転がし屋、糞を地中に埋める穴掘り屋、単にその中で暮らす住み着き屋。二・五メートルの深さまで巣穴を掘り、糞を土と混ぜ合わせるものもいる。どれもハエの幼虫を食べ、ウシを快適に保つのに役立つ。

放牧のやり方を変えると、絶滅寸前の在来植物が戻ってきただけでなく、彼らの農地にさらに多く在来の野生生物が引き寄せられた。ブラウンがこの話をしているあいだにも、ホソオライイチョウが畑から姿を現わし、近づく私たちから逃げていった。「あれは優れた指標生物だ——あれがいれば、生態系が健康だということだ」。この農場に移ってきた当初は、オジロジカなど見たこともなかったとブラウンは言う。だが最近では、特に厳しい冬には、数百頭が農場の東のはずれで寒さをしのいでいるのが見られる。今はキツネ、イタチ、猛禽類、「数え切れないほどの鳴禽」もたびたび見る。料金を取って狩猟をさせるつもりなら、この新しく出てきた野生動物もすべて収入源にすることができる。だがブラウンが本当に守りたいと思っているもの、たとえばムクドリモドキの亜種コウウチョウのようなものは、ハエ退治の名人だ。この鳥の群れが今ではウシと共に冬を越すことを、ブラウンは喜んでいる。

ブラウン牧場では、ウシに抗生物質、ホルモン剤、駆虫剤を与えていない。八年前にはワクチン接種もやめてしまった。大惨事になるぞと獣医は言ったが、今のところ病気のウシはそれほど出ていない。ウシは地面に近い草を食べているとき寄生虫に感染するので、ひんぱんに放牧の場所を変えているブラウンのウシは感染しない。食べている植物に高く成長する十分な時間があるからだ。栄養が詰まった飼料はウシの免疫系を支える。四月に乳離れした子ウシは、市場に行くか群れに戻る前に、被覆作物を食べに移動させられる。抗生物質が使われていれば、ブラウンはそのウシを慣行食肉業者に売る。薬品で処理したものは何であれ自分のブランドでは販売しない。

ブラウンは自分の群れを肥育場や他人のウシに近づけない。狩猟採集生活を営む古代人の孤立した集団は、自然に感染症から守られていた。ブラウンのウシの小さな群れもそれに似ている。人間が都市に押し寄せるまで、大規模な疫病の流行が住民全体に広がることがなかったように、肥育場に押し込められなければウシは比較的健康でいられる。ウシを再び小さな集団に分散させ、別の農場の群れとなるべく接触させないようにすれば、抗生物質の使用量を大幅に減らしながら、家畜の病気も減らせるだろう。これは、抗生物質を将来も有効に保つためにも役立つ。

ポールがファーマーズマーケットの初めての客から「どちらから？」の次にされる質問が「遺伝子組み換え作物は使っていますか？」で、さらに「閉じ込め飼育は？　抗生物質は？　ホルモン剤は？」と続く。農場が有機かどうかはずっとあとだ。ポールが低投入で、ほとんど土と太陽だけのスタイルで農業をやっていると説明すると、たいていの人は満足する。ポールの売り込みの決め台詞は「もし自分が肉牛だったら、うちの牧場に住みたい」だ。

当初ブラウンは、ノースダコタの地元の食品にそれほど需要があると思っていなかった。今では毎週、大量の卵と肉（ウシ数頭分とブタ、子ヒツジ一頭分ずつ）を移動販売トレーラーに積み込んでいる。どうしてそんなに繁盛しているのだろう？　ブラウンは、自分たちの説明——健康な土壌は健康な植物、健康な動物、ひいては健康な人間と同じことだ——が主な顧客である子どものいる若い家族に受けたのだと考える。そうした客は子どもの健康に人一倍関心があり、栄養価の高い食物を食卓に並べたいからだ。

ブラウン牧場では、放牧は毎年違う放牧地で始まる。個々の放牧地にウシは年に一日か二日留まる。ある年に放牧されなかったところは翌年最初に放牧される。自生の牧草地の草は驚くほど多様で、優に一〇〇種を超える。今、目の前の牧草地を見ながら、私はウシの天国に迷い込んだかのような気がした。広い空、丈の高い草、青々とした牧草をのんびりと食む満足げなウシたち。ポールの言葉に同意せざるを得ない——自分がウシなら、ここはすばらしい場所かもしれない。

では、どうすれば慣行農家を引き込めるだろうかと、私は訪ねた。「消費者はわれわれに、よい食品を生産することを要求している」と、ブラウンは答えた。「変化を起こすには、消費者に語りかけることだ。政治を変える必要はない」。ブラウンの言うとおりだ。消費者は政治家より早く、効果的に変化を起こすことができる。農業政策の変化の中には、特に再生農法にインセンティブを与えるものには、たしかにその変化を速めるものもあるが。

牧草地からの帰り道、南アフリカから来た農民がブラウンに、有機作物の値段の高さと世界の飢餓について質問した。「必ずしもそんなことはない」と、ブラウンは答えた。「私は食糧を近隣の慣行農家よりずっと安く作れる。トウモロコシ一ブッシェルを生産するのに、一ドル四四セントしかかからない。みんながこのようにすれば、われわれは栄養価の高い食物を安く生産することができるだろう」

ブラウンは、自分は有機の認定を受けようとは思わないが、「有機では世界を養えない」論者が低収量の耕起有機単一栽培と慣行単一栽培を比較するのにはうんざりしていると説明する。二〇五〇年までに一〇〇億人を養うのが難題となるのは、われわれが慣行生産モデルを維持した場合だけだとブラウンは考える。ブラウンの商品収量は郡平均より二五パーセント高く、加えて副産物——被覆作物、野菜、ニワトリ、ブタ、ウシ、ヒツジ、蜂蜜——も得ている。このシステムは面積あたりの栄養収量を、近隣のものに比べて少なくとも五〇パーセント増やしているとブラウンは見積もっている。しかもそれをはるかに低コストで実現しているのだ。

生産物にプレミアム価格をつけることを喜ぶ反面、ブラウンは自分の生産コストは地域で最低であることに触れた。「純生産量と価格という重要な二点で、私は慣行農家を完全にしのぐことができる。しかもそうすることで、環境にいい影響を与えている。私に言わせればこの議論は、細かく見ていけば何から何まで子どもじみている。誰も落ち着いて全体を考え合わせるということをしないんだ」。ウシに在来種の草と刈り株を食べさせれば、食糧の純生産量は増える。それが世界を養うのだと、ブラウンは言った。

水の浸透と混作の関係

ブラウンはそのシステムを一夜にして思いついたわけではない。それは数十年にわたる試行錯誤の産物であり、一九九〇年代にブラウンとＮＲＣＳの保全生態学者、ジェイ・フューラーが新しい農業のやり方を教え合い始めた頃までさかのぼる。

農場見学の二日目、私はフューラーがメノケン農場を訪問するのについていった。二〇〇九年から、バーリ郡土壌保全区はこの一五〇エーカーの農場を、土壌の健康の実証として運営している。この快晴の日にビスマルクから車を走らせると、その影響力ははっきりと見て取れた。通り過ぎるほとんどの畑が不耕起だった。

到着してすぐ私たちは、緑で縁取られたベージュ色をした二棟ある金属製建造物の一つに案内された。中では折りたたみ椅子の列が、正面の長いテーブルと向かい合わせに並んでいる。フューラーがステージ中央に立ち、集まった聴衆に挨拶した。フューラーはチェックのシャツ、フリースのベスト、黒いジーンズを身につけ、刈り込んだ髪がつばの広い日よけ帽子からのぞいている。ブラウンが無遠慮にずけずけと言う場面で思慮深く気配りの利いた応答をするフューラーは、六〇代初めで、大きな手を腰に当てるかポケットに突っ込んで立つ癖があった。

まるで説法のように、土壌に炭素を戻して肥沃な畑をよみがえらせる必要をフューラーは話し始めた。植物は光合成によって炭素をとらえ、葉、茎、枝、根、滲出液を作ることを聴衆に念を押してから問いかけた。「滲出液を食べる土壌生物は何をするでしょう?」。フューラーは自問自答する。「それは団粒や、土壌有機物を作るのです」。しかし、とフューラーは続ける。慣行農法の遺産は、有機物を減少させ、菌根菌を断ち切り、その結果土壌のグロマリンはあまりに少なくなってしまった。土壌をまとめる接着剤が失われると、土壌にクラストができ、水が地面に染み込まなくなる。これが流出水と侵食につながる。

不耕起の畑の土（左）と慣行農法の畑の土（右）

フューラーは正面のテーブルに注意を促した。そこには乾いた土の塊が二つ置かれていた。フューラーはそれを取り上げ、一つは四年間にわたり不耕起栽培が行なわれた畑のもの、もう一つは被覆作物が栽培されたことがなく、きわめて攪乱され慣行農法で耕起された単一栽培の畑のものだと言った。「高度に攪乱された土壌は密度が高い。ということは保水力も高いはずですね?」。フューラーは問いかけた。それは間違いだ!

フューラーは塊を、透明のプラスチック容器の中に吊るされた、別々の目の粗い金網のかごに慎重に入れた。耕起された畑のサンプルは水中でゆるんで崩れ始めた。数分でかごの中の土はなくなって、水は茶色く濁り、容器の底に泥が積もっていた。だがスイスチーズのように細かい穴が開いた不耕起の土壌は元のまま残っており、浸っている水はまだ透きとおっていた。フューラーは説明した。まとめるグロマリンがないので、慣行農法で耕起された土は一度の雨でゆるむ。よく見ようと農民たちはまわりに集まった。一人が思わず口に出した。「へえ、こんなに速いとは思わなかった」

この説得力のあるデモンストレーションのあとで、フューラーは私たちを屋外に連れ出し、侵食実験装置へと案内した。ガーナでコフィ・ボアが見せてくれた移動式のものを大規模にした、スプリンクラーで水を供給するものだ。スプリンクラー・ヘッドが回転台に取りつけられ、五枚並んだ長方形の深皿に水を振りかけるようになっている。それぞれの皿は耕作慣行の履歴の異なる土壌で満たされている。皿にはプラスチックの容器が取りつけられ、土壌の表面からの流出と、土壌を通って皿の底から滴り落ちる水を集める。フューラーが回転スプリンクラーのスイッチを入れると、プラスチック容器はパワーポイントを使ったどんなプレゼンテーションよりも興味深いものを見せてくれた。

耕起され、多様性が低い、家畜のいない土壌は表面がゆるんで、土砂を大量に含んだ茶色い流出水が発生した。水はほとんど土に染み込まず、皿の下の容器は空のままだった。被覆作物を栽培した不耕起の土壌でも大量の流出水が発生したが、もっと澄んでいた。やはり水はほとんど土に浸透しなかった。多様な被覆作物を栽培して家畜を放牧した不耕起の土壌では、澄んだ流出水がわずかに発生しただけで、大量の水が土を通って下の容器に溜まった。放牧が行なわれている牧草地と天然の草原の土壌では、流出はほとんど起こらず、黄色く有機物に富んだ水が土を通って下の容器に落ちた。

私の隣に立っていた農民が憑かれたように言った。「見ろ！　すごいぞ。色だけでもあんなに違う」

聴衆が納得すると、フューラーは説法調に戻った。「耕起が当たり前だった時代、私たちは常に干ばつの一週間前にいました。なぜだかはおわかりでしょう。水が浸透しなかったからです！」。一九八〇年代、農家は徹底的に耕し、そのため土壌の表面にクラストができた。クラストを壊そうとすればするほど、新たなクラストができた。どれだけ雨が降っても、地面に染み込んで植物が吸い上げられるようにはならず、地表を流れてしまった。

いずれにせよ耕起があまり良策でないと認識することは、フューラーにとって始まりにすぎなかった。一九八五年にバーリ郡の現地事務所に赴任したとき、フューラーは行く先々でむき出しの黒い土を見た。どこでもそれは徹底的に耕起され、作物の多様性は低く、主に小穀物と、一部でヒマワリとトウモロコシが家畜用に栽培されていた。有機物が少ないことや侵食が多いことなどから、土壌の状態が悪いことをフューラーは知った。そして彼はやっかいな立場に立たされていた――自分の仕事は土壌の保全を推進することだが、すでに劣化した土地をなぜ保全するのだろう?

最初フューラーは、側溝の侵食を軽減するために被草水路を造った。それから、自分が水循環の分断に対して、対症療法を行なっているにすぎないことに気づき始めた。それは、農業慣行を原因とする生物学的問題に対処する代わりに、流出水を増やしてしまう結果を招いていた。フューラーも農家も何をしたらいいかわからなかったが、自分たちのしていることがうまくいっていないことは明らかだった。無力感を覚えたフューラーは、定評判のない対処法を求めてドウェイン・ベックの講演を聞きに行った。

感銘を受けたフューラーは、農家を集めてベックの農場を見に行った。この見学会で感化され、新しい農法を取り入れた者もいた。ゲイブ・ブラウンもその一人だった。

農家、政府職員、研究者の非公式団体は、侵食の軽減と土壌肥沃度の回復のために合同で活動を始めた。間もなく他にも仲間に入りたいと申し出る者が現われた。農務省の科学者ドン・ライコスキーは、土壌炭素を増やす方法を研究していた。クリスティン・ニコルズは土壌生物の役割を調べていた。昆虫学者のジョナサン・ラングレンは、多様性のある作付体系が病虫害の抑制にどのように役立つかを調査していた。その技能と専門知識を集めて、土壌の健康を農場の生産性と採算性の基礎とする新しい見方を、彼らは形成しだした。

また彼らは、一〇年に及ぶ放牧法の修正の推進を始めた。実験で二、三カ所、あるいは四カ所から十数カ所の牧草地にウシを巡回させると、牧草と牛肉の生産高の増加が見られた。干ばつになっても、牧場主は群れを縮小せずに済んだ。これは牧場にとって大きな経済的利点だ。干ばつの年に——つまり他の誰もが売りたがっているときに——家畜を売るということは、価格が低いということだからだ。そして、雨の多い年に——つまり他の誰もが在庫を増やしたいときに——買えば、価格が高い。土壌の健康を高めれば、経済的弾力性につながる。フューラーの話では、放牧すると一年中生やしていた頃より多く草が残るようになったと、牧場主が口々に言っているという。

被覆作物の実験を始めた彼らは、新しい作付体系と放牧法の橋渡しをした。ブラウンのように、フューラーはさまざまな被覆作物を混植することが理にかなっていると考えた。「ルイスとクラークの日誌に描写された草原の多様性を、それは思い起こさせた」。フューラーは六種の被覆作物の種子を注文した——それが予算の許す範囲だった。

その春、ブラウンとフューラーは、ブラウンの地所に近い五エーカーの区画に、単一栽培と並べて二種、三種、四種、五種、六種の混作を行なった。折しもひどい干ばつで、降水量は五〇ミリに満たず気温は三八℃を超えていた。ある日曜日、フューラーは、被覆作物を植えた区画の写真を撮るために車で出かけた。非常に驚いたことに、六種を混作した畑は青々と茂り、単一栽培の被覆作物はすべて枯れかけていた。続けてフューラーは、混作する種類が多いほどよい結果が得られることに気づいた。一〇年以上が経った現在、この地域の農家には一六種以上もの混植を行なっている者までいる。それぞれの種には特有の強みがある——あるものはマメ科植物のように窒素を固定する。またあるものは栄養を取り出し、花粉媒介者に食物を与える。これらを組み合わせると、システムを循環する栄養とシステムの生産力が増加する。

農法を変えたことで、自分のところの土壌は回復力を増し、作物は雨が降らない期間により耐えられるようになり、余分な雨は地面に水溜まりを作らず土に染み込むようになったとフューラーは言う。それまでブラウンとフューラーは、土壌水分についてよく話し合っていた。だがこの新しいシステムを採用してから、この話題はめったに出てこなくなった。

こうした変化は生産力と資材の使用にどう貢献したのかと、私は尋ねた。ブラウンと同様、フューラーは殺菌剤、殺虫剤、市販の肥料をメノケン農場では一切使っていない。捕食者が短い移動距離で害虫を捕らえられるようにするため、生息地を整えるのがうまいやり方だと気づいたのだ。多年生の雑草が定着しているので除草剤は使っているが、耐性雑草が生まれるのを防ぐために、さまざまな薬剤を使うようにしている。

完全に被覆されたトウモロコシ畑

収量の問題については、新しいシステムに移行してから統計的に有意な収量増をフューラーは見ている。一九八〇年代には、一エーカーあたり四〇ブッシェルのコムギの収穫があれば満足だった。それが今では六〇ブッシェルに満たないとがっかりするようになった。

過放牧の効果

二〇〇七年、ブラウンはカナダの牧場主ニール・デニスにマニトバ州ブランドンのワークショップで出会った。背の低い禿頭の男二人は意気投合し、土壌の健康を高める手段として耕地に家畜を放牧することについて夜半まで話していた。デニスの牧場を訪れてから、ブラウンは家畜がミッシングリンクだと確信した。

メノケン農場見学の翌朝、ブラウン、ポール、グレッグ・フリール、私は四人乗りのピックアップトラックに乗り込んで、デニスに会いに八三号線を北へ向かった。フリールと私は一緒に後部座席に乗った。マウイ島のハレアカラ牧場で家畜の管理をする大柄なハワイ人のフリールは、口数が少なく、口を開くのはほとんどウシか放牧について話すときだった。ポールが運転するあいだ、ブラウンは携帯電話にひっきりなしにかかってくる質問や被覆作物の種子購入の問い合わせに対応していた。

緩やかな起伏を越えて北へ車を走らせ、私たちは収穫を終えたばかりのコムギ、収穫前のトウモロコシ、背の低いダイズの海を抜けていった。開けた草原と散在する木立を飛ぶように走り過ぎる。サスカチュワンに着く頃には、一日中丘を見ていないことに私は気づいた。

二四五マイルを走って、人里離れたと呼んで差しつかえのないところで左折し、ヒマワリ畑に挟まれた砂利道に入った。私たちはサニーブレー農場に到着し、正面玄関にヘラジカの角とカナダ国旗を飾った二階建ての白い家の前で車を停めた。

元ホッケー選手のデニスが、ワウォタ・フライヤーズ（ホッケーチーム）の青いシャツ、黒い短パン、ゴム長靴という姿で出てきた。きらきらした鋭い目の上の黒く太い眉が、先の垂れたカイゼルひげとマッチしている。

デニスは曽祖父が入植した牧場で生まれ育った。慣行農法のせいで破産したデニスは、六六年の人生の大部分を、土壌の劣化を見ながら過ごした。一九九〇年代、銀行はデニスに、必要な新しい機械や化学製品の大規模な使用のための資金を貸し付ける代わりにウシを手放し、慣行栽培に集中することを望んだ。それは破産を早めるにはうってつけの方法のようにデニスには思えた。

デニスが子どもの頃、一家はウマ、ウシ、ヒツジを飼い、作物を栽培していた。一九七〇年代でもほとんどの人たちはまだウシを飼って穀物を作っていた。その後みんな、規模を拡大しなければならないと考えた。そこで穀物あるいはウシを専門にやり始め、すると採算が合わなくなり、小さな町は消え始めた。人里離れた地から人が離れようとしていた。

デニスの妻、バーバラは、農場を救う計画を企てた。全体論的な資源管理の講習会に関する郵便物の中に一枚のパンフレットを見つけたことがきっかけだった。それは輪換放牧についてのものだった。あれこれ言うより行ってみたほうが早いと考えたデニスは、ワークショップに参加し、最前列に座って、講演者にそれはうまくいかないと反論した。

家に帰ったデニスは、間違っていることを証明してやろうと、講師が言ったとおりにやってみた。デニスは隣りあった一〇エーカーの小放牧地を用意した。一つはいつも通りにウシを放牧し、もう一つでは講習会が奨励する密度の高い放牧を試した。驚いたことに、翌年には高密度でウシを入れた放牧地の牧草の密度が高くなった。二年目には、二倍の数のウシを放牧できるほどの牧草ができた。

牧草地がよくなっていくので、デニスは実験を続け、飼育密度と放牧の合間の休止期間を増やしていった。このときにはデニスは、例の講師は正しかったのかもしれないと気づき始めていた。デニスの旧来の牧草地では雑草が芽を出し、雨が降らないと枝枯れしたが、集約放牧を行なった牧草地は青々と茂り、天然の草原が自然に回復して種をまく必要はなくなった。

高い飼育密度でひんぱんに輪換放牧を行なうと、ウシの摂食行動も変わった。広い放牧地を歩き回っていたときは、ウシたちは選り好みが激しく、好きな草を探してから食べていた。こうするとあまり好ましくない植物が牧草地に残り、種をつける。一方、高い密度で放牧されると、食べ物の選り好みをせず、口の届くものは何でも仲間に取られる前に食べた。言わば兄弟の多い家庭で育つようなもので、ぐずぐずしていると食卓にあるものはみんな食べられてしまう。放牧地では、これは雑草とあまり好ましくない牧草を取り除く役に立つ。すべて食べられてしまうと、草原に自生する栄養豊富な種類がすぐに回復する。

鍵となる概念の転換は、短期間の集約放牧のあとに長い回復時間を置くという組み合わせだ。こうすることで、天然の草原はひとりでに戻り、雨の多い年よりも少ない年によく茂るようになる。高い放牧密度で踏みつけられると、土壌表面に天然のマルチを作られ、それが土壌水分を保持して再成長を促す。この放牧法を長く続けるほど、デニスの牧草はよく育つようになった。

そしてもう一つ余得があった。放牧のあいだの休止期間を長くすることで、ウシの寄生虫の循環が断ち切られたのだ。同じ牧草地でウシが続けて草を食べると、内部寄生虫がウシから糞へ、そして宿主が寄生虫に汚染された草を食べてまたウシへと循環する機会を作ってしまう。しかし放牧のあいだに休止期間を長く取ると、寄生虫は生活環を完成させる必要があるときにウシがいないので、死に絶える。ウシが再びやってきたときには、寄生虫はほとんど、あるいはまったく存在しなくなっている。

やり方を変える前は、デニスは二〇〇から三〇〇頭のウシを一二〇〇エーカーの牧場で飼っていた。現在では八〇〇から一〇〇〇頭、一エーカーあたり近隣の慣行農家の二倍を飼う。二〇〇六年には、デニスはエーカーあたり一五二ポンドの牛肉を生産した。近隣の慣行農家は七〇ポンドに満たなかった。デニスは近隣の二倍を生産しながら、そのために資材を投入していない——出費を減らして生産を増やし、農場を救ったのだ。

それは大幅な時間の節約にもなった。以前はウシを移動させるのに手伝いが必要だった。今では日に四度以上、飾り立てたゴルフカートに乗って自分一人でウシを移動させる。プログラム可能な太陽電池駆動の掛け金、バットラッチがそれを可能にした。ブラウンと息子もこの新兵器を使っている。構造はかなり単純だ——片面にはソーラーパネルが、もう片面にはプログラム可能なキーパッドがついている。端についたラッチを回転させることで作動し、門を開いたり閉じたりしてウシの移動を自動化する。門が設定された時刻に開くと、デニスのウシは自分で新しい牧草地に移動する。ウシを新しい放牧地に移動させるのには丸一日かかっていた。今ではデニスは、その日のプログラムを設定するのに二、三時間しかかからない。

ウシが温暖化を食い止める

土壌が改善されるにつれ、牧草の糖とタンパク質の含有量が増した。栄養学的特性が向上すると、やはり経費の削減になった。デニスはミネラルサプリメントを九〇パーセント減らし、塩の使用量を半分にした。そうすると悪循環であったものが好循環になった。土壌の回復が続くにつれて、糖を多く含んだ草は、ウシに食べられるときに炭素が豊富な滲出液をより多く放出するようになった。それはより多くの土壌微生物に餌を与え、土壌微生物はバイオマスの増加を助ける。二、三〇年のあいだに、土壌の炭素含有量は二パーセント未満から六パーセントに増加し、デニスによれば一部の牧草地では現在、最大で一〇パーセントにまでなっているという。デニスは自分の土壌を、自然の炭素含有量に戻したのだ。一八九〇年代に科学者は、カナダの草原の土壌の有機物含有量は五~一一パーセントだと報告している。モグラ塚は、以前は灰色だったが今では黒くなってきたとデニスは言う。また、流出水も発生しなくなった。牧草地に降った雨は、たとえ豪雨であっても、すべて地面が吸収する。今では自分の牧草地は一時間に四〇〇ミリもの雨が浸透するが、近隣の牧草地では二五ミリ以下しか吸収しないとデニスは私に言った。

ブラウンと同様、慣行農法をやめてから牧場に生き物が戻ってきたのにデニスは気づいた。「今までにないほど鳥と野生動物がやってくるようになった」と、チョウの群れが舞うのを前にデニスは語った。輪換放牧は林地の下の草地を開いて、シカの越冬場所を作った。訪れるタカが増え、キツネはデニスのウシのあとをつけて、踏み潰されたヘビを片付けている。

私たちはデニスの飾り立てたゴルフカートに乗り込んで、ウシを新しい放牧地に移動させるべく出発した。途中、一八八九年に作られた古い開拓路の痕跡、大地に今も刻まれているかすかな轍《わだち》を越えた。すぐに私たちはデニスの牧草地に着いた。恒久フェンスと、高さ数十センチの金属の杭に張り渡しててっぺんを輪にした単線電気柵を混ぜたもので区切られている。それらはハイテクだがかなり単純な装置だ。デニスはゴルフカートから身を乗り出して柵のワイヤーを張ることも、乗ったまままそれを撤去することもできる。

七〇〇頭のウシが密集した二エーカーの放牧地が見えてきた。ウシたちはその日の朝八時からそこで草を食んでいた。こんなウシの大群がのたうっているのを私は見たことがなかった。ウシたちは地面の近くで草を噛み切り、糞の山を飾りつけ、ぼさぼさした茎がいくらか立ったまま残される。この放牧地を食べつくすと、翌年までウシはここには戻らない。

デニスはカートから降りて、フェンスの掛け金をはね上げて開けた。合図でもあったかのように臨時のリーダーが現われ、群れはそのあとに続いてどっと新しい放牧地になだれ込んだ。丈の高い草に興奮した群れは、新しい放牧地いっぱいに広がった。左耳の赤いタグに一七六〇と番号が打たれたウシは、草を食みながらフェ

ウシの体高の半分の高さまで草が茂る

ンス越しに私を検分しにやってきた。その背中にはハエが群がっている。私たちが車で近づいたときウシたちの背から一斉に飛び立った、コウウチョウの黒雲のような群れは、それを目当てに集まっていたのだ。

数時間後にまた群れを移動させるとデニスは告げた。そのあいだ、群れは夢中になって青々とした草を食べる。コオロギなど虫の声が、草を噛み潰す鈍い音にかき消される。七〇〇の口が高さ三〇センチの草を噛みしだく音は、容易に忘れられそうにない。

ウシ一頭あたりの体重増は慣行放牧法のほうが大きいが、面積あたりの総増加量は集約放牧のほうが優れていると、この心奪われる光景をじっと見つめてブラウンは言った。私はその理由を尋ねた。放牧の密度が高いほど、ウシは植物を均等に食べ、平均して地面を踏みつけ、糞尿をうまく配分し、土壌に蹄《ひづめ》の衝撃が均等に加わるからだとブラウンは説明した。また集約放牧は刈り株を地面に踏み固める。こうしたことはすべて、土壌の炭素含有量を――したがって土壌肥沃度を――高めるのに役立ち、新たに二倍の草が成長してより多くのウシを養う。

私たちはもう一つの放牧地へ向かった。そこではポプラの木立に挟まれた草地をウシがうろついていた。多種多様な草が茂り、黄色、紫、白の花々が咲き、牛糞——大量の牛糞——が散らばる牧草地を横切って私たちが近づくにつれて、ウシは密集隊形を作った。デニスが前に進むと、ウシは子ウシを密集隊形の後方に回して一斉に退いた。

ウシの動きはアフリカの原野を思い起こさせた。そこではライオンが引き金となって群れがなだれを打つことがある。だがこの場合はライオンがデニスで、ウシは自分たちの数が多ければ安全であることを心得ている。扱うウシの数が少ないほど、この種の行動を再現しがちだとデニスは言う。

移動の多い高密度放牧は、そもそも草原を造ったものだ。毎年、バッファローの大群が草原を渡り、草を根こそぎにしていくと、食べられた草はストレスを受ける。予測できる定期的な圧力のもとで、植物は多くのエネルギーを地下のバイオマスの蓄積と、素早い再成長を支える主根系に注ぐ。そうすると大量の滲出液が生産され、植物の成長と健康のための燃料が供給される。

他の地域でも集約放牧は土壌と牧草の質を向上させている。二〇一一年に行なわれたテキサス州の牧場の研究は、輪換放牧が行なわれている放牧地では、慣行放牧のものに比べ有機物含有量、栄養レベル、菌根菌の豊富さが有意に高いと報告している。また二〇一六年の分析では、再生可能な作物および放牧管理のもとでは、ウシは土壌の質を改善し炭素を隔離できることがわかった。反芻動物の放牧と環境保全型農業を組み合わせることが土壌に炭素を蓄積する秘訣だと、論文の筆者は示唆している。

もしこれを大規模にやるとすれば、反芻動物が一度ならず地球を冷やすのに役立ったことになるだろう。過去四〇〇〇万年、草地と反芻動物は共進化し、地球の陸塊の四〇パーセントを占めるまでに広まった。このように草地が地球全土に拡大し、炭素に富む草地の土壌が蓄積したことで、大気中の二酸化炭素濃度は徐々に低下した。草原にはそれだけの炭素が蓄えられるのだ。するとこれは、気温を下げる役割を果たした。おそらくは、氷河時代として広く知られる地質学的には最近の氷期のきっかけを作ったのがこれだ。

ビスマークに戻る道中、広大なトウモロコシ畑と収穫が済んだコムギ畑に、フェンスは見られなかった。北アメリカの地理的中心、ラグビーを通り過ぎるとき、その景観が放牧にうってつけであることを思いついた。バッファローの群れがそもそも、この良好な農地の肥沃な土を作った。しかし、現在ではバッファローはおらず、ウシはすべて農地から追い出された。

ブラウンは私の考えていることを読み取った。「あそこにトウモロコシ畑がある」とブラウンは言った。「何頭のウシがあそこで冬を越せることか」。ポールがつけ加えた。「食糧生産の潜在的能力なんて非現実的だ」

ブラウンは考えを述べた。「このあたりの住人のほとんどは、冬中ウシに干し草を与えている。収穫後のトウモロコシ畑で刈り株をウシに食わせるか、牧草地に被覆作物を植えてウシを放牧し、牛糞を土地に戻せばいいんだ。なのに刈り取った牧草をトラクターを使ってウシのところまで運ぶような無意味なことをやっている。そのウシは土地から切り離されて、牛糞を畑に戻さない」

トウモロコシをウシに与えることをどう思うか、聞く必要はないように思えたが、それでも聞いてみた。「砂嚢のあるウシなんか育てたことがない。ウシは穀物を食べるように進化していないんだ。草で育てた牛肉はオメガ3脂肪酸とビタミンを多く含んでいる。われわれは品質の劣る商品を作るために、化石燃料を燃やしてウシを肥育場に入れているんだ」。私に異論はなかった。それはどこから見ても無意味だった。なぜウシを閉じ込めて、土壌を荒らす農法で作ったトウモロコシを餌に与えるのか？　ブラウンとデニスが証明したように、草食動物が土作りと農業生産力の維持に役立つ土地に、ウシを戻してはどうか？

放牧は草地に悪影響を及ぼすという従来の考えとは裏腹に、畜産を農場に再び組み込めば、再生可能な農業のための強力な道具となる――正しいやり方をすれば！　ウシの群れを高い密度で――捕食者に攻撃を思いとどまらせるため自然に集まるように――移動させる集約放牧は、好影響を与え得るのだ。目下のところ廃棄物として扱われている畜糞は、世界の肥料需要のじつに三分の一を、再び満たすことができる。家畜をもう一度農地に戻せば、アメリカは今より高い人口密度を支えることができるかもしれない。小規模な農場で畜産を作物栽培に再度組み込むと、農場に生命が戻ってくる――そして自営農業は活気を取り戻すだろう。

これまで私は、土壌の健康と食物生産を――植物も動物も――増大させる鍵が、農地に家畜を増やすことだとは思ってもみなかった。カリフォルニア海岸山脈のガリー侵食を引き起こす問題は、単なる放牧ではなく、回復期間を置かずにあまりに多くのウシをあまりに長く谷底に集中させることだった。われわれは「ウシは悪者だ」という見方を乗り越え、なぜこんなにおかしなウシの飼い方をしているのかを問う必要があると私は気づいた。

ビスマーク空港で帰路の飛行機を待ちながら、私は飛行場のまわりの農地をしばらく眺めていた。なんてことだ、と私は思った。ウシが一頭もいないじゃないか。

＊――Manson, M. 1899. Observations on the denudation of vegetation –a suggested remedy for California. *Sierra Club Bulletin* 2: p.300.

第10章　見えない家畜の群れ——土壌微生物を利用する

新しい考えを持つ人間は変わり者だ。その考えが成功するまでは。

——マーク・トウェイン（小説家）

さらに数キロ下ってから、私たちは超大型の丸木舟を右岸につけ、急いで上陸した。検土杖を抱えた私のブーツは泥に沈み込んだ。検土杖というのは長さ一メートルほどの中空のパイプで、中央に窓が開き、一方の端にネジのようなドリル刃、もう一方の端に回転させるためのハンドルがついている。ジャングルは濃密だったが、私たちは道を切り開いて森に入っていくことができた。GPS装置が目的地に着いたことを告げた。私は検土杖を地面に押し込み、全力で掘った。

ハンドルが地面に達すると、同僚の一人の手を借りて、検土杖を穴から引き上げた。透明なプラスチックの試料採取管を検土杖から抜き取り、川が堆積させた砂とシルトを調べる。

歩いて丸木舟に戻る私たちに、前日の記憶が影を落としていた。サンダル履きのガイドの一人が悪態をつき、トランセクト〔訳註：生物調査のために野外に設定した線〕の端のすぐ手前で立ち止まった。今しがた彼の足を嚙んだヘビが、藪に慌てて逃げ込んだところだった。誰もはっきり見定めることができなかった。毒ヘビなのか？　私たちは不安げに聞いた。二、三分待てばわかるとガイドは言った。しばらく待ってこれと言ったことが起こらなかったので、私たちは次の試掘現場に移動することにした。ほっとしながらも一二個の目を用心深く小道の地面に釘付けにして。

私は一カ月にわたるワシントン大学の遠征に参加し、ミシシッピ川ほどの規模のベニ川を、アンデス山脈の端から広大な低地ジャングルを抜けてアマゾン川へと下っていた。もう一人の教授、二人の学生、そして私は、どのように川が氾濫原を蛇行しているかを調査し、どのくらいの頻度で大きな洪水が新しい堆積物を落としているか測定するために来ていた。そのために私たちはサンプルコアを集めてシアトルに持ち帰り、年代を測定する必要があった。それは私たちにとって、林床の土壌をよく観察するまたとない機会となった。

全体として、土壌にはほとんど有機物が見られなかった。落ち葉の薄い層が地表を覆っているだけだ。ジャングルでは、死んだものは長く持たない——アリの軍団やその他の生物が地面に落ちたものは何でもたちまち分解してしまうからだ。それから栄養はすぐに、地上の生きた植物の世界に戻って循環する。

川の上で数週間を過ごした私たちは、果物を補充するため、旅のあいだ最初に見た村に立ち寄った。村の中を歩いていると、あらゆる有機物、特に果物の捨てられた残渣とかまどの炭と灰が散らばっているのに気づいた。村の土が、周囲のジャングルで採取したコアサンプルのものより色が黒いのは、これが理由なのだろうか?

ヨーロッパの探検隊が初めてアマゾンを踏査したとき、先住民は人口が多く、威圧的だった。ところどころで、数万の住民が川沿いに並んで、同じくらい好奇心いっぱいで、同時にひどくびくびくした探検隊にぽかんと見とれていた。多くの先住民が長期間居住した説得力のある証拠が、この地域の肥沃な黒土テラ・プレタ[*1]に記録されている。有機物を炭、灰、骨、人間の排泄物の形で土に戻す数千年にわたる習慣は、アマゾン流域のもっとも人口の多い地域で肥沃な土壌を形成した。

こうした肥沃な土壌を構成するもっとも重要な要素はバイオ炭、絶えずくすぶる火の中でできる木炭だ。このようなやり方でアマゾン先住民は、さもなければ肥沃な土壌に乏しい環境で、土を村のまわりに作った。もとの土壌と比べると、テラ・プレタは有機物、窒素、リンを三倍含んでいる。今日、テラ・プレタでのコメとマメの収量は、隣接する土壌の二倍になることもある。目端の利くブラジル人の中には、農家や都市の園芸家に売るためにテラ・プレタを掘り出している者もいる。このような土壌を生み出した習慣は南アメリカに限ったものではない。近年ドイツ北部で行なわれた考古学的発掘により、似たようなやり方で作られたノルディック黒土の堆積が見つかっている。

そしてテラ・プレタ作りの現代版が存在する。低酸素燃焼を利用してバイオ炭を作り、土壌肥沃度を回復させるための微生物資材を添加するのだ。支持者は、バイオ炭が微生物を土壌中で増殖させ、温帯でも熱帯でも劣化した農地を改善すると考えている。

微生物を生かすバイオ炭

知人のアート・ドネリーは、汚染物質を出さず低コストで、バイオ炭ができる調理用コンロを設計しており、バイオ炭には全世界の農家が健康で炭素が豊富な土壌を作るのに役立つ力があると考えている。それは肥料や土壌改良材の主成分であり、農家が自力で作れるものだ。バイオ炭と微生物を使って土地を回復させているコスタリカの農家を、私はドネリーから紹介してもらえることになった。

夕立雲が頭上に垂れ込め、一面ブーゲンビリアに覆われた紫色の丘が、高速道路に沿って後ろへと飛んでいく。豪華なつる植物は斜面をよじ登り、サンホセのスコールを流すために作られた深い側溝の上に生い茂っている。赤く錆びた波板の屋根の家が、かつての首都カルタゴへと続く道の両脇に並んでいる。そこで私たちは四車線のパンアメリカンハイウェイをそれて、曲がりくねった道を山の中へ、ふわふわした影が尾根の頂を隠している雲霧林へと向かう。私たちはコーヒーの国に入ろうとしていた。

ドネリーは六〇歳近く、引き締まった体躯で、色白の顔に赤い山羊ひげを生やしている。三〇年にわたり、シアトル地区のレストラン、ナイトクラブ、高級住宅地に住むビル・ゲイツやハワード・シュルツのような顧客からの注文で、金属アート作品を作っていた。二〇〇八年のリーマンショックで仕事がなくなると、バイオ炭と汚染物質を出さない調理用コンロの普及を主目的にする非営利団体の支援を始めた。運転しながら、ドネリーはなぜ自分がバイオ炭に興味を持つようになったか、また、どうして中央アメリカのコーヒー農家が世界最大の農業用化学製品の利用者になったかを話してくれた。

調理コンロとバイオ炭に関心を持ったのは、パナマ沖合のサンブラス諸島に先住民クナ族を訪問したときだ。数世紀にわたりこの離島は海賊の隠れ家であり、一九〇三年にパナマが独立したとき、クナ族は新国家への帰属を望まなかった。一九二五年の反乱のあと、彼らは半自治の地位を協定した。二〇〇七年に島を訪れたとき、多くの子どもたちが屋内での煮炊きの煙に日常的にさらされて、呼吸器疾患を患っていることにドネリーはショックを受けた。また、海岸の急斜面で行なわれる焼き畑農業による侵食が引き起こす土砂流入で、サンゴ礁とそこでの漁業が死にかけているのも見た。漁業と農業が衰退したため、クナ族は、ココナッツオイルを抽出する乾燥したココナッツの果肉をコロンビアに輸出して、缶詰を輸入することを強いられた。もっといい方法があるはずだと、ドネリーは思った。

ひらめきの瞬間は、初めてバイオ炭の記事を読んでいるときにやってきた。汚染物質を出さず木炭を作るコンロは、劣化した土壌を再生し、パナマで見た子どもたちが肺に煙を吸い込まないようにするのに役に立つかもしれないと、ドネリーは考えた。ドネリーはコンロの設計を始め、やがて試作品ができた。最初の単純なバイオ炭コンロは、バイオ炭の自作に興味のあるシアトルの園芸愛好家に受けた。二〇〇九年二月、そうしたコンロの一つが、シアトルで開かれた有機収穫祭で、コスタリカのコーヒー農家アルトゥロ・セグラの目に留まった。

当時コスタリカの有機農家は、日本の農法であるボカシ、つまり有機廃棄物と砕いた木炭を混ぜて発酵させた堆肥を採用しようとしていた。あいにく木炭は一次林を伐採したものが原料だった。セグラはドネリーに、コスタリカへ来てコーヒー生産者に農場で出る有機廃棄物からバイオ炭を作る方法を教えてくれるよう頼んだ。またセグラは、煮炊きで出る煙にさらされた先住民のコーヒー農園労働者に、呼吸器への影響が出ていることも話した。二〇一〇年一月、やがて五年にわたるエストゥファ・フィンカ（農園コンロ）・プロジェクトとなるものを立ち上げるため、ドネリーはコスタリカへ向かった。

ドネリーの金属加工と溶接の技術が役に立った。バイオ炭生成コンロの設計は、燃焼室への空気の流れをコントロールして、コンロの中に酸素が足りない環境を作ることが基本だと、ドネリーは私に語った。揮発性物質は、上から点火した一時燃焼で燃料から追い出され、独立した二次空気区画で燃焼する。揮発性物質が尽きてしまうと、火は消え、炭化した燃料があとに残る。コンロはさまざまな乾燥した有機物を使ってほとんど煙を出さずに調理のための火——と無害な炭——を生み出す。

ドネリーは調理実演を行ない、彼のコンロで一度に数時間——時には屋内で——目に見える煙を出さず火を焚いて、集まった人々を驚かせた。独立の排ガス研究所がコンロを試験したところ、一酸化炭素をほとんど出さないことが確認された。汚染物質を出さず燃焼するドネリーのコンロは、高品質の木炭も作り出した。

さまざまな要素がバイオ炭の質に影響するが、燃焼温度と初めの有機物の質がもっとも重要だ。温度が低いほど多くのバイオ炭ができる。温度が高いほどpHが高く養分可給性（陽イオン交換容量）が高いバイオ炭ができる。だが熱すぎると多孔構造が崩れ始める。バイオ炭を作るのに最適な温度は約五〇〇℃で、ドネリーのコンロはその温度を出せ、有機物ならほとんど何でも炭化できる。一度彼は私に、まるでティム・バートンの映画から出てきたような、まるごと炭に焼いた黒いバラの花を見せてくれた。だが、開発途上国の小規模農家にとっては、作物残渣がバイオ炭にするのにもっともちょうどいい原料だ。作物残渣が使えるバイオ炭コンロがあれば、彼らはそれを調理用燃料に使い、木炭を土壌に戻すことができる。

バイオ炭は数百年から数千年も土の中で存続できる。だから考古学者は、炭を放射性炭素年代測定にかけて、古代遺跡の年代を推定する。だが、炭が数千年も変わらないほど安定しているなら、バイオ炭はどのようにして土壌肥沃度を左右できるのだろう？　土壌の保水力と陽イオン交換容量を増す多孔性の高さと、土壌のpHを高め有益な土壌微生物が好むレベルまで土壌の酸性度を減らす能力がその理由だ。また、有機物を分解し再循環させる微生物のために、間隙と生息地を提供する。

いくつもの研究が、バイオ炭は微生物の活動と作物収量を共に高めることを示している。そうした研究をドネリーが小さな試験区でまねたところ、劣化した土壌では三〇パーセントの収量増が見られた一方、すでに肥沃な土壌では増加が見られなかった。炭素に乏しいアマゾンの土壌での圃場試験では、収量が二倍以上増えた。仏領ギアナでの研究では、キャッサバの皮と炭を組み合わせると、どちらか片方だけ土壌改良材を使った場合に比べ作物収量とミミズの活動が大幅に高まることがわかった。しかし、バイオ炭をすでに肥沃な土壌に使うと、予想に反して収量を低下させることがあると報告する研究もある。

尾根の頂上で、私たちは大きな風力発電所を通り過ぎた。高さ三〇メートルの三枚羽根のタービンが、大陸分水嶺からあふれた太平洋の風を受けて回っている。雲の中に入って行くと、散乱する緑の光とつるに覆われた木々が、切り通しに露出した赤錆色の土と対照的だ。エンパルメでハイウェイ二号線をそれ、狭く曲がりくねっているがよく整備された道路を西へ向かい、コスタリカのコーヒー地帯の中心、ロスサントスに入る。サンタマリア・デ・ドタという小さな町に着いたときには土砂降りだった。絵のような町は急斜面に囲まれた谷底を占めており、コーヒー農園は斜面の下のほうに広がり、その上の険しい尾根は森林に覆われている。地滑りの跡が数カ所、斜面を走り、赤と白に塗り分けられた金属製の巨大なマイクロ波電波塔が谷底から高くそびえている。大通りに面した倉庫大の近代的なコーヒー協同組合は、昔からの街区から二、三ブロック離れたところにあった。午後六時ちょうどには雨に雷が加わり、熱帯の日没を告げた。

コンポストティー

翌朝、数キロ西にあるフェリシア・エチェベリアの農園へと出発する頃には、太陽がさんさんと輝いていた。途中、切り通しには灰色の火山岩が露出し、上に行くにしたがって橙色がかった風化した岩と粘土質の下層土に移り変わる。その上に表土はあまりなく、有機物はまったくない。どちらを見ても、赤い土がむき出しの地面からのぞいている。川さえも前夜の雨で橙褐色の水が流れている。

谷中至るところ、コーヒーの低木の列が斜面に沿って点線を刻んでいる。木はそれぞれ人が楽に収穫できる高さに剪定されている。コーヒー農家は、これまでにないほど大量の肥料を与えているのに収穫量が低下しているとこぼしていると、ドネリーは言う。農家は自分たちが農芸化学の回し車を回していることを知っているのだと、ドネリーは思っている。「誰もが行き詰まりを感じているようだ。それほど長続きする見込みはないことを生産者はみんな知っている」

サンパブロの教会で右折して、私たちの車では登るのに苦労する狭い舗装路を登って行くと、その理由がわかった。切り通しはすべて同じ様子を示していた。私たちはその一つの前で車を停めた。私は写真を撮ると、斜面の耕作で表土が侵食され失われたという典型的な物語をドネリーに話して聞かせた。赤っぽい下層土の粘土質の塊が地表にまで届いている。表土もなければ有機物の被覆もない。温かい雨水が地面に染み込むと水溶性の栄養素が溶け出し、不溶性の鉄とアルミの酸化物が濃縮された土壌が残ったことが、私にはわかった。道理でこのあたりの農家が大量の化学肥料を必要とするわけだ。この土壌はぼろぼろなのだ。

三分の一ほど尾根へと登ったところで、私たちは舗装路をはずれ、でこぼこ道を揺られながら小さな農場、森、さらなるコーヒー畑を通り過ぎていった。ドネリーは濡れた路面にむき出しになった滑りやすい赤土を避けながら、エチェベリアの家を探した。彼女の家はすぐ先のはずだと思っているうちに、私たちは天然林が手つかずで残る尾根の頂上に着いた。カーブの外側には高さ六〇センチの切り通しが森林土壌を見せている。赤い下層土の上に一五センチから三〇センチの黒っぽく有機物に富む表土があった。この土地が初めて農業のために切り開かれたときにあったような肥沃な土壌──有機物に覆われふかふかと崩れやすい焦茶色のシルト──が、やっとここにあった。この脆弱な層のすぐ下には、今では谷中の農場で表に顔を出している、固くごつごつした下層土がある。一世紀に満たないコーヒー栽培は、土壌と地域の天然の肥沃さを破壊してしまったのだ。

エチェベリアの家をすでに通り過ぎてしまったにちがいないことに気づいた私たちは、引き返して山を下った。やがて、見当違いの方向から近づいてくる私たちに向かって、彼女がフェンスに囲まれたこぎれいな敷地から手を振っているのが見えた。エチェベリアはドネリーを旧友のように歓迎し、私たちを小さなひと間の木造の家に招き入れた。片側は青と黄色のタイルばりの台所で、金属製の大きな作業テーブルが置かれている。そこでエチェベリアはサラダドレッシングを作って売り、生計を立てている。農園ではこの事業で──また彼女の食事で──使うあらゆるハーブが作られている。

エチェベリアは、カールした黒髪が後光のように広がった五〇代のやせた女性だった。ジーンズ、ゴム長靴、白いシャツを身に着け、背はドネリーよりわずかに高い。軽い足取りで歩く温かな知性の持ち主の彼女は、どことなく自画像に描かれたフリーダ・カーロを思わせた。

一九九九年から二〇〇六年まで、エチェベリアは農務省で有機農業計画を指導した。離婚後、四エーカーの農場を購入し、家を建てる資金をためてから二〇一〇年に転居した。エチェベリアは自分の農場の劣化した土壌を回復させたいだけでなく、五〇代の独身女性でもそれができることを農家に見せたい、そして自分たちにもできると自信を持たせたいと思っていた。

エチェベリアがまず私たちに見せようとしたのは、乾燥堆肥化トイレで、一回流すのに水を一カップしか使わないものだ。エチェベリアは中央アメリカで、人間の排泄物のような臭いのする川や湖を嫌というほど見てきて、用の足し方を変える必要を感じた。タンクのない彼女のトイレは、落ちていくものを滑りやすくするためだけに水を使う。どうしても流れないものは、壁から下がっている短いホースからの水の噴射で押し流すことができる。屋根から集めた雨水がトイレの水源となり、固形物を溜める木くずをいっぱいにしたタンクに流れ込む。エチェベリアはタンクの中身を週に一度ひっくり返し、定期的に木くずを足し、年に一度空にする。

それから台所の生ゴミと混ぜて二、三カ月おいて堆肥化し、バナナの木や花に与える。「これが施肥システムだとは思ってないわ。これは排泄物を再利用する一つの方法なの」。エチェベリアの台所とトイレの水は、岩と土のフィルターを通ってから斜面を流れ、花畑をうるおす――だがハーブには使わないと、彼女は急いでつけ加えた。エチェベリアは最近できあがった堆肥を見せてくれた。臭いはなく、肥沃な土のようだった。

ハーブ園の中を歩いていると、大小のハチドリが矢のように飛び回っているのがいやおうなく目に留まった。段々になった斜面にはディル、レモングラス、ローズマリー、ラベンダー、その他私には見分けられないさまざまなハーブが豊富に栽培されていた。

次にエチェベリアが私たちに見せたがったのは、家の前にある八角形をしたセメント床の屋外構造物の中にあった。そこにある青と白の容器の中で、彼女はMM——microorganismos de montana（山の微生物）の略——を使ってボカシ溶液を作っている。このローテクな微生物接種材料は、菌根菌が豊富な生物肥料を作るために、パン種のようなスターターを必要とする。始動のためにエチェベリアは袋いっぱいの有機物（腐植）を、白い菌根がちゃんと含まれているようにして林床から集めてくる。次に、大きな葉をすべて取り除き、米ぬかと糖蜜を混ぜる。それから六〇リットルのネジ蓋がついた容器に入れてポリ袋をかぶせ、一カ月半発酵させる。エチェベリアは慎重に容器の蓋をはずした。私は中をのぞき込んだ。かすかに甘い刺激臭が立ち上り、鼻に触れた。できたものは土壌肥沃度と植物の成長と健康を高める——正しく作れば。

この細かい粒状の物体は、好気性コンポストティーのためのスターターとしてもはたらく。これを作るために、エチェベリアは固形物を一袋、糖蜜を混ぜた水に沈める。二週間水に浸すとこれが、森の土から培養された菌類が豊富に含まれた生物の混合液になる。エチェベリアは発酵した固形物を苗と花壇に与え、MMが豊富な溶液をトウモロコシ、マメ、ジャガイモ、ユッカ、タロイモ、ニンニク、オートムギなどの作物に噴霧して、有益微生物を接種している。

「これは安くて効果的なので、ラテンアメリカ中で使われているわ」とエチェベリアは私たちに言った。ただ、気をつけて悪いMMを見分けなければならない、変な菌類が繁殖していて、使うと植物に害を与えることがあるからと続けた。言いたいことをはっきりさせるために、エチェベリアは悪くなったものが入っている容器の蓋を開けた。中身の酸欠のヘドロから立ち上る硫黄のような臭いが襲ってきた。これが見分けるポイントなら、だめになればすぐにわかりそうだ。だが、シャベル一杯の森の土から始まる生化学的プロセスを規格化するのは難しい。また、確実な再現ができないので、農家の経験上——少なくともたいていは——うまくいっていても、科学者のあいだでは懐疑を招いている。

それでもエチェベリアは、ウシがいなくてもこのやり方で堆肥を作る手順を詳しく説明する農務省の冊子を、私たちに見せてくれた。すべての農家が家畜を利用できるわけではないが、土ならみんなが手に入れられる。エチェベリアの経験では、MMを使う方法は簡単で安価に土壌肥沃度を高められる。五五ガロンのドラム缶のような大きな容器に森の土（腐植）を六、米ぬかを四の割合で入れ、糖蜜一ガロンを注いでよく混ぜ、密閉して嫌気発酵させるだけだ。正しく作れば、これはよい肥料になり、ニワトリやウシに有益な微生物叢を取り込ませる補助食品にもなる。

エチェベリアは約一〇パーセントのバイオ炭を含む発酵堆肥も作っている。ボカシを作って有益な微生物を培養するこの方法は、比嘉照夫博士が祖母から教わった日本古来の方法に手を加え、その弟子が一九九〇年代にコスタリカに紹介したものだ。それは農務省が作り方を公開するほどコスタリカの農民のあいだに定着した。その製法は鶏糞、サトウキビの搾りかす、液体または固形のMM、木炭または灰、糖蜜、岩粉、古いボカシを混ぜるというもののようだ。当局は特に、それを苗の成長促進に使うことを推奨している。

私はエチェベリアの万能農薬の製法にも興味を持った。それは、MMを除けば、おいしいランチの調味料にも使えそうな材料で手作りされるものだった。その中身はニンニク、トウガラシ、タマネギ、ショウガ、糖蜜、酢、アルコール、水だ。一五日間発酵させてから、混合液を薄めてスプレーすれば昆虫、線虫、菌類、その他の病害虫を抑制できる。上等な辛いソースもできそうに思える。

コーヒー農家を変えた微生物接種

エチェベリアはバイオ集約農家を自称する。自分自身と土に栄養を与えるのに必要なものを何でも栽培しようとするということだ。「バイオ集約はバイオダイナミックから超自然的な部分を除いたようなもの。ごく普通のもので、このあたりの農家は呪術めいたことは信奉していないの」。エチェベリアはバイオダイナミック農法の精神的・神秘的側面や土壌への宇宙の力のような話を無視して、ただ自分が食べたいもの、よい堆肥になるものを栽培している。

私たちはエチェベリアの家から徒歩で数百メートル未舗装路を登って、彼女の畑に向かった。途中、クラストができた赤い土から木が生えているコーヒー畑を通り過ぎる。隣人が化学肥料を大量投入して慣行農法で作っているものだ。歩きながらエチェベリアは、自分のバイオ集約農法の原則を説明した。地面が覆われた状態を保つことと、マルチ、混作、MM溶液による接種を行なうことだ。化学肥料や農薬は使わない。新しく植床を用意するときは、六〇センチ掘り下げてごつごつした土を崩す。植えつけたあとは地面をかき乱さない。これはベック、ボア、ブラウンが行なっている環境保全型農業の原則によく似ているように思われる――そこに顕微鏡サイズの目に見えない家畜の群れに活を入れる微生物接種を加えたものだ。

エチェベリアによれば、彼女の畑の土はもともと砕くのにつるはしがいるほど硬く、きわめて粘土質だったのでそれで陶器を作ったという。自分が目のあたりにしていたものをぜひ見せようと、エチェベリアは熊手を取ると作物が植わっていない畑の端に歩いて行き、地面に先端を突っ込んで横棒の上に飛び乗った。何ごとも起こらない。さらに何回か、飛び乗ったり降りたりをくり返した。やはり何ごともない。前の持ち主が農場を捨てたのも無理はない。

エチェベリアが買ったとき、この土地はキイチゴのあいだから成長した数本の野生のブラックベリーが覆っていた。今では二二の植床が果樹のあいだにある。また、窒素固定能力のある木や、堆肥作りに最適な窒素を多く含む葉をつけるものも植えている。

当初、エチェベリアはなかなかうまくやっていけなかった。最初の年、貯金を使い果たし、クレジットカードで二〇〇〇ドルの負債を作り、それでも市場に出せる作物の収穫はもちろん、自家消費する食物も十分にできなかった。土壌試験の結果が戻ってくると、その生産力の低い土壌には特にカルシウムとホウ素が不足していることがわかった。バイオ集約農法に興味を持つ土壌学者の友人は、岩粉、微量栄養素の溶液、ブタの糞を使い、余分に堆肥を与えることを勧めた。

二、三カ月で土はみるみるうちによくなっていった。植床にはトウモロコシが高さ二メートルに育った。発育不良の紫色の穂がついた初めの弱々しい作物とは大違いだ。適切な組み合わせで岩石鉱物、有機物、それから彼女の考えでは、鉱物と有機物に含まれる栄養素を利用できるようにするための微生物を加えてやればよかったのだ。また、まず最初に何かを植えてやることも、このプロセスを刺激するのに役立った。彼女が最初に発育の悪いニンジンを引き抜いたとき、まわりを丸く取り巻く土の色は黒かった。肥沃な土の輪はゆっくりと拡大して赤土に食い込んでいったのだ。

すっかり軟らかく茶色になった植床の土を、私たちはかがみ込んで手でやすやすと掘ることができた。エチェベリアは土の変化と、サラダドレッシングの製造販売を支えるオレガノ、ローズマリー、カラシの種の収穫が良好であることを今も驚いている。

劣化した土壌をこれほど短い期間で再び生産できるようにしたことに満足したエチェベリアは、堆肥の散布とMMの使用を自分の農場全体で始めた。トウモロコシ、トマト、マメに加えて、グアバ、ブラックベリー、モモ、アボカド、レモン、オレンジをエチェベリアは栽培している。つまりスーパーマーケットを栽培しているんですねと私が言うと、彼女は答えた。「ええ、要するにそういうことね」
エチェベリアは、自分のやり方で農場は二、三年のうちに良好な収穫を回復できると考えている。彼女は地域の他の農家に、土地に生命を戻すことで生活する方法と、どれだけ早く土地に生産力を——そして繁栄を——取り戻すことができるかを見せたいと思っている。午後遅くなってまた雨が降り出したので、私たちは三人一緒に車で山を降り、やはり土壌を立て直そうとしているコーヒー生産者に会いに行った。

道中、エチェベリアは、コーヒーの収穫がここ一五年落ちていると私たちに言った。以前は、化学製品を多用する農業が土壌を劣化させたせいで収穫が落ちているなどと言うのは、物議を醸す非常識な発言だった。だが今では、農家のあいだで常識だと、エチェベリアは言う。

友人との待ち合わせには少し早かったので、エチェベリアは私たちを農務省の地方農事顧問ガブリエル・ウマーニャに紹介してくれた。私たちは雨を避けて彼の青い平屋の事務所に駆け込んだ。ボタンダウンシャツを着て厚い黒縁の眼鏡をかけ、グレーのスラックスをはいたウマーニャはエンジニア風で、土壌試験のやり方についてアドバイスを求める二人組のコーヒー農家と話しているところだった。私の乏しいスペイン語の能力でも、農民の一人が以前の半分以下しか化学肥料を使っていないことが聞き取れた。もう一人が四分の三ほどを減らしたと言った。二人とも、どうすればさらに土壌を改良し、化学製品の投入量（とコスト）を減らせるかのアドバイスを欲しがっていた。

エチェベリアが紹介を終えると、ウマーニャは、あの二人のような人は珍しくないと言った。多くの小規模農家が、被陰樹の植樹、堆肥作り、殺虫剤や除草剤の使用量削減などで、大きく変わろうとしている。土地に施す有機物の量を増やしている者もおり、町のコーヒー協同組合はコーヒーパルプ[*2]を使って堆肥を作ってさえいる。こうした転換には一〇年前、保健福祉省がコーヒーパルプの河川への投棄を厳しく取り締まったことから関心が持たれるようになった。今では協同組合が堆肥化したパルプを組合員に適当な（安い）値段で売り戻して畑にまいている。

農家が土壌有機物の増加と土壌生物の増殖に熱心に挑戦し始めたのを、ウマーニャは見てきた。有機物に乏しく微生物が不活発な土壌でできるコーヒーは質が悪く、木は病気に弱いことがだんだんと農家にわかってきた。健康で肥沃な土壌はよいコーヒーを生み、化学製品への出費も少なく病気のリスクも小さいのだ。

ウマーニャは農家に、根は作物の心臓だと考えることを勧めている。また、ミネラルを運び有機物を循環させるために根はよい微生物を必要としており、除草剤や化学肥料を使いすぎると有益な微生物を殺し、新たな問題をみずから招くことになると話している。農民の大半は微生物についてほとんど何も知らなかったが、今こそ彼らは、土壌の健康の管理・改善を本格的に始められるように、ミネラル、堆肥、微生物の関係を理解するときだとウマーニャは考えている。だから農民たちに教えようとしているのだ。

ウマーニャは、すり潰したミネラル、堆肥化した有機物、微生物の組み合わせを推奨している。それは化学合成資材よりはるかに安い。一方で、大規模農場には農業化学製品をまとめ買いするゆとりがあり、コーヒーの質にはこだわらない。彼らは常にできたものを売ることができる。協同組合は量を確保するために大規模農家から買う必要があるからだ。

なぜ大規模農場を変えるのは大変なのか？　まず第一に、大規模にMMやボカシを使うための資金を銀行が貸さないからだ。もう一つの障壁は、商業的な後ろ楯のない手法を推進することに企業がほとんど関心を示さず、懐疑的な農家を説得して企業がバックについていない製品を採用させるのが難しいことだ。そして現代の農家は、自分で作れるものを時代遅れで非科学的とみなす傾向にある。農務省は主に、農家を化学製品を使った慣行農法へ誘導しており、ウマーニャは自分が省内では例外的存在であることを認めている。

ウマーニャのやり方で農家が結果を目にするには、多少の時間がかかる。彼の経験では、遜色のない収量を確認できるようになるまでに、バイオ集約な手法に切り替えてから数年を要する。それでも農家は、投入コストが大幅に低下したことにすぐに気がつく。二、三年でコーヒーの質が向上し、MMがコーヒーの木同士で成熟度を一致させることに多くが気づくとウマーニャは言う。これは、コーヒー豆が熟してから出荷しなければならないという物流上の大きな問題を抱えた農家にとって、助けになる。農家にこのやり方を試させ、最初の二、三年間続けさせることがもっとも難しい部分だとウマーニャは語った。それができた人たちは後戻りしない。

さび病と土壌微生物

次の予定はエチェベリアの友人ハビエル・メサと会うことだ。メサのコーヒー農園は谷の斜面を少し上がったところにあり、サンパブロを一望できる。短い黒髪を野球帽に押し込んだメサは、私たちを温かく迎え、この土地で三〇年以上どのように働いてきたかを話してくれた。数年前、メサは自分の土が「もはや役に立たない」ことに気づいた。数十年にわたる慣行農法によるコーヒー栽培のあとで、土壌試験は栄養が枯渇しているという結果を示した。経済性と変化への欲求の入り混じったものに突き動かされて、メサは土壌の改良と農場の回復のためにウマーニャの助けを得た。

私たちは立って谷むこうを見わたした。それから私は足元の土を見た。地面は炭化したり堆肥化されたりしたコーヒーパルプで覆われていた。この黒い地面の被覆から芽生えた新しいコーヒーの苗を、メサは植えている。パルプを土に返すのに加えて、メサはコーヒーの木のあいだの雑草を刈ったあと、それをその場で腐るに任せている。また、コーヒーの木に日陰を作るために、バナナの木を植えている。

微生物はこの手法の基礎だ。メサは作物のまわりの土壌にトリコデルマを接種している。これは植物と共生関係を作るありふれた属の菌類で、病原性の同類を抑制することで知られている。メサは枯草菌も使っている。土壌と、面白いことにヒトの腸内にもありふれた細菌だ。土壌内でそれは植物の成長を促進し、土壌中の硫黄とリンを可溶化し、根の病原体の感染を防ぐはたらきをする。さらに作物はＭＭ溶液と微量栄養素（ホウ素、亜鉛など）の補充を葉や土壌に受ける。ＭＭ溶液を作り、発酵した生物肥料を与え始めてから数カ月で、成長が大幅に早まったのがわかった。メサは私たちに生物肥料小屋を誇らしげに見せた。中は二〇〇リットルの固形ＭＭの樽と三〇リットルのＭＭ溶液の容器でいっぱいだった。

メサはこうしたさまざまな土壌改良材を数年来無機肥料と併用していて、すでにその土壌は黒く軟らかくなっている。生物肥料を作るのは、化学肥料を買うよりもずっと安上がりなので助かっている。今では化学肥料の使用量は以前の四分の一で、除草剤はもはや使っていない。有機農業には移行していないものの、メサは化学製品の投入量を――収穫量を減らすことなく――大幅に減らしている。農場の収支への効果にメサは満足している。

トリコデルマや、イモムシを殺す細菌バチルス・チューリンゲンシスのような土壌微生物は、数十年前から接種材料として使われている。[*3] 微生物資材は農業の幅広い場面で取り入れられているが、常に効果を再現するのは難しいことが証明されている。それでも、シアノバクテリアを生物肥料として接種すると作物収量が、多くの場合一〇パーセント以上増えることが、世界各地での研究で示されている。シアノバクテリアは植物のリン可給度に影響を与え、植物病原体に対抗する生物農薬としてはたらく。同じように、耕土に植物の成長を促進する根圏細菌を接種すると、作物収量が大幅に増加し作物が病気から守られることがわかっている。スリランカの荒廃した茶農園では、微生物群集を与えて一年足らずのうちに収量が改善され、化学肥料の使用量が半分に削減された。

メサは、除草剤をやめてから自分のコーヒーの木が健康になったと感じている。これは現在、彼にとって特に重要なことだ。多くのコーヒー農家が、コーヒーを全滅させかねない菌類感染症「ロハ」（さび病）の深刻な問題を抱え始めているからだ。メサは、それまで慣行農地でさび病を抑制していた農薬や殺菌剤が、近隣のコーヒーの木に害を及ぼしていると考える。健康な土壌が、この中米で拡大しつつある問題を食い止める最前線になるとメサは信じている。メサのコーヒーの木にさび病の問題は起きていない。それは土壌の回復が進んだおかげだと彼は考える。

転機は八年前、メサが地元のコーヒー協同組合をやめ、自分でコーヒーの精製を始めたときに訪れた。自分のマイクロミル（小規模精製工場）を建てたことで、メサはコーヒーの精製過程で出るもみ殻を堆肥化してMで処理してから畑に返すことができるようになった。[*4] メサのコーヒー精製所は自宅の向かいにある。コスタリカのナショナルカラーである青と金で塗装された、機械と一体になった小さな建物だ。

建物の中では、自動乾燥機がコーヒー殻をガス化炉で燃やして、コーヒー豆を五〇℃から五五℃で加熱する。自分のミルを建てる前は、メサはコーヒー乾燥機を動かすために大量の薪を使っていた。今ではコーヒー殻を燃料にしている。それからこの過程でできた炭を堆肥と混ぜて土に戻す。次のステップはミミズを導入し、その力を借りてもみ殻を堆肥化してから畑に戻すことだ。それからミミズ堆肥を使ってコンポストティーを作る予定だ。

メサもエチェベリアも有機物を土に返し、植物のあいだの地面を被覆し、微生物を導入・培養することで土壌の健康改善に取り組んでいる。彼らは化学肥料の使用量を劇的に減らし、除草剤や殺虫剤をやめて費用を節約している。

その夜、エチェベリアの農場で食卓を囲んで話を弾ませているとき、私は気づいた。私が会ったコスタリカの農民には、おそらく彼らが想像するより多くの共通点が、ノースダコタやサウスダコタで訪問した北米の農民とのあいだにあった。

食べ物の森——経済と生物への恩恵

翌日、ドネリーと私は夜明けと共に起きてコスタリカのカリブ海側を目指した。そこで私たちは、ドネリーが言うにはとびきりのチョコレートを農場で作っているカカオ生産者に会うことになった。森に覆われた山を越えると、私は河川の色の違いに気づき始めた。二本の大河、リオ・マドレとリオ・オンダの流れは澄んでいた。巨大な入道雲を頭上に集める山地の森林保護区の源流から、土砂がほとんど運ばれてこないのだ。森から流れてくる細い支流も、リオ・パクアレ（低地の農業地帯を橙褐色の水が流れていた）に合流するまでは水が澄んでいた。プエルトリモン（カリプソ・ミュージックの故郷）の南の海岸に沿った商業バナナプランテーションに着く頃には、川は濁った緑褐色に変わった。それを見ながらドネリーは、地域の漁業の状況と、バナナプランテーションから化学物質を含んだ水が流れ込んでサンゴ礁を全滅させたため漁業が衰退したことを説明した。農場から流れ出す大量の土砂も、いくらか関与しているのではないかと私は思った。

まる一日車を走らせて、私たちはプエルトビエホの宿泊所に着いた。大通りに面した、古いレストランを転用したゲストハウスだった。町は波食台、つまり今の海岸から内陸の最初の尾根（昔の海食崖）まで広がる、かつての海底が地殻変動で隆起したものの上にある。プエルトビエホは物憂い町だ。ドレッドヘアの色男が馬の背で、ペザントスカートをはいたヨーロッパのバックパッカーといちゃついている、そんなところだ。混雑する街路には旅行者、移住者、カリブ海出身の黒人、先住民、スペイン系住民が入り混じっていた。

空気は息苦しいほど暑く、飲めるくらい湿度が高い。チェックインしてから、私は夕日と岸に砕ける波を見に浜辺へ行った。海岸をじっと眺めていると、木立と波が途切れることなく、かなたの青い山々まで延びているのが見て取れた。時が止まった、過去からの生きている絵はがきのようだ。

翌朝、私たちはピーター・クリングのもとへ向かった。パーマカルチャーと、自然の生態系の模倣によって農業制度を設計するという展望に刺激を受け、一九八〇年代に当地に移住したアメリカ人だ。かつての海食崖のふもとにある彼の農場に着いた私たちは、小さな橋を渡り、食料のジャングルに踏み込んだ。

ショートパンツにブーツ、ゆったりしたシャツといういでたちのクリングは、小さな苗畑で私たちを出迎えた。そこは農場の正面玄関の役割を果たしており、また移住者コミュニティーに庭園植物や鉢植えを供給している。南太平洋を放浪した末クリングは、住みやすく作物の栽培に向いているところを探してコスタリカに上陸した。そのごま塩頭と短い灰色の顎ひげ、蚊を気にも留めないことから判断するに、それはかなり前のことである。クリングはさっそくバイオ炭作りについてドネリーと話し始めた。

クリングはバイオ炭を二〇〇リットル樽で作っている。一回焼くごとに九キロでき、細かく砕いてから乳酸菌と放線菌を豊富に含む市販の微生物溶液に浸す。炭をバケツの水、糖蜜、フミン酸に漬け、それを畑に広げる。クリングはこれを調整されないMMの代わりに使っている。彼が買う調整された混合物は安価だからだ。

「なぜ自分で混ぜるんだ？　効果は同じで時間の節約になるのに」

クリングはコスタリカに一九八六年にやってきて、翌年に放棄されたカカオ農園を購入した。以来クリングは大変な工夫をして、農園を再び生産できる状態にしてきた。現在彼は、一種類にとどまらず一五〇種を超える果物とスパイスを栽培している。数十種の作物を売っているが、もっとも重要な換金作物はやはりカカオ――そしてカカオから作るチョコレートだ。合計すると、農場は週に平均八〇〇ドルの果物、チョコレート、植物を売っている。クリングは化学肥料も、外部の堆肥も、除草剤も使わず、バイオマス（主に腐った落ち葉）とバイオ炭だけを使っている。肥料を与える代わりに、地面を被覆して多様な作物を栽培することで微生物を増やし土壌の健康を促進しようとしているのだと、クリングは言う。これは環境保全型農業の神髄のように私には聞こえた。

クリングは十数年にわたり作物と土壌に微生物を接種し、三年間バイオ炭を作ってきた。彼は自分の三位一体をこう表わす。①生体触媒（微生物）、②バイオマス（食料）、③バイオ炭（生息地）だ。植えつけのときにクリングはバイオ炭を土壌に加え、あとでまた加える。だが完全なテラ・プレタを短期間で作るのは大変そうだ。クリングの計算では、それには一平方ヤードあたり一〇ポンドの炭が必要で、四五エーカーの彼の農場では数百トンになる。そこでクリングは土壌肥沃度を高めるために、現場でできるバイオマスを有機物として利用し、バイオ炭を微生物の運搬手段として使っている。また背負い式の噴霧器で微生物の溶液を直接まくこともある。

カカオの木からはバイオマスがたくさん出るので、その下の地面がむき出しになることはない。私たちはカカオ農園を、地面に幾重にも積もった朽ち葉を踏んで歩いた。クリングが足を止めてかがみ込み、落ち葉を払いのけて腐りかけた層を出した。白い菌糸が網目のように通っている。小さな生物が隠れ場所をめがけて一斉に走り出す。一般的なカカオ農家は落ち葉を掃除してしまうのだとクリングは言う。だがクリングは掃除をしない。「むき出しの地面が嫌なんだ」。それはコフィ・ボアの言うことに似ていた。

クリングのあとをついて農場を回るのは、熱帯林で自然散策をしているようだった。彼はほとんどすべての木で足を止め、それが生む食べ物を説明する――ここではほぼすべてが食べ物を生むのだ。それでも、この樹冠が密集した食料の森には、木と木のあいだに歩く余地があった。さまざまな腐朽の段階にある倒れた幹や枝をまたぎながら、土の上の落ち葉が朽ち果ててなくなるまでに六カ月とかからないとクリングは言った。

波食台の上、かつての海食崖のふもとにある農場の一部は、いくつかの小区画に分割され、境界線には割れたサーフボードが墓石のように立っている。それぞれの区画はサッカー場くらいの大きさで、十数種から二十数種の木が栽培されている。どの木も何かしらの実をつける――プラム、アボカド、コーラナッツ、コショウ、ナツメグ、ジャックフルーツ、トゲヤシの実、ドラゴンフルーツ、ドリアン。枯れて倒れた木でも食べ物を生み出す――クリングはそこから三種類のキノコを収穫しているのだ。ほとんどの果実は旬が一、二カ月しかないので、多種多様なものを栽培することが、一年を通じて収入を確保するために必要なのだ。

それでも化学製品への出費がないので、クリングは利潤をあげるために慣行農法を行なう農家ほどカカオをたくさん作る必要がない。近隣の農家が懸命になって収穫する量の五分の一以下で稼ぐことができる。だから彼らの半分しか収穫がなくても、クリングは繁盛しているのだ。少ない労働量で余分に稼げるのなら申し分ない。おかげでクリングは、古い品種を探し出して栽培・試験し、できるかぎり高品質の作物を育てることに専念できる。

それで恩恵を得るのはクリングだけではない。野生生物の利益にもなっているようだ。果樹の木立の中を歩いていると、あるところで小さな赤いカエルが、地面に積もった湿った落ち葉から飛び出してきた。次の区画では、クリングの食べ物の森のはずれで立ち止まって小川を見ていると、カワウソが丸太の下に飛び込んだ。大きな緑色のトカゲがその直前、丸太を越えて走っていった。

カカオとバニラの大きな木は高台、かつての海食崖の上にあった。カカオが栽培できない急斜面に作られた簡素な木の階段を、私たちは登っていった。小道は直径一メートルほどの木々のあいだを蛇行していた。クリングによれば、樹齢は一〇〇年に満たないという。ここでは木の成長が早く、クリングは落ち葉や枯れ木で土に栄養を与えている。樹冠より高くまっすぐそびえる特別に高い木々は木材用だ。農場の建物はすべてこれで造られている。

クリングの農場の多様性は、作物の種類の多さだけでなく、カカオの品種の多さにもある。彼は自分で接ぎ木した八種類のほか、集めてきた四種を栽培している。カカオの林床は、長さ六～七センチのさまざまな分解段階にあるカカオの葉で覆われており、土壌は多孔質で、歩くと有機物層に足が沈み込む。

私は足を止め、朽ちかけた葉を掘った。大量の菌糸と凝集塊が分解途中の有機土壌と鉱物土壌にからみついていた。表土はふかふかだったが、一五センチ掘ったところで硬い粘土質の赤い下層土に当たった。私ははっと我に返った。この森全部の肥沃度はこんなにも薄くもろい層に頼っているのだ。

地面を調べるのをやめて立ち上がると、目にも鮮やかな青色をした体長一五センチのイトトンボがいた。そのX型に開いた羽根は、昆虫と『スター・ウォーズ』に登場する反乱軍の戦闘機をかけ合わせたものを連想させた。クリングに追いつこうと斜面を下っている途中、私は足を止め、色鮮やかな二匹のヤドクガエルがカカオの木の根元にぶら下がっているのをしげしげと見た。大きなジグモが掘った丸い穴を慎重によけながら歩いていると、三頭のホエザルがカカオの木立のはずれから私を叱りつけた。

もう少し進むと、太古の海食崖の頂上に茂るカカオの木を通して、遠くカリブ海が見えた。その崖の近く、樹冠にあいた海を見晴らす天然の窓を計算に入れた位置にクリングの高床式のツリーハウスが建っていた。自家製のマンゴーブランデーを味わいながらデッキに立って一〇〇万ドルの景色を眺めていると、ここは二、三世紀前からあまり変わっていないのかもしれないと思われた。生産性のきわめて高い農場で、そう言えるところがどれほどあるだろう？　クリングは、食べ物のジャングルを利益の大きな生産農場に変えたのだ。

バイオ炭に棲む地下の家畜

エチェベリアの農場、メサのコーヒー農園、クリングのカカオの森を救った方法を結ぶ共通の糸は、つまるところ土壌の攪乱を最小限に抑える原則と、土壌有機物を蓄積して微生物を増殖する方法の採用ということになる。熱帯土壌の肥沃度は、微生物の仲介でもたらされるバイオマスの回転率の高さを裏付けとする——熱帯地方はバイオマス生産の速度では最高だが、分解の速度ももっとも速い。したがって有機物の蓄積が難しい。つまり、地下の有益な微生物の群れに適当な餌（有機物）とすみか（土壌構造とバイオ炭）を与えて培養することが、自然を模倣した農業に資することになるのだ。

バイオ炭を豊富に含む土壌の細菌群集は、同じ鉱物組成で炭を含まない土壌のものとは異なり、またより多様性に富む。バイオ炭は、窒素肥料への過度な依存で酸性化した土壌のpHを改善して、有益な微生物群集を形成し、微生物のバイオマスを増加させる。それはまた、根量を増やし、菌根菌の増殖を促進し、それにより植物のリンやマンガンのような微量栄養素の取り込みを増やす。バイオ炭は多孔質なので、少量でも粘土質の土壌に加えれば、土壌構造、保水力、栄養保持力の改善に役立つ。バイオ炭は植物の害虫への抵抗力を引き出すことがわかっているが、どのようにしてかはまだはっきりしていない。作物収量のバイオ炭への反応は複雑であるかもしれない。バイオ炭の原材料と製法が、pH、作物収量、土壌生物に及ぼす効果を左右するからだ。分解速度が遅いので、バイオ炭は熱帯で特に有益な土壌肥沃度へのプラス効果に加えて、長期にわたって炭素を貯蔵する。

だがバイオ炭の役割としてもっとも重要なのは、微生物に生息地を提供することだろう。バイオ炭を土に埋めると、土壌生物はそこに集落を作る。海洋生物がサンゴ礁に集まるのとよく似ている。そして、その土壌生態系と肥沃度への影響により、微生物は劣化した農地土壌を回復するために必要な、生態系エンジニアの中心とされている。顕微鏡下の世界でも、無料の住宅は勧誘の道具として有効なのだ。

希望の光

バイオ炭は、炭素循環を操作し二酸化炭素を大気中から取り除く有力な手段にもなる。成長するとき、植物は二酸化炭素を葉に取り入れ、太陽の力を利用して生体組織に変換する。炭の土壌中での半減期が一〇〇〇年を超えることを考えると、有機物をバイオ炭に変えることは、その捉えられた炭素の一部を長期にわたって足元に貯蔵するために役立つ。バイオ炭作りのカーボンオフセット能力は、年に五億トンから六〇億トン、現在化石燃料から放出される炭素の一〇パーセント弱から三分の二と推定される。この見積もりの低いほうでも、世界が新しいエネルギー源とより気候に優しい農業、都市、ライフスタイルに移行するまでの時間稼ぎには役立つ。

バイオ炭と有機物は土壌肥沃度をかなりの速度で――数世紀とかからず、数年で――回復させることもできる。侵食、生物の欠如、肥沃度の低い土壌、二酸化炭素濃度が過剰な大気など複数の問題に対処でき、すぐに使えて安価な技術としてこれ以上のものはない。炭を土に埋めるのは、大気中の二酸化炭素削減に役立つすばらしく単純で経済的に実現可能な方法だが、二酸化炭素を古い油井に注入するような技術的に複雑な――そして費用のかかる――発想が優遇されて、概して見過ごされている。

エネルギー生産とバイオ炭を結びつけることにも大きな可能性がある。それは次のように機能するだろう。バイオ炭を作る原料は生ゴミ、都市の剪定材、農地の作物やそれ以外の植物由来の材料、木材の伐採くずなど多岐にわたる。メサのコーヒー乾燥機は、この原料からエネルギーと土壌に戻す炭の両方を作り出す方法の一例だ。もう一つの例は、デンマークの商用発電所が行なっている、わらを使ってバイオ炭を作るやり方だ。フル操業すれば年に一万トンのバイオ炭を生産し、それを農地に戻せば土壌肥沃度を高めることができる。光合成によって、わらにもともと保持されていた炭素のおよそ半分は、バイオ炭に保たれている。だからエネルギーを生産するほど、より多くの炭素が空から取り除かれるのだ。今のところ、これがカーボンフットプリントがマイナスになる唯一のエネルギー生産法だ。

しかし、考えなければならないトレードオフがある。すでに見たように、被覆作物の有機物を維持することが、マルチと不耕起を実行する上で不可欠だ。バイオ燃料やバイオ炭を作るため、すべての作物残渣を継続して取り去ってしまうと、再び土壌の劣化を引き起こすかもしれない。同様に、バイオ炭の生産のために原生林を伐採してしまっては何にもならない。だが、エネルギーを生産し、炭素を隔離し、土壌肥沃度を高めるという目的を、農村や都市の有機廃棄物にもう一度与える現実的な機会はたしかに存在する。作物収量を高めるバイオ炭の潜在能力は、風化が進んで栄養が枯渇した熱帯地域の土壌で最大に発揮されるのだ。

アマゾンの村々で見られるようなテラ・プレタは、有機物とバイオ炭を混ぜることが可能な場所なら、どこでも肥沃な土作りのモデルとなる。家庭、農村、都市から出る有機廃棄物をバイオ炭に変えるのは、埋め立て地に捨てるよりはるかに合理的だ。テラ・プレタ作りを推進する原理を、現代の農法に合わせることも、土作りが農業生産の犠牲になるのではなく、その結果となるようにする一つの方法である。

しかし、微生物の生息地があっても、餌を与えなければならない。バイオ炭は土壌肥沃度の回復を助けるが、緑肥となる被覆作物を農場で栽培する必要がなくなるわけではない。これは私を、自分の国のまん中へと連れ戻すことになった。なぜならオハイオ州は、被覆作物がアメリカの農業を変える可能性と、低炭素農業が農業生産と気候変動の両方に大きな影響をもたらしうることを見るのに最適な場所の一つだということがわかったからだ。

＊1――テラ・プレタはポルトガル語で「黒い土」を意味する。
＊2――コーヒーパルプはコーヒーの実の一部で、種子つまりコーヒー豆を包んでいる部分を指す。パルプはコーヒーの実の重量の約四〇パーセントを占める。
＊3――後者の毒素を作る遺伝子が、遺伝子組み換えのＢｔ作物のもとになっている。
＊4――コーヒー殻はコーヒー豆の乾燥した皮で、焙煎の過程ではがれ落ちたものである。焙煎業者は一般に邪魔者扱いするが、これはいいマルチ、堆肥、鶏小屋の敷物になる。

第11章 炭素を増やす農業——表土を「作る」

ぼくはみずからを土に任せ大好きな草から伸びようとする、
もう一度ぼくに会いたければ君の足の下を探してくれ。
——ウォルト・ホイットマン

ワシントンD.C.でラッタン・ラルに初めて出会ってから七年後、私はオハイオ州立大学の彼の事務所にいた。不耕起栽培が炭素をどれほど地下に戻せるかを調べるラルの長期実験を見に来たのだ。少なくともそれを知ることが私の目的だった。

私たちは会うが早いか、長期的な食糧安全保障の話、過去の土壌劣化の遺産が地域紛争や人道上の惨事の発端となった話に入った。将来を考えると、今世紀後半には数十億人増える人類をたしかに養うには、世界の一五億ヘクタールの農地すべてをできるかぎり肥沃にする必要がある。

七〇歳にして今も元気なラルは、マルチの力の話をするときには生き生きとする。ラルは机の上のモニターで、二〇一二年の干ばつの最中にオハイオ州で撮られた二つのトウモロコシ畑の写真を開いた——一方はマルチを施したもの、もう一方はそうでないものだ。大きさの対比のために、身長一九三センチの学生が、いずれの写真でもトウモロコシ畑の中に立っていた。マルチのない畑のトウモロコシは、彼のベルトの高さだった。マルチを施した畑では、より緑の濃いトウモロコシが彼の目のあたりまで届いていた。ラルの笑顔がすべてを語っている。マルチの力を見よ。こうした事例からラルは、環境保全型農業にはアフリカの作物収量を上げ、全世界の集約的農業を維持する力があると確信した。

ラルがアフリカで行なった初期の圃場試験に話題が移ると、彼が環境保全型農業に関する知識の深さと広さで知られている理由がはっきりとわかった。野外で基礎的な研究を行なうだけでなく、私の横にある大きな六段の本棚には、この分野に関する本が詰まっている。最初はわからなかったが、グラフを見せて説明するためにラルが立ち上がり、分厚い専門書を棚から引っぱり出したとき、私は気づいた。その著者は全部同じ――ラッタン・ラルだった。

一九八七年にオハイオ州に戻ってからこちら、ラルは間違いなくずっと忙しく働いてきた。だが、土壌侵食と、市場性のある商品に関係ない農法の基礎研究に後援を得るのが難しいことがわかってくると、その研究対象は変わった。以来、ラルは試験圃場で、土壌炭素を蓄積して大気中の二酸化炭素を減らす農法の可能性を研究している。その過程でラルは、侵食問題を軽減し渇水からの回復力を高める秘訣――土壌を撹乱しない、マルチを施す、多様な作物を栽培する――は気候変動に取り組むための有効な手段でもあることを知った。

そして農業にしろ気候変動にしろ解決策を研究するうちにラルは、影響力のある科学者や著明な友人、同僚たちに幻滅していった。彼らはうまくいくことが証明済みの方法を広く普及させようとせず、まだできていない技術に賭けることを是認していた。

問題の一端は、政策担当者と科学者が共に、気候変動の場合は二酸化炭素を地底深く注入するとか、農業問題なら新しい遺伝子を植物に挿入するといった万能でハイテクな解決に惹かれがちなことにある。この点を説明するためラルは、自分が主任研究員の一人として参加していた大規模プロジェクトの、土壌への炭素隔離に関する研究資金をエネルギー省が却下した話を始めた。この計画は土壌への炭素隔離の研究と、岩盤に開けた深い試掘孔の研究に約一億ドルを出すことから始まった。だが当局は、自分たちが提示できる大型プロジェクト――一つの穴に五万トンの炭素は、一〇万ヘクタールの農地に拡散した一ヘクタールあたり半トンよりも強い印象を与える――を欲しがった。ラルのプロジェクトは不公平な扱いを受け、予算はすべて二酸化炭素を石炭火力発電所の深井戸に注入する研究に与えられることとなった。一方、農地に分散して炭素を貯蔵するラルのローテクな方法は棚上げにされた。

ラルは土壌への炭素隔離の可能性について話すのも好むが、それよりも実際に見せようというので、私はついて行くことにした。彼は立ち上がり、国際土壌科学連合のロゴが入った柔らかいつば広の帽子をかぶった。この人にふさわしい帽子だ。何しろこの団体の長に選ばれたばかりだったのだから。私はラルに続いて駐車場に出た。あとからは二人の助手、カンザス出身のポスドクのホセ・グスマンとネパールの元森林・土壌保全省次官バサント・リマルがついてきた。

私たちは銀色のフォード・フュージョンに乗り込み、大学をあとにしてキャンパスのはずれにある農場らしき場所へ向かった。さまざまな作物の列に挟まれたでこぼこ道で車が立ち往生しそうになると、ラルは冗談で、トラックで来ればよかったかなと言った。やがて私たちはラルの不耕起研究圃場で車を停めた。そこは過去数カ月にわたって私が何度となく見てきたトウモロコシ畑と同じように見えた――何列かが他よりずっと高いことを除けば。

オハイオ州立大学不耕起圃場は進行中の実験の一環であり、一九九〇年から三種類の個別の処理を行なって実施されている。開始当時から、それぞれの列は一貫して同じ量の窒素を施されているが、供給源が違う。ある列は化学肥料を、ある列は堆肥を、またある列は牛糞を与えられる。したがって作物の成長と健康度の差は、与えた窒素の量ではなく、与え方によるものだ。

何気なく見ても、こうした処理で二五年間栽培した作物が一様ではないことは明らかだ。牛糞を施した列のトウモロコシは、化学肥料を施した列より三割背が高く、緑が濃かった。堆肥を与えた区画は色も大きさもその中間だった。

地下の違いはさらに顕著だった。グスマンとリマルは検土杖を使って、化学肥料の列と牛糞の列からコアを抜き出した。慣行農法の対照区画の土壌は薄茶色で、きめの細かい粘土のような手触りだった。ぼろぼろした手触りの牛糞を施肥した土壌は腐植が覆い、有機物を含んで黒っぽかった。これらのコアを並べて見てみると、堆肥や牛糞を与えると土壌構造が改善され土壌炭素が増えると言うために、手のこんだ統計学的なテストはいらなかった。

しかし炭素は、施肥設計に欠かせないものとして計画されることはない。農家と研究者は通常、窒素、リン、カリウム、ことによるとカルシウム、硫黄、亜鉛に重点を置く。植物は土壌炭素を直接吸収しないからだ。だが炭素は、植物のマイクロバイオーム、つまり根圏に生息する錬金術師のような微生物の集団の餌になる。ちなみにそれは、植物が初めて陸地に定着して以来、こうした形で共生してきたものだ。腐りかけの有機物から炭素を、植物の根から糖を含んだ滲出液を十分に供給された根マイクロバイオームは、植物が確実に微量栄養素と有益な微生物代謝物（第3章で述べたような）の十分な補給を受け、取り込むための鍵だ。

次にラルが私に示したのはもう一つの実験、今度は化学肥料と堆肥を比較したものだった。ラルはこの実験に一九九四年に着手した。このとき彼は、隣りあった二つの区画から二〇センチの表土を全部はがした。それから両方の区画の下層土で不耕起栽培を始めた。一方の区画には化学肥料、もう一方には同じ量の窒素を供給する堆肥を使った。

グスマンとリマルがトウモロコシの茎のあいだに分け入り、検土杖を地面に押し込んでそれぞれの区画からサンプルを取り出した。化学肥料を与えた区画には、二・五センチの茶色い表土があった。堆肥のマルチで覆った区画には、カーキ色の下層土の上に焦茶色の表土が一五センチあった。新しい土壌が、堆肥の区画では六倍速く、年に約八ミリの割合で形成されていた。地質学者でない人には、たぶん遅いと感じられるだろう。だが、その速度では数十センチの表土ができるまでに一世紀とかからないことを考えてみるといい。世界中で行なわれている他の長期研究でも、畜糞、被覆作物、多様な作物体系が土壌有機物を増やすことがわかっている。表土を回復し、歴史的な土壌劣化を――しかも驚くほど速く――逆転させる秘訣がここにあるのだ。

私がインタビューした人たちの例に漏れず、ラルは、この方法を実行する際、慣行農法から低投入不耕起栽培への移行に二、三年を要すると注意を促した。土壌有機物の蓄積が始まるまでには時間がかかり、これが多大なローンを支払っている高度に資本化された農家には、やっかいな問題となりうる。生産量が低い状態が数年続けば、農場を失うことにもなりかねないのだ。

炭素を土中へ

ラルの区画は、ほとんど利用されておらず正しい評価が与えられていない土壌の役割についての実証も行なっている。大気中の炭素を取り込んで保持する貯蔵庫としての役割だ。

世界の土壌はすでに、少なくとも大気の二倍の炭素を保持している。深さ三メートルまでで、土壌は地球上の大気とすべての動植物を合わせたよりも多くの炭素を含むと推定される。ほとんどの土壌炭素は表面の一メートル数十センチに保持されている。地表に供給される有機物と、浅く張った根が土壌中に放出する炭素が豊富な滲出液のためだ。これは、表土の有機物含有量が大気中の炭素量、ひいては世界の気候に大きな影響を与えるということだ。

耕すたびに土は空気にさらされる。すると有機物の分解が促進され、炭素が空気中に放出される。それも相当大量に。機械化農業が始まってから、北米の耕作地はもともとあった土壌有機物の四〇パーセント以上を失った。一九五〇年以前のアメリカでは、農地の耕起が、他のすべての放出源を合わせたよりも国の炭素放出に寄与していた。産業革命から二〇世紀の終わりまでに大気に加えられたすべての炭素の四分の一から三分の一は、耕起によって増えたものだ。よい面（おそらくは）としては、ある著明な気候学者が、農業がもたらした土壌有機物の喪失のおかげで、次の氷河期が遅れたかもしれないとしている。

今日、ほとんどの耕地では長きにわたって慣行農法が行なわれており、土壌有機物は半分以下に減っている。一九九九年の研究でラッタン・ラルは、世界の耕土はすでに六六〇億トンから九〇〇億トンの炭素を、主に耕起と、その結果起きた侵食によって失っていると推定した。また、農耕の始まり以来、耕作された土壌の大部分は、もともと含まれていた土壌炭素の三分の一から三分の二を失ったとラルは見積もっている。歴史的レベルに近づくように土壌炭素を回復するには、農法を根本的に変える必要があるだろう。

だがそれは可能かもしれない。土壌有機物の人為的な変化は双方向的なのだ――何しろ人間は、テラ・プレタを作ったのだから。『サイエンス』誌に掲載された、土地利用の世界的影響に関する二〇〇五年の評価は、化学肥料の使用と慣行的な穀物生産が、土壌炭素を年に〇・五～一パーセント減らし、一方で被覆作物と自家製堆肥の利用は、土壌炭素を年に〇・二～〇・四パーセント増やすと報告している。炭素保全農業が隔離できる量には、環境により幅があるが、一年に一ヘクタールあたり〇・二～一トンと見積もられている。この数字を世界の農地すべてに当てはめてみると、まったくつじつまが合う。一九九八年にラルの研究チームは、環境保全型農業をアメリカの農地に取り入れると、控えめに見積もってアメリカで自動車から放出される炭素の半分を吸収できるとされている。

土壌炭素の蓄積に加えて、不耕起栽培と環境保全型農業は、慣行農業より化石燃料からの排ガスも少ない。二〇〇三年の平均燃料消費量の比較では、不耕起農業は耕起した場合より三分の一エネルギー使用量が少ない。農機具を畑で動かす回数が少ないためだ。また不耕起農法と共に被覆作物を取り入れると、エネルギー集約的な化学肥料の使用量はさらに減る。

土壌有機物を増やすと、土壌の質と健康に影響する多くの物理的、化学的、生物学的性質に効果が及ぶので、他にもいいことがある。土壌炭素を蓄積するような農法は微生物バイオマスと栄養循環を増やし、土壌構造、土性、団粒形成を改善する――そのどれもが土壌肥沃度を向上させるものだ。最終的には、土壌有機物を増やせば作物収量も増える。

それは土壌の水分保持力と保水容量（いずれも気候変動の中で現代農業にとって重要性が増しているものだ）を改善し、干ばつへの耐性を向上させる。二〇世紀を通じて多くの農地で起きたことだが、土壌の有機物含有量が四パーセントから一パーセントに減少すると、土壌の保水容量が約半分に減る。だから、歴史上農地の有機物が失われてきたことで、作物が渇水を乗り切る力は衰えてしまった。失われたものを取り戻せば、土壌の有効保水容量は倍増し、干ばつ耐性は大きく改善される。本書の取材で私が会った多くの農家は、不耕起の農地が渇水の年に慣行農業の収量を上回ったことを話している。

陸上でもっとも大きな炭素貯蔵庫である土壌を再び満たせば、世界の二酸化炭素放出量の一部を相殺し、気候変動の作物収量への影響を軽減することができる。だが、それはどの程度だろうか？　農地土壌に加えることのできる炭素の量の推定値には大きな幅があり、世界的なメタ解析では、不耕起農法は、バイオマス生産が増加し毎年多様な作物を生産するような農法と併用された場合のみ、一貫して土壌炭素の貯蔵量を増やしている。不耕起農法が土壌炭素隔離に与える効果は、併用される作付体系――作物残渣の維持、被覆作物、輪作

——に大きく左右される。不耕起だけを取り入れても、土壌炭素の増加にはほとんど役立たないだろう。

世界中で環境保全型農業の三原則すべてが採用されれば、控えめに言って、全世界の化石燃料からの二酸化炭素放出量を五～一五パーセント相殺する量の炭素を土に返せるとラッタン・ラルは推定している。ラルによれば、彼のブラジル人の同僚は、その数字はあまりに低すぎると言った。別の推定では、環境保全型農法が全世界の炭素放出を減らす全体的な能力は、年に一二億トンから三三億トン——最大で総排出量の三分の一——とされている。それは世界的な炭素問題を解決しはしないが、その推定値の低いほうでも、解決への道の出発点としては十分だ。

二〇一四年にロデール研究所が公表した甘めの推定では、土壌の炭素隔離能力はさらに大きいことが示唆されている。再生可能な有機農業の研究で報告された比率から、世界の農地すべての比率を導き出したロデールの研究者は、炭素隔離は二〇一二年の放出量を基準にして、四分の一からおよそ半分の温室効果ガスを相殺できると推定した。この報告はさらに、再生可能な農法を全世界の放牧地で行なった場合の最大年間隔離量を適用すると、全世界の放出量の七一パーセントを相殺できると主張していた。クリスティン・ニコルズに、彼女の推定値とラルの推定値の違いについて質問すると、ラルは土壌有機物のレベルが自然の生態系に見られるレベルを超えては増えないと想定しているという答えが返ってきた。ロデールでは、土壌有機物は三〇年で二パーセント未満から五パーセント以上に増加した。現在は自然の土壌の水準に戻そうとしているところだ。ラルの説明では、それはすでに達成されている。だがニコルズは、被覆作物と畜糞を使って土壌炭素をさらに——より高いレベルに——増加させることができると考えている。

見積もりに幅はあるが、世界の温室効果ガス放出の一五パーセント前後は、農業を原因としている。だから、環境保全型農法の採用で、農業での化学肥料とディーゼル燃料の使用量を徹底的に減らせば、農業部門での化石燃料排出物への寄与を、五パーセントからおそらく一〇パーセント削減できるだろう。それを、同じ方法による五〜一五パーセントの隔離能力があるというラルによる控えめな推定値に加えると、全世界の炭素放出量を一〇〜二〇パーセント削減または相殺できる可能性があると、ざっと推定できる。加えてバイオ炭が追加する炭素隔離能力の推定値は、全世界の排出量の約一〇パーセントから優に半分を超える範囲内にある。さらに、低いほうの推定値を採用しても、土壌作りには実質的な違いをもたらすだけの炭素隔離能力がある——大規模な面積で実施することができれば。

劣化した農地土壌で炭素量を高めるために必要なものは何か？　上から下への土作りだ。土壌とは単に岩が風化したものだとする下から上への土壌形成の見方では、二、三センチの土壌ができるのに数百年以上かかるとされていた。生物学——被覆作物、滲出液、微生物、土壌生物など——を融合した新しい見方では、土壌をもっと速く、数世紀ではなく数十年で成長させることができると考える。

土壌に蓄積される炭素の大部分は根滲出液に由来する。生物に炭素を結びつければ大気中に出ていかれなくなる。これが、集約放牧が土壌炭素の蓄積に非常に役立つ理由だ。滲出液生産をこれほど刺激するものはないのだ。

こうしたことは慣行農業による穀物の単一栽培に関する大きな問題を浮き彫りにする。作物が成長を始めるとき、滲出液を生産するための光合成炭素を十分に蓄積するには時間がかかる。そして作物が繁殖可能になると、養分を種子作りに回すため根滲出液は止まる。だから穀物が滲出液を土壌に放出する期間は四、五週間しかない。これは多量の炭素を土壌中に送り出すために十分な時間とは言えない。したがって穀類は土壌炭素の蓄積にあまり寄与しないのだ。土壌炭素を劇的に増やすためには、一年の大半を通じて滲出液を土壌中に放出する被覆作物が必要になる。

しかし、土壌の炭素貯蔵能力は無限ではない。炭素蓄積の速度は新しい方法を採用してから数十年で最大になるが、やがて停滞期を迎え、その先は蓄積はなかなか増えない。この意味で土壌は、充電しておくのが無意味になれば充電されなくなるバッテリーのようなものだ。それでも、農業土壌は相当な量の炭素を、今後数十年にわたり貯蔵することが見込まれている。研究者は、環境保全型農業を採用してからヨーロッパの土壌の炭素濃度が限界に達するまでに、少なくとも五〇年かかるだろうと推定している。これはつまり、土を作る農業は、土壌炭素の収量力が飽和するまで、他のエネルギー源や炭素隔離手段に移行するための時間稼ぎに役立つということだ。

化石燃料排出物を緩和する技術の多くとは違い、土作りは低い費用でただちに実行できる。そうした方法はすでに、ほとんどとまでいかなくても、多くの農場では経済的に理にかなっているので、おそらく容易に受け入れられるだろう——周知され奨励されれば。めったにない誰もが満足する状況のように思われるだろうが、それは実際にそうだから、あるいは求めればそうなりうるからだ。

根菜が高める土壌栄養素

大規模な、土壌を基礎とする炭素隔離の実現可能性はどれくらいあるのだろう？　それは家畜のいない典型的な北米の商品作物農場でうまくいくのだろうか？　これらを問うために、私はオハイオ州にやってきた。ゲイブ・ブラウンは、オハイオ州キャロルにあるデイビッド・ブラントの農場をぜひ見るようにと言った。正確には、彼の土を見るようにと言ったのだ。

過去四〇年間、ブラントは長期的な土作りの実験を農場規模で行なってきた。農場への炭素隔離の可能性を探るためにやっていたわけではない。自分の農場に肥沃な土壌を作るために、それが正しいやり方だと信じているからだ。だが振り返ってみればブラントは、利益が出るように農法を変えると、炭素放出の相殺という大きな副次的効果がもたらされることを示していた。

コロンバスからのすさまじい渋滞の中を運転してきたラルと私は、ブラントの農場に車を乗り入れ、畑のあいだの長い私道をたどって、母屋の裏手の離れを目指した。ブラントは私たちを陽気に迎えてくれた。元海兵隊員で、ベトナムから帰還して以来不耕起栽培を行なっているブラントは、大きな手の持ち主で、その丸顔は野球帽の陰に隠れている。白いシャツと青いジーンズのオーバーオール姿で、いかにも農家の好々爺らしく見えた。

だがブラントは典型的な農家からはほど遠い。一六〇エーカーを所有し八〇〇エーカーを借りている非慣行のトウモロコシとダイズの生産者で、被覆作物革命の第一人者として名が通っているのだ。主にブラントはトウモロコシ—ダイズ—コムギ—被覆作物の輪作を行なっている。被覆作物はコムギの収穫の二、三週間後に刈り株の中に植える。ソバのような被覆作物の根は、枯れたときに酸を放出し、それがリンなどの無機栄養の可溶化を助ける。被覆作物を枯らさないと、この追加の栄養は得られないので、冬になっても先に被覆作物が枯れなければ、ブラントは除草剤か、ジェフ・モイヤーがロデールで使っているようなローラークリンパーで枯らしてしまう。被覆作物に種をつけるための窒素とリンを吸収させず、そのバイオマスに蓄えられた栄養を土に戻して、次の作物が取り込めるように被覆作物の成長の時期を調節するという発想だ。

夕方近かったが、ブラントはしきりに自分の畑を見せたがり、私たちを四輪駆動車に案内した。ブラントの愛犬、ヤンキーという名のワイマラナーが車に飛び乗り、うれしそうに畑までついてきた。

ブラントは一九七八年に被覆作物の栽培を始めた。裸地の侵食防止のため、ライムギをまいたのだ。現在彼は、一つの畑で一度に最大一〇種類の異なる植物が含まれた、被覆作物の群落を栽培している。ブラントは多様な栄養を土に与えている――被覆作物を混ぜたもの、主にマメ科植物とダイコン類だ。それを倒してその場で腐らせると、次に栽培する換金作物がよく育つ。

最初に車を停めたのは、一〇種の種子をトウモロコシ栽培の準備として植えた畑だった。ヤンキーが、何か追いかけるものを求めて飛び出していった。私には、その畑はさまざまな野の花の茂みに見えた。ラルがブラントに、被覆作物が植えてあるのは農場のどのくらいの割合かを尋ねた。「秋の収穫までには、一〇〇パーセントが被覆作物で覆われる」と、ブラントは答えた。私が、この畑はウシのサラダバーのようだというようなことを思わず口に出すと、ブラントは、ウシは飼っていないと答えた。この農場では、家畜はすべて地下にいるのだ。

ブラントは私たち乗せて、一エーカーあたり九六ブッシェルのコムギを収穫したあと被覆作物を植えた畑の向こうまで車を走らせた。畑を縦に走る濃い緑の帯について、ラルが質問した。「故障した尿素の散布機が窒素を余計に落とした畝だ」とブラントは答えた。幸い、被覆作物が余分を取り込み、耕起した農地のように流出してあたりを汚染することなく、次の作物のために畑に留めていた。

次に立ち寄った場所は、わかりやすい実験場になっていた。ブラントの畑と、彼が購入したばかりの隣接する八一エーカーの畑とが比較対照されているのだ。古い境界線のブラントの側では四〇年間不耕起栽培が行なわれ、隣側では長年にわたって慣行的な耕起が行なわれてきた。ブラントが隣人の畑で小作人として耕作を始めたとき、有機物は〇・二五パーセントしかなかった。二年間不耕起と被覆作物の栽培を続けた現在、それは最大一・一パーセントになった。ほぼ年に〇・五パーセントの増加だ。ブラントの目標は、新しく手に入れた畑の有機物量を、七年以内に五パーセントまで引き上げることだ。

経験からブラントは、投資した分の効果があることを知っている。最近手に入れた畑では、被覆作物の背丈が不耕起の畑の半分だ。先へ進む前に、ブラントはかがみ込むと長さ八センチのダイコンを引き抜いた。土の塊が太い主根からぶら下がっていた。土は薄茶色で、密な平たい塊だった。

それからブラントは私たちを引きつれて四輪駆動車に戻り、四四年間にわたって不耕起栽培をした畑へと向かった。そこには同じ取り合わせの被覆作物が同じ時期に植えられていた。ここでブラントは長さ二五センチの太いダイコンを引き抜いた。土は焦茶色で触るとぼろぼろ崩れ、濃厚な土の匂いを発していた。

一九七〇年代、ブラントの畑は隣人の畑のように、炭素が〇・五パーセントに満たないところから始まった。被覆作物の栽培を始めてから数十年、それは八・五パーセントに上昇した。ブラントが所有する森にもともとあった土の炭素含有量は六パーセントもない。畑の有機物レベルを自然の土壌より高くすることに、彼は成功したのだ。ロデール研究所のクリスティン・ニコルズが可能だと予言したとおり。どこまで上がると思うかと私は尋ねた。「ここで止まっても満足だが、まだまだ上がると思う」とブラントは答えた。

この変化はダイコンのおかげだと、ブラントは考えている。ダイコンは被覆作物として農家のあいだで急速に人気が出ている。経験と研究から、それは土壌の質と作物の健康に有益な効果をもたらすことがわかっている。ダイコンは、秋から早春まで越年草の雑草を抑制するのに効果的であり、地下一メートルに届く主根をわずか二カ月で伸ばす。冬の霜で枯れたダイコンが腐ると、残った太い縦穴が土壌の浸透を改善し、固まった地面をほぐすのを助ける。また、根穴まわりの土壌可給態リンを増やすのを助け、夏作物の収穫後に土壌窒素を集める優れた効果があることがわかっている。分解されるとき、それは急速に窒素などの栄養素を放出して土壌に戻す。何から何まで筋が通っている。ダイコンのような根菜を植えたブラントの土地を分析したところ、一エーカーあたり二五〇ポンドの窒素、ほぼ同量のカリウム、二三ポンドのリンが循環していることがわかっている。

ブラントが混作する作物の中には、別の役割を果たすものもある。たとえばヒマワリは、地中深くの亜鉛をとらえ、表土まで運んでくる高い能力を持つ。ヒマワリを植えたところでブラントが土壌試験を行なうと、可給態の亜鉛の濃度が高くなっていた。ヘアリーベッチとノエンドウはエーカーあたり一〇〇から二〇〇ポンドの窒素を加えている。多様な被覆作物を栽培するようになってから、土壌可給態リンやカリウムの濃度が、化学肥料を大幅に減らしているにもかかわらず高まっていることにブラントは気づいていた。ブラントによれば、農学者はそんなことはあり得ないと言っているそうだ。

農場破産の原因

昔の境界線に沿って進み、ブラントは今年のトウモロコシを古い柵の反対側と比べてみせた。向かって右側が二年前に購入した畑だ。私たちは高さ一八〇センチのトウモロコシの脇を通った。それはダイズと一緒に植えられ、除草剤をまかれていなかった。この畑からは郡の平均収量であるエーカーあたり一四五ブッシェルよりやや少ない一四〇ブッシェルができると、ブラントは考えている。

それからすぐに、トウモロコシの背丈が小さくなった。ほんの一メートルから一メートル二〇センチほどだ。「何があったと思う? ここでダイズを使い果たしたんだ」とブラントは言った。そこからはエーカーあたり一六〇ポンドの窒素肥料と除草剤処理が施されていた。この畑からはエーカーあたり一〇〇ブッシェル収穫できれば御の字だとブラントは考えている。私たちは硬い土をスコップで掘った。土は薄茶色で、乾いて板状構造を持っていた。

「今度はこれを見てもらおう」。道の反対側――四〇年以上不耕起栽培を行なっている側――の、頭より数十センチ高く伸びたトウモロコシの茂みに分け入りながらブラントは言った。この畑には化学肥料と除草剤は二年前から、殺菌剤と殺虫剤は九年前から使っていない。私はかがみ込み、素手で土を掘った。焦茶色で湿り気があり、ぼろぼろとしてみずみずしい匂いがした。

ブラントはこの畑からエーカーあたり二〇〇ブッシェルの収穫を期待していた。ただしそれを、土作りの成果により、化学肥料や農薬を使わずに実現する計画だった。しかもこれは特別な年ではなかったブラントによれば、彼のトウモロコシとダイズの収量はたいてい郡平均より少なくとも二〇パーセント多いという。渇水の年にはさらに好調だ。

特に印象深かったのは、ブラントの実験のやり方だった。この郡の農家がたいていそうであるように、彼も遺伝子組み換え(GM)トウモロコシと多量の除草剤を組み合わせて使っていた。だが、そのいずれかが必要かどうかを実験していたのだ。

今年、ブラントは有機トウモロコシ種とGMトウモロコシ種を、数品種ずつ長さ一二〇〇メートルの細長い区画に植えて比較していた。これは小規模な研究試験圃場ではなかった。それまでのところ、ひと袋一〇五ドルの有機種子は「全部かなりよくできて」いた。有機の区画にはネキリムシが発生するのではないかと思っていたが、それもなかった。ブラントはそれをひと袋一六〇ドルの非GMで殺虫剤処理済み種子、同様に処理されたひと袋三三六ドルのGMトウモロコシと比較した。この価格で収支をとんとんにするには、それぞれ四五、六〇、九〇ブッシェルのトウモロコシを収穫する必要があるとブラントは言う。つまりGM種子で元を取るには、有機の二倍の生産性がなければならないわけだ。

種まきから二週間後に土壌生物の調査もやってもらったところ、殺虫剤で処理した種子をまいたところには土壌生物が半分しかいないことがわかった。「トウモロコシの種子の処理が、うちの地下の動物たちを殺したんだろうか?」とブラントは言う。「こういうものを畑に使って、自分の首を絞めているんだろうか?」。こうした好奇心が、彼が有益な土壌生物を元気にするような土作りを実行してきた根っこにあるのだろうと私は思った。

ブラントは、郡の典型的な慣行で栽培する対照圃場も持っていた。すべて耕起して一エーカーあたり二〇〇ポンドの窒素、さらに多くのリンが豊富な根付け肥、六リットルのラウンドアップを与えたものだ。こうした資材すべてで、一エーカーあたり五〇二ドルを投資した。ここからは一〇〇ブッシェルもできないだろうとブラントは予測した。純損失は一ブッシェルにつき五ドル以下のいくらかということになる。近年、トウモロコシの価格は四ドル未満だ。このやり方では、作付面積が大きいほど損失も大きくなる。

対照的に、四四年前から不耕起農法を行ない被覆作物を植えている畑では、一エーカーにつきトウモロコシの種子一三七ドル、一ポンド六〇セントの窒素肥料二四ポンド、八ドルのラウンドアップ一クォートしか使っていない。一六〇ドルの地代を含めても、総支出は一エーカーあたり三二〇ドルにしかならない。現在の一ブッシェル三・八〇ドルの価格では、エーカーあたりトウモロコシ一八二ブッシェルの収穫で六九〇ドルを少し超える収益があり、純利益は三七〇ドルになるとブラントは見積もる（ブラントの時給、被覆作物の種子、機材のコストは計算に入れていない）。

加えてブラントは、ディーゼル燃料の費用も節約している。使用した燃料は一エーカーあたり二ガロンを少し超えるくらいだが、慣行農法で耕起している近隣の農家では、平均して一エーカーあたり一〇ガロン以上を使っているという。

つまりブラントは除草剤を半分以下、燃料を約五分の一、化学肥料を一〇分の一しか使っていないのに、被覆作物を栽培しない近隣の慣行農家を常に上回る収穫を得ているのだ。こうした大方の慣行農場とは違い、ブラントの農場経営は実際は利益があがっているのだ——それもきわめて大きな。

たとえば、道を渡ってすぐ隣の農家と比較してみよう。この農家は最近七二〇エーカーの土地を約五〇〇万ドルで購入した。この農場では三〇年間、被覆作物を栽培せずにトウモロコシとダイズの輪作が行なわれ、有機物がわずか二、三パーセントになるまで土壌が疲弊していた。最初の年、新しい持ち主は一エーカーに二二〇ポンドを超える窒素肥料を使い、除草剤を三回まいた。ブラントはこのように見積もっている。「彼にはたぶん一エーカーにつき五六〇ドルの経費と三二〇ドルの土地の負債がかかっている。もし本当に順調でエーカーあたり二〇〇ブッシェル収穫できれば、一エーカーにつき七六〇ドルの収入を得る。ということは、燃料代を払う前からすでにエーカーあたり一二〇ドルの赤字だ。とてもじゃないがやっていけない」

ここに資材集約的な農家が陥る罠がある。彼らは初めに高いコストを払って、出費と収入の差額よりも高収量と総収益を重視してしまうのだ。投入コストの高さと商品価格の低さが農場の破産の原因だ。これが第二次世界大戦以降、アメリカの自営農家で起きていることだ。

ブラントは自分の農場で、有機物が八パーセントに達したら窒素を与える必要はないことに気づいた。このレベルでは、被覆作物が刺激した栄養循環は、年間一エーカーあたり二四〇ポンドの窒素肥料の投入に相当するのだ。ブラントの投入コストは低く、雨の少ない年でも収量は高く、害虫に絶えず悩まされたり作物が脅かされたりもしない。私にはこれは回復力があり持続可能な農業に思える。

翌日、ブラントは赤いダッジ・ラム（飾り気のない実用一点張りのピックアップトラック）でホテルまで私たちを迎えに来た。ブラントにとってオハイオ州不耕起会議の野外ワークショップは、慣行農業が土壌を巨大な生育培地として扱い、化学肥料を突っ込むだけで作物が生えてくると期待していることへの懸念を表明するよい機会だった。土壌を大事にすることを、ブラントはみんなに学んでほしかった。もしそうしなければ、われわれの社会は一〇〇年後には存在しないかもしれないと恐れているからだ。

経験はよい教師であり、ブラントはアマチュア科学者だ――どうすればもっとうまくいくかに興味があり、いつも新しいもののやり方を実験している。彼は、何でも知っているとされる人間に挑むのが好きだ。大学はそんな連中ばっかりだと私が言うと、ブラントは大笑いした。学者が八種類の被覆作物の混作について話すのを初めて聞いたとき、ブラントは単一栽培をやっていて、八種の混作は雑草発生のもとだと信じ込んでいた。それでも彼は実際に試してみた。一年後、土壌に好ましい変化が表われたことに驚き、被覆作物の混作の実験を開始した。

現在ブラントは、被覆作物が微生物という自分の家畜を支える鍵だと考えている。被覆作物は微生物の餌となるだけではない。土壌の温度を適温に保ち、微生物がブラントのために働いてくれるようにしているのだ。夏のもっとも暑い時期、近隣のむき出しの土は優に四三℃を超えることがある。だがブラントの土は三六℃を超えない。これは大事なことだ。微生物の活動は三八℃を超えるとほとんど停止するからだ。

一〇年前にはブラントは、土の中に家畜の群れがいることなど知らなかった。ただ正しく栄養を与えれば収量が上がると教えられていた。「ミミズが雑草の種を食べたり、冬には穴に引きずり込んだりして雑草を抑えてくれているなんて知らなかった」。以来ブラントは、地下の家畜に餌を与えるようになった。

成功の鍵は多様性

ブラントは生涯を農場で過ごしてきた。最初は現在農業を営んでいるところからほんの数キロ離れた土地だった。私の訪問から二カ月後に七〇歳になったブラントは、不耕起栽培を一九七一年に始めた――みずから選んでではなく、やむをえず。

一九六六年に結婚した翌日、ブラントは徴兵委員会から健康検査の通知を受け、そして気がつくと海兵隊の軍曹になっていた。今でも彼は言葉の端々に「イエス・サー」「ノー・サー」を差し挟む。私が思うに、当時ついた習慣なのだろう。ベトナムで数年勤務したのち帰還したブラントが知ったのは、父が遺言を残さず他界し、一家は農場を売らざるをえなくなったことだった。

運が向いてきたのは、J・C・ペニー（百貨店チェーンの創業者）の姪から電話があったときからだ。アイゼンハワー政権に勤務していた年輩の農場主が、指示どおりに四〇〇エーカーを耕作する小作人を探しているとのことだった。農場主はブラントに、その農場を自分で経営したいなら、不耕起でやってもらうと言った。

ブラントが耕耘機を売って不耕起播種機を買うと、八六歳になる祖父（若い頃は二頭立てのラバに犂を引かせて耕していた）は少なからず不安を感じた。孫が初めて不耕起の畑に植えつけているのを見て、祖父は大きな麦わら帽子を脱いで叫んだ。「おいおい。何てことしてるんだ？」。その年、トウモロコシは一エーカーあたり一二七ブッシェルできた。祖父は唸った。それはブラントも同じだった。

最初ブラントはうまくやっていたが、単一栽培と少ない作物残渣のもとでは地面が固くなり、収量は落ち始めた。それでもブラントは再び耕起しようとはしなかった。そこで一九七八年、ヘアリーベッチとさまざまなクローバーを被覆作物として植えた。ヘアリーベッチはとても効果があったので、ブラントはその虜《とりこ》になって被覆作物の単一栽培で二〇年間実験を続けた。それから一九九七年、エンドウ類とダイコンを試してみることにし、一つおきに畝に植えた。すぐに土壌にいっそうの改善が見られた。二〇〇一年、とある会議の野外展示会でデモンストレーションが行なわれ、五種、六種、七種の被覆作物の混植が扱われた。これに出席したブラントは、複数種による被覆作物栽培を試してみることにした。彼はすぐ、不耕起と多様な被覆作物の混植の組み合わせが、土壌改良に力を発揮することを受け入れた。

ブラントは多様性を成功の鍵として挙げる。サンヘンプは雨が降らないときじつによく育ち、ヘアリーベッチは雨が多いときに調子がいい。多様な被覆作物が混作されていれば、いつも何かしらよく茂って、肥料の残りの余分な窒素を確実に取り込んでくれる。また被覆作物から輪作を始めれば、農地を転用してから最初の数年間も収量減が起きないこともわかった。

特に印象的なのが、窒素固定作用のある被覆作物を植えると、翌年から窒素肥料の使用量を半分に削減できることだった。費用の削減はありがたかったし、汚染の影響も大きいことをブラントは認識していた。アメリカの農家が土壌に与える肥料の約半分は作物に吸収されず、流出してあちこちで問題を起こしているからだ。私が訪問する直前、乳児、妊婦、高齢者の健康に関する注意報がコロンバス近郊で公布されていた。市の飲料水に高濃度のアトラジン〔訳註：除草剤〕と硝酸塩が含まれていたのだ。

私が、農場を大きくするつもりはないのかと聞くと、ブラントはおかしそうに笑った。「トウモロコシとマメ以外にも栽培することはできる。でも大きくするのがいいというものじゃない」。それどころかブラントは、一万エーカーの農場を手に入れてそれを小さく分割し、若い農家や前途有望な農家に経営させたいと思っている。ゲイブ・ブラウンのように、より小規模でより収益の高い農家が——農業に携わる人が増えることが——現代農業の問題の多くを解決するとブラントは考える。オハイオのなだらかな丘のトウモロコシとダイズの海に囲まれて、小ぎれいに手入れされた白い二階家が通りに立ち並ぶ小さな街は、生き残りのためにもがいている。小規模農家を復活させればアメリカの小さな街が再活性化するだろうことは、ここでは想像に難くなかった。

「誰が」と私は尋ねた。「あなたの農場経営のやり方を農家に教えるんですか？」。ブラントは頭を振り、しばらく黙って車を走らせた。ようやく口を開いたとき、米国農業教育振興会に志願して、毎年二、三週間、地元の子どもたちに自分の農法の基本を教えていると言った。環境保全型農業の採用は、若者をいかに教育するかにかかっていると、ブラントは考えている。そしてアメリカは、若い農家を、農場の後継者を探している年輩の農家とつなげる、何らかのプログラムを必要としているのだ。

私が話をした農家の多分に漏れず、ブラントは大多数の大学の研究者に不満を抱いていた。「不耕起の研究に関心を持つ大学に、被覆作物の品種を調べさせることができない。だから自分たちで実験をしなきゃならない。学者はほとんどみんなトウモロコシとマメしか見ていないからだ」。もちろん、学界の関心がないのには、そのような研究には資金がほとんど提供されないからという理由もある。農業化学製品メーカーは、自分たちの製品の使用量を減らすような研究に、資金を提供しようとはしない。また、政府が出資する研究は、農家が資材への依存と出費を減らすことのできる、根拠のある農法の調査と普及より、企業との提携を優遇する傾向にある。

資材の投入を減らしながら、収量を維持または向上することに成功した農家の事例を調査する大学の研究者が、ほとんどいないことをブラントは憂慮している。「私の考えでは、大学はわれわれより二〇年遅れている」。私は同様の不満を旅のあいだじゅう聞いていた。土壌の健康を改善すれば農業問題を解決し、侵食と鉄砲水を防ぎ、殺虫剤の使用量を減らし、硝酸塩とリン汚染を削減することができるとブラントは確信している。みんなが被覆作物を植えれば、藻類ブルームはもう発生しない。オハイオ州コロンバスの飲料水は毎年、一年を通じて良好なものになるだろう。

私が引退についてブラントに聞くと、「考えていない。楽しくてたまらないからね」という答えが返ってきた。それに、改宗を待つ農家はたくさんいる。この事実を説明する役をみずから買って出たブラントは、私を連れて自分の畑と近隣の慣行農法の畑を比べて回った。見本はよりどりみどりだった。

私たちは近隣のある慣行農地に着き、路肩に車を寄せた。その脇には、弱々しい見かけをした膝の高さの黄ばんだダイズが植わっている。畑の四分の一から三分の一ほどは雑草に覆われていた。除草剤耐性のスギナモとオオブタクサがマメのあいだから伸びている。茂みを透かして、乾いてひび割れた地面が見えた。

そこは五月一日、四カ月前に植えつけられ、以来くり返しラウンドアップを噴霧されたところだとブラントは言った。畑を見わたしながら、ブラントは半世紀の経験を駆使して、収量はエーカーあたり二五ブッシェルと自信を持って予測し、「うちの畑は倍採れる」と言った。それから私たちは二、三〇〇メートル先へ進み、彼のダイズを見に行った。

ブラントの畑では、みずみずしく鮮やかな緑の豆が腰の高さに密生していた。作物のあいだから土は見えなかったが、車を降りて畑に足を踏み入れると、地面は湿り気を帯び軟らかいことがわかった。去年この畑ではエーカーあたり二一九ブッシェルのトウモロコシが生産され、そのあとライムギがまかれた。今育っているダイズをブラントは五月二五日にまいた。隣人が弱々しい黄ばんだマメをまいてからおよそ三週間あとだ。慣行農法に基づいて除草剤をまいた隣人の畑に比べ、除草剤を使わないブラントの畑には驚くほど雑草がなかった。私が見た雑草といえば、ところどころで豆の上に突き出た、自生のトウモロコシの茎だけだ。またブラントはこの畑に化学肥料も使っていない――必要がないのだ。「もっと雨が降れば、うちのダイズはもっと実をつけるだろう。でも隣のは打ち止めだ。雨が降っても、もう一度葉を出すことはないし、余計に豆をつけることもない」。この畑はエーカーあたり七〇ブッシェルほどを産出するだろうと、ブラントは予測した。ブラントのダイズは隣のダイズの少なくとも二倍の豆をつけていることは私にもわかった。

次の畑に行く途中ブラントは、自分は三二の別々の場所に三二の畑を持っていると言った。管理が大変ではないだろうか?「ああ」。畑を忘れることはないのだろうか?「いや」

私たちは次に、九〇エーカーの畑で止まった。そこでブラントは、ローラーで押し潰したライムギの中にダイズを植え、除草剤も化学肥料も使わずに栽培していた。畑は先ほどのものと同じように青々と茂っていた。今度も密集した葉に隠れて土は見えず、目に入る雑草もやはり、勝手に生えたトウモロコシの茎が数本、点々とダイズの上に突き出しているだけだった。ブラントはこの畑に五月二六日に植えつけ、エーカーあたり六五ブッシェルを産出すると見積もっている。道路を挟んで向こう側に、隣人の黄ばんだダイズのまばらな葉を通して、からからになった地面が見えた。あのダイズは一エーカーあたり二五ブッシェルはできるかもしれないと、ブラントが言った。

ブラントの農場に戻る途中、私たちは除草剤耐性雑草の見事な見本の脇を通り過ぎた。最初にブラントがラルと私にダイコンを見せた畑から道路を挟んだ向かい側では、隣人の黄色くなったダイズ畑の三分の一が、大きな緑色の雑草で覆われていた——スギナモだ。今年になってすでに三度、除草剤をかけているとブラントは言った。私が見た雑草のほとんどが除草剤をまいた畑に生えていたことに、私は気づいていた。

世界が注目する農場

ブラントは説得力のある率直な話し方をし、大げさな物言いを好まない。その土壌の健康に対する本物の熱意から、自分のしてきたことを他人がするのを助けようとしている。ただし、ブラントが言うように「みんな魔法の杖を探しているが、そんなものありはしない」のだ。自分が使っている一連の農法を裏付ける原理は、あらゆる農場の条件に応用できると、ブラントは自信を持っている。

土壌の健康という運動は草の根から定着しているのかと、私は質問した。「まったくその通り」と、ブラントは言った。学者ならみんな聞きたがる答えだ。「最初に転換した人たちのほとんどは経済的な問題が動機だった。だが今では、それをよい手本や機会と考え、まねをする人たちが出てきた。こうした人たちは外へ出て、彼らを単なるうさんくさい連中とは思わない農家と、情報を共有するようになっている」

では、なぜブラントの近隣の農家は彼のやり方を取り入れないのだろう？　確実に彼らは、車で通り過ぎながらブラントの農地が優れていることを見ているはずだ。ブラントは、これまで私が話した人々と同様、作物保険のせいだと言う。利益が保証されているので、農家はもっと回復力のある行動を取る動機づけもなく、豊作の年にはかなりの利益をあげ、不作の年も乗り切ることができる。

なぜわれわれは、土壌有機物を枯渇させるのでなく蓄積するような農法に報奨を出し、経済的な魅力を与える農業政策を考え出さないのか、私は不思議に思っている。この疑問はようやく、この国でも他の国でも、農家、学者、政府職員の関心をある程度集め始めた。

好奇心旺盛な訪問客が多数やってくることから、ブラントはそのことに気づいている。人々は被覆作物の教祖に会いに、予告なく立ち寄る。ときたま農民が車に相乗りで、突然やってくる。月に一回ほど、定期的にバスいっぱいの農民が到着する。ブラントは講演を求められ、平均して年に六〇日から七〇日は家にいない。「幸い、うちは不耕起栽培だから、そんなことをする時間があるんだ」。ブラントは自分の考えやり方を一切独占せず、不耕起農法で浮いた時間を、農場の転換のしかたを他人に教えるために喜んで使っている。

私が来る前の直近の訪問者は、フランスの農業大臣ステファヌ・ル・フォルだった。ル・フォルは、環境保全型農業、マルチ耕作、被覆作物、バイオ炭といったものを利用した修復的な土作りの採用によって、農地に土壌有機物を増やす世界規模の自発的取り組みを提唱している。ル・フォルは自分の構想を「一〇〇〇分の四」と呼ぶ。土壌炭素を年に〇・四パーセント増やすことを目標にしているからだ。全世界で達成されれば、これで年間二八億トンの炭素が隔離される。それに加えて農業分野での化石燃料使用量が削減され、全部合わせると世界の炭素放出量の三分の一を相殺する潜在能力がある。世界を養う――そして農家の銀行口座をうるおす――のに役立つことをすれば、気候問題に大きな影響を及ぼすのだ。

ル・フォルが自分の提案する構想を説明したとき、ブラントはこのフランスの閣僚に、〇・四パーセントという目標は低すぎると言い、自分は被覆作物の混作を取り入れてから、土壌炭素濃度を年に〇・五パーセント以上高くしたと説明した。ル・フォルはブラントにハイタッチせんばかりだった。大臣がブラントに、フランスの集会で講演してくれるように頼むと、ブラントは冗談で答えた。上着とネクタイの代わりになるフォーマルな黒いつなぎを買わなくちゃ。

ル・フォルはブラントを、四人の農家と作物保険の代理人と共に、オハイオ州立大学での翌日の昼食にも招待した。ブラントが黙って座っているそばで、あとの人たちは作物保険プログラムがいかにすばらしいか、自分たちが生きるためにどれだけ必要かを話していた。ル・フォルがブラントに、作物保険についてどう思うかを尋ねた。ブラントは、それが義務だった一九八〇年代に二年間加入していたが、今では必要ないと答えた。不作になったことがないからだ。さらに、万が一ある作物が不作になっても、必ず他の早く育つ作物を植えることができると、ブラントは指摘した。トウモロコシが育たなければ、ソルガムを植えればいい。ソルガムが植えられないなら、キャノーラを植えればいい。だが作物保険に入っている者は、最初に不作になったところで支払いを請求し、補償金を受け取る。「作物保険は農家を怠け者にする」と、ブラントは締めくくった。保険がなければ、より弾力性のある農法にもっと関心を持つだろう。

仰天した他の農民たちは、異端者を睨みつけていた。農業事務所の代表は肩をすくめ、小ばかにしたようにこき下ろした。「でもブラントさんは間違いなく生き残れませんよ」。だがブラントは、まさに四四年生き残ってきたのだ――彼は高校の同級生で今も農業を続けている最後の一人だ。この訪問のあと、大臣の補佐官からブラントに連絡があり、大臣が「作物保険がアメリカの農家にとってどれほど重要かを学べて」感謝していると知らせてきた。はっきりと、大臣はブラントのメッセージを受け取ったと言っているのだ。

三カ月後、フランス政府はル・フォルの「一〇〇〇分の四」イニシアチブを、パリで開催された二〇一五年気候変動枠組条約締約国会議で提案した。二一年の会議の歴史で初めて、土壌炭素を増やすように農法を変えることの可能性が話し合われたのだった。残念なことに、それは最終文書では触れられてもいなかったが。

庭に見る土壌の回復

土壌の健康を定量化し、一つの数字で表わすのは簡単なことではない。だが、有機物が多いほど土壌の健康状態がいいという基本的な考えはゆるがない。もし一つしか使えないとしたら、土壌の健康を測るためにどの尺度を選ぶかと尋ねると、私が意見を求めた研究者も農家もみな同じ答えを挙げた——土壌炭素だ。また土壌有機物の測定は、やってみればかなり容易だ。家でもできる。ローテクなやり方は、土壌サンプルを採取し、重さを測り、オーブンで炭素を焼きつくし、もう一度重さを測る。なくなったものが有機物だ。難しいのは、農場全体で意味のある平均値を得ることだ。

園芸好きの私の妻が、わが家の荒れ果てた庭を庭園に変える事業に乗り出したとき、土に一切化学肥料を与えなかった。代わりに重点を置いたのが、有機物を加えることだ。そうすることで、栄養と微量栄養素を再生して次の生命の循環を支える微生物を活性化させるのだ。庭の肥沃さを取り戻すアンの計画は、環境保全型農業によく似ていた——攪乱を最小にし、土にマルチを施したのだ。さて、それでわが家の土はどれほど変わっただろう?

二月末の晴れた昼下がり、私の土壌学の同僚サリー・ブラウンが、ぶらぶらとわが家の私道を歩いてきた。アンと私が庭の土に集めた炭素の量を測りに来てくれるように、私は彼女に頼んでいたのだ。サリーは、有機土壌改良材が土壌の質に与える影響を研究している。

サリーの土壌試料採取器《サンプラー》は、深さ一五センチ、直径五センチの金属カップからできており、サンプル筒の内側に取り外し可能な真鍮の輪がつく。サンプル採取の第一段階は、地面から地表有機物のもろい層を取り除くことだ。サリーが欲しいのはその下の土壌だった。サンプル採取のたびに、サリーはひざまずいてサンプラーをスライドハンマー（金属の支柱に沿って上下する金属の塊）で地面に打ち込む。サンプル筒が地面と同じ高さになったら、まわりをスコップで掘り、サンプラーを地面から抜き取る。次にサンプラーのネジを緩めて、内側にはめ込まれた三本の真鍮の輪を取り外し、分割する。それから巧みなナイフさばきで真ん中のものをそぎ落とす。

これで体積のわかったサンプルが手に入る。それからサリーはサンプルを紙袋に落とし、黒のフェルトペンでラベルをつける。これを研究室に持ち帰り、重さを測る。体積がわかっているサンプルの重さから、土壌のかさ密度、単位体積あたりの重量を計算することができる。それからサンプルを焼いて有機物を燃焼させ、もう一度重さを測って、失われた質量を特定する――それが土壌中にあった有機物の量だ。「単純で、安上がりで、いろいろなことがわかるやり方だ」と、サリーは私に言った。

今の家を買ったとき、地面は一世紀前のみすぼらしい芝生に覆われていた。生命のないカーキ色の土にからみ合う草の根にはミミズはいなかった。私たちの――まあ、じつはアンのだが――懸命の努力の結果、土壌サンプルには一目瞭然の差が出ていた。サリーは数カ所からサンプルを採取した。ガレージの後ろは、マルチを施さず何も植えていないので、もともとの土の代わりに対照群として使える。そこでサンプラーを地面に押し込むと、薄茶色の土がひび割れてサンプラーのまわりに盛り上がった。スコップでサンプラーを掘り出すときにも、また地面はひび割れた。サリーは、マルチで覆った花壇と芝生からもサンプルを採取した。刈った草を地面に放置して、ミミズが巣穴に引きずり込むに任せておいた場所だ。最後にサリーは、菜園のサンプルを取った。そこにはアンが台所の生ゴミで作ったミミズ堆肥のほとんどと、ときたまバイオ炭を少し使っていた。

芝生で取ったサンプルは、栓のように塊で出てきたが、濃い茶色をしていた。花壇の土はぼろぼろしていて、茶色がもっと濃かった。菜園では、土が軟らかいので、サリーはスライドハンマーを使わず手だけでサンプラーを押し込むことができた。サンプルは黒っぽくて軟らかく、崩れやすい構造だった。

サリー・ブラウンとTAGROの関係者

数週間後サリーから、結果を記したスプレッドシートがEメールで届いた。数年のあいだにわが家の庭には大きな変化が起きていた。対照試料の炭素量は、一パーセントをわずかに超える程度だった。劣化した農地土壌の基準とほぼ一致する。芝生は四パーセントで著しい増加だが、マルチを施した花壇の九パーセント近い炭素濃度の前では色あせる。一五年のマルチングと堆肥の施肥は土壌炭素濃度を劇的に上げ、デイビッド・ブラントの四四年間にわたる不耕起の畑と肩を並べるほどのレベルにしていたのだ。そして、わが家の菜園の土壌炭素濃度は一五パーセントと、テラ・プレタのレベルに近づいていた。ブラントのものと同様に私たちの土壌有機物は、マルチを敷いた植床で急速に、年に約〇・五パーセントの割合で増えた。ル・フォル大臣の目標値よりも速い。これが意味するところは重大でありながら単純だ。もし誰もが、農家も都市住民も共に、この線で土壌の有機物量を増やせば、炭素貯蔵に関してきわめて大きな影響を及ぼし、今後半世紀のあいだ広い範囲にわたる利益があるだろう。

　土壌炭素は植物の栄養ではない。植物を直接養うものではなく、それ自体は植物の成長に必須ではない。それでも土壌有機物と作物収量のあいだには密接な関係がある。土壌有機物を増やせば、少ない肥料で同等の作物収量を維持することができる。二〇〇六年、ラッタン・ラルは、コムギ、コメ、トウモロコシの収量が根圏の土壌有機炭素量によってどのように増加するかを分析した論文を発表した。個々の作物についての関係を基礎に、土壌有機炭素が年間一ヘクタールあたり一トン増えると、開発途上諸国の穀物生産が年間二四〇〇万から三九〇〇万トン増加するとラルは試算した。今後数十年の人口増と、予測される食生活の変化に対応して途上国を養うためには、年間三一〇〇万トンの食糧を増産する必要があるとされるが、これはその四分の三から全部を満たしてなお余裕がある。土壌有機物を増やす農法を推進すれば、世界に食糧を供給する取り組みのために大いに役立つだろう。

　さかのぼること一九三八年、土壌学者のウィリアム・アルブレクトは、農務省の『農業年鑑』に「土壌有機物の維持は国家の責任と考えうる」*と書いた。今、アルブレクトの金言を全世界の責任と言い換えるべき時が来た。私たちは土壌炭素を社会的な投資勘定——人類の膨大な蓄え——と考える必要がある。今それを取り戻せば、子孫はいつまでも配当を受けることができるからだ。残念ながら、われわれは今もそれを垂れ流しにしているのだが。

*——Albrecht, W. A. 1938. Loss of soil organic matter and its restoration. In *Soils & Men, Yearbook of Agriculture 1938*. 75th Congress, 2nd Session, House Document No. 398, United States Department of Agriculture, Washington, D.C.: Government Printing Office, p.355.

第12章　閉じられる円環――アジアの農業に学ぶ

すべては土より出《い》で、すべては土となって終わる。
――クセノファネス（古代ギリシャの哲学者・詩人）

ドイツの化学者ユストゥス・フォン・リービッヒは、化学肥料の効能についての、たとえば三大栄養素ＮＰＫ――窒素、リン、カリウム――が植物の成長に及ぼす効果のような先駆的な研究で名を馳せている。その一八四〇年の画期的な著書 *Organic Chemistry in Its Applications to Agriculture and Physiology*（『農業および生理学に応用された有機化学』）は、当時広まっていた植物栄養の腐植説――植物は腐敗した土壌有機物を直接吸収するという考え――に疑義を唱えた。この本が、畜糞のような旧来の有機肥料を化学肥料に置き換える道を開いたのだ。

だからリービッヒの一八六三年の著書 *The Natural Laws of Husbandry*（『農業における自然の法則』）を読んだとき、私は驚いた。土壌肥沃度はいくつかの主要な物質を土に加えることで維持できるという思想とは、あからさまに矛盾することが書かれていたからだ。最後の大著であるこの本の中でリービッヒは、作物に十分な栄養を与えるために、有機物を畑に戻すことを推奨している。化学肥料の守護聖人が、有機物が文明維持の鍵であると考えていた、ということだ。

何が変わったのだろう？　最終的にリービッヒは、土壌有機物が植物の育成に重要な役割を果たすことを認識するようになったのだ。腐敗した有機物中の炭素は植物の栄養にはならないが、有機物には植物が必要とする他の元素が含まれている。また、化学肥料によって一つか二つ元素を与えても、こうした他の必須栄養の欠如には対処できない。無機栄養素一式すべてを持ち出すだけで補充しない農法は、土壌が疲れ果てるまでしか続けられないとリービッヒは主張した。

リービッヒが生きていたら、現代の化学肥料依存に本当に不賛成だろうか？　たぶんそうだ。私が非常に驚いたのは、物理的に植物がすぐに利用できる状態にあるのは、土壌中の元素のごく一部でしかないから、化学的な分析で土壌肥沃度を評価するのは難しいとリービッヒが主張していることだ。肥沃度は、土壌が化学的にどのような物質でできているかより、その物質が植物可給態であるかどうかにより左右されるのだ。

リービッヒは、無機成分を運び植物が利用できるようにする役割が土壌生物にあることを知らなかった。だが、鉱物の風化の進行が遅いことと、岩や土壌鉱物に縛りつけられた元素を、そのまま植物は利用できないことを認識していた。畜糞や腐敗した植物は、植物可給態元素の供給源となり、土壌肥沃度の維持を助けることをリービッヒは理解していた。有機物を戻さずに、農地から絶えず作物を持ち出していれば、やがて土壌は劣化すると、彼は主張した。これは歴史上何度となく起きたことだ。リービッヒは、土壌を疲弊させた西洋社会の農法と、同じ畑を数千年にわたり耕作してきた東洋のものとの違いを指摘した。西洋が農耕を続けたいのなら、変わらねばならない。

何世紀ものあいだ大きな人口を支えてきた中国と日本の農業に、リービッヒは注目した。その成功の秘密は何だろうか？　こうした文化では、人間や動物の排泄物を日常的に土地に戻していた。堆肥が肥沃度を回復する能力は「一〇〇〇年の経験」[*1]によって確立されているとリービッヒは主張し、有機物を大きな規模で農地に戻すことを勧めている。その理由は「有機物の不足した土壌は、それが豊富な土壌に比べて当然生産力が低い」からだ。[*2]

一八六三年の著作で、リービッヒは、土壌粒子から元素を引き出して生物学的循環に乗せるために飼料作物を植えることは、無機栄養素を土壌に回復させる上でもっともよい方法だと述べている。特に効果的なのは根の深い植物、たとえばカブで、元素を下層土から引き揚げ、腐るときにそれを表土に戻す。雑草も、不毛の土地では栄養を運ぶ植物としての価値があると、リービッヒは主張する。土壌から元素をゆっくりと抽出して蓄積し、腐敗するときに植物可給態にして戻すからだ。このようにして、草が世代を重ねるにしたがって土壌は肥沃になり、成長と腐敗のサイクルを通じて無機栄養素が循環する。こうして自然は肥沃な土壌を作るのだ。輪作をすれば、自然に任せた場合より耕地は速く肥える。カブやクローバーのような飼料作物を栽培して、それを食べた家畜の糞を戻せば、肥沃度が復活して土壌の疲弊を防ぎ、高収量が確実に続く。

リービッヒが再生可能な農業を支持していたなどとは、私には思いもよらなかった。しかし彼が推奨したものは、被覆作物、輪作、土壌有機物の蓄積と、環境保全型農業に近いものだ。また、小規模な実験を行なって、自分の土で何がもっともうまくいくかを見つけることを農家に奨励している。土壌の多様さをよく知っていたリービッヒは、すべての農場に同じ技術を当てはめないように戒めていた。また、今日の農家がいまだやっているように、土壌の単純な化学分析を過信しないようにと警告した。

リービッヒは、土壌から無機栄養素を引き出し続けることを、口座を補塡することなく日々の出費を引き出し続けることにたとえた。リービッヒの考えでは、栄養を土地に戻すには、動物の排泄物（畜糞）と人間の排泄物（下水）を利用するのがもっともうまいやり方だ。

後者の例としてリービッヒは、プードレット（し尿から作った肥料）を使ったバイエルンでの出来事について述べている。ラートシュタット要塞の守備をする軍勢は、荷車に据えた樽の中に排泄物が落ちるように便所を作った。こうすれば汚物を始末するのに都合がいい。だがリービッヒは、この解決策にはもう一つの利点があることに注目した——兵士の食糧を作る農地の肥沃度を保てるのだ。初め半信半疑でものを受け取っていた周辺の農村の農民は、その肥料としての力がわかると、列をなして乾燥したし尿を買った。

一八六五年、英国議会はリービッヒを招き、都市の下水を農地に戻す方法について助言を求めた。一八五八年の暑い夏に起きたロンドンの「大悪臭」に、政府は対策を迫られていた。耐えかねた市民が、コレラの流行の原因を、悪臭を放つテムズ川に直接投棄される未処理の人糞の臭気のせいにしたからだ。ロンドンが、ヨーロッパの都市から下水として日々流れ出している植物の栄養を利用する方法の実例になればいいと、リービッヒは考えた。その発想は古代ギリシャにまでさかのぼる先例があったが、だからといって普及するということはなかった。むしろ、屋内配管の魅力が社会に違うコースをたどらせた。都市は下水道を建設して、汚水を遠く離れたところまで流し去るようになったのだ。

有機物を土地に返すというリービッヒの目標は、その弟子たちが採用した農芸化学的哲学の成功の陰に埋もれた。彼らは肥料を、補償の法則（畑から作物に取り込まれた栄養を補ってやる必要性をリービッヒがこう呼んだ）の中心に位置づけた。それでもリービッヒは、すべての栄養が戻されないかぎり農業は長続きしないことを知っていた。数十年後、サー・アルバート・ハワードは、有機物を土壌に戻す必要性についての似たような議論をもとに、堆肥法と有名な還元の法則を考案した。しかしハワードはその見解を、リービッヒの弟子たちが信奉していた化学肥料への依存を覆すために提示した。化学肥料の父と有機農業の父が共に、長期的に肥沃度を保つためには有機物を土に戻すことが欠かせないと考えていたことは、じつに興味深く思える。

それは彼らだけではなかった。フランクリン・H・キングによる一九一一年の名著『東アジア四千年の永続農業』は、有機物を畑に戻す慣行がアジアの農業を数千年にわたり支えてきた——そして永続的な農業のために必要である——と主張している。キングは土壌物理学の父と呼ばれているが、おそらくアジアの農地が数千年のあいだ肥沃に保たれた理由を調査したことで、もっともよく知られている。じつは、その関心はなかば個人的な事情によるもの——アメリカ農務省の上司との激しい確執をきっかけに高まったものだった。

ウィスコンシン州の農場で育ったキングは、知識を実践に応用することに興味を持っていた。コーネル大学で教育を受けたあと、ウィスコンシン州リバーフォールズで教師を目指す学生に自然科学を一〇年間教えた。その後、一八八八年に、キングはウィスコンシン大学で農業物理学の教授に任命された。ここでキングは、穀物サイロの形を長方形から円筒形にすると腐敗を減らせることを明らかにした。この構造の単純な変更で、掃除がしにくい隅がなくなり、カビの生えた穀物が溜まる可能性が減るのだ。こうした建造物は高原の風にもしっかりと耐えるので、この設計はすぐに人気となり、今日なお続いている。

科学界でキングは、土壌内での水の動きに関する研究で知られていた。土を詰めたガラスの円柱（中には高さ三メートルに達するものもあった）を使って、土壌粒子の大きさが、その中を流れる水の速度に影響することをキングは発見した。その土壌肥沃度への興味は、土壌水に溶けたカリウムが作物収量を増やすことを証明する研究を知ってかき立てられた。

一九〇二年、キングはワシントンD．C．の農務省土壌局土壌管理部長に任命された。この新しいポストで、キングの研究は、作物収量が土壌自体の化学的組成全体よりも、土壌水中の養分濃度と相関を持つことを示すようになった。根は水に溶けた栄養を吸収するが、溶液に含まれているのは土壌に含まれる総量のごく一部にすぎない。ということは、農業慣行が植物可給態の栄養の供給を枯渇させ、補充されなければ土壌肥沃度は尽きてしまうと、キングは結論づけた。

この考えはキングの上司、局長のミルトン・ホイットニーの見解と対立した。ホイットニーは、土壌の化学物質の総量に基づいて、植物の栄養は土中に事実上無尽蔵にあると信じていた。土壌の化学は作物生産に大して重要ではないというその考えは、チェサピーク湾周辺の土壌では、肥沃なものも生産力が低いものも、植物の栄養として欠かせない元素の総量に、違いがほとんど見られないことに基づいていた。土壌肥沃度は主に土壌の水分と構造を反映しており、肥料は土壌の物理的特性に作用して収量を引き上げるのだと、ホイットニーは主張した。作物の生産を継続して維持できるだけの植物の栄養が、すべての土壌に含まれていると考えたのである。一九〇三年秋に土壌局紀要二二号として公開されたこの見解には、控えめに言っても賛否両論があった。ホイットニーの主張は、部分的には、キングが行なった実験のデータのつまみ食いをもとにしていたが、キングは上司の偏った解釈に反対し、自分の名前を著者名からはずすことを要求した。

上司が自分の研究を盗用し、また、彼の考えでは、見解を誤って伝えることに不満を覚えたキングは、六編の原稿を書いた。そのうち三編には、紀要二二号のホイットニーの結論と矛盾するデータが含まれていた。ホイットニーは推薦はせずに三編の公開を承認したが、自分の見解の信頼性を著しく損なうものを局で公表することは拒否した。ホイットニーはそれからキングに局を辞めるように強要し、当時できたばかりの機関から、当人とその見解をまとめて追い出した。そうすることでホイットニーは、アメリカの農業が農芸化学の道へと舵を取るのに手を貸したのだ。

一九〇四年、キングはウィスコンシンに戻った。ホイットニーが削除した論文を発表してからキングは、東アジアの農民が数千年のあいだ、いかにして農地の肥沃度を保ってきたかに関心を持つようになっていった。

排泄物を肥料に

アジアの農法への関心は、自国の将来をどう安定させるかという懸念に根ざしていた。アメリカの富は、少ない人口に対して相当量の肥沃な土壌の供給があることから来ていると、キングは見ていた。繁栄を保つためには肥沃な土地の保全が必要であり、そしてその当時すでに、アメリカの土壌劣化は明らかだった。グアノや無機肥料の輸入と使用で作物収量は支えられていた。一八〇〇年代初め、ヨーロッパからの入植者が北アメリカの農地を耕作し始めてからわずか二世紀後、南東部の土壌はひどく劣化し、農民はまだ耕されたことのない新しい土の魅力に引かれて、アパラチア山脈の向こう側に殺到していた。

キングは、アメリカの農業慣行がいかに土壌の肥沃度を低下させたかを十分すぎるほど知っており、化学肥料の使用は一時的な解決にしかならないと考えていた。おそらくアジアの慣行が、永続的な農業を成立させる鍵を握っているだろう。

一九〇九年、キングは生命保険を解約して、九カ月にわたるアジア旅行の資金を作った。同年二月、妻のキャリーを伴って、キングは極東の農業が永続する秘密を探る壮大な旅に出発した。皮肉なことに、キングの東洋への旅は偶然、ハーバーとボッシュが合成窒素肥料製造法を開発したのと同じ年だった。

中国一帯では、一平方マイル（約二・六平方キロメートル）に平均して約二〇〇〇の人間と、数百頭のウシとその二倍のブタがいた。これほどの密度で、ほとんどのアメリカの農家が一家族には小さすぎると考える四〇エーカー（一六ヘクタール）の農場が、何とか二四〇人と数十頭のウシと同じくらいのブタを養っていた。ざっと計算して、一人あたりの農地はアメリカの三分の一しかない。どうしてこんなことがアジアの農家には、それも数千年ものあいだ可能だったのだろう?

二月一九日、灰色の空と荒れた海を見ること二週間以上ののち、キング夫妻は横浜港に上陸した。翌朝二人は、下肥を畑へと運ぶ人、ウマ、ウシの途切れない流れを追い越しながら東京に向かった。男たちが、木の樽を六個から一〇個載せた荷車を引いている。きっちりと封をした樽の重さは、それぞれ二五キロある。キングは通訳に、なぜ都市は汚水を川か下水道に流して、排泄物を効率よく海に運んでしまわないのかと尋ねた。通訳は答えた。こんな貴重な資材を捨ててしまうのはもったいない。毎年、日本の農家は耕地一エーカーあたり平均約二トンをまいている。

アジアの農地に戻される有機物は、人間の排泄物だけではない。ある果樹園を訪れた際、稲わらのマルチがかけられ、木のあいだに雑草が生えていないことにキングは気づいた。日本の農家は、わらを野菜畑のマルチにも使っていた。わらは土の上に重ねられ、少量の土をかぶせて水が速く浸透するように、また土壌表層からの蒸発を減らして水が地面に保持されるようにする。分解されると、マルチは堆肥としてもはたらく。堆肥とマルチは日本の農業の基礎であった。

日本人が畑に戻す窒素、リン、カリウムの量を推定したキングは、作物に取られたのと同じ量を足していることを知った。彼らは輪を閉じて、栄養を土から作物へ、それから人へ、そして再び土へと循環させていた。ここに数千年にわたり農業を維持する鍵があるのだ。

キングが乗った船は三月七日の日曜日に香港に到着した。周辺の農村を探索すると、住民が骨折って有機廃棄物を集め、運んで堆肥化していることがわかった。灰、し尿、畜糞は丁寧に集められ、堆肥にされて再び作物の肥料になる。きれいに張られた豚小屋の石の床が洗われ、廃水が集められて肥料として利用されることには、特に感銘を受けた。川岸でボートから大量のし尿を降ろして水で注意深く薄め、ネギ畑にまくのをキングは見た。二つの桶を天秤棒でかついだ人々は、長い柄杓で茶色の黄金をすくっては土壌にかけていた。

極東全体では、毎年一億八二〇〇万トンの人糞が畑に戻され、その中には一〇〇万トンを超える窒素、三七万六〇〇〇トンほどのカリウム、一五万トンのリンが含まれているとキングは推定した。アメリカの農地で膨大な量の無機肥料が絶えず必要なことと、アジアの農業に無機肥料が使われていないことをキングは対比した。一方の農法は一世紀か二世紀のあいだに土壌を劣化させ、収量の低下を招いた。もう一方は高い収穫量を数千年間保っていた。

この違いの原因はキングには明白だった。毎年、アメリカとヨーロッパでは、人口一人あたりおよそ二キロから五・五キロの窒素、一キロから二キロのカリウム、〇・五キロから一・五キロのリンを海に捨てていた。どうしたわけかこの栄養の損失は、文明の偉大な功績の一つと見られていると、キングは辛辣に述べた。彼の目には、アジアの農法のほうが優れていた。

秘密は糞の循環を閉じたことだけではなかった。長い経験からアジアの農民は、マメ科植物を輪作に組み込むと土壌肥沃度が増進することを学んでいた。農民は、コメを収穫する直前または直後に、クローバーをまいていた。あとでそれは、掘り返すか引き抜くかしてから用水路の泥に浸し、土と混ぜて堆肥にするか、そのまま数週間発酵させる。だが有機物は常に畑に戻されていた。

収穫が近い作物の畝間のスペースに次の作物が植えられ、古い作物が収穫される前に新しいものが育ち始めるというのもよく見られる光景だった。キングは一エーカーのキュウリ畑で足を止め、農民に収量について尋ねた。その下肥を与えた農地は、アメリカの方式で予想される収穫量の四倍を生産した。さらにこの畑では、キュウリのあいだで二種類の葉物野菜が季節ごとに栽培される。エーカーあたりの食糧総生産量は、アメリカの農場と比べて桁違いだった。

日本の農務局の推定によれば、一九〇八年には約二四〇〇万トンの、動物や人間の排泄物を堆肥化したものが、国内の農地に施肥された。その同じ年、上海市は、公園と個人の住宅から出たし尿を引き取る権利を、総計三万一〇〇〇ドルという高値で売却した。上海市の衛生担当官、アーサー・スタンレー博士はキングに、細菌による分解は、堆肥化した糞便や家庭の生ゴミを無害にする効果的な方法だと主張した。こうしたものを河川に放流すると、水源を破壊することになる。堆肥化すればその栄養的価値を再利用できる。

山東省の険しい丘陵地へとさかのぼる汽船に乗ってキングは裕福な農村を訪問し、堆肥の作り方を見た。大通りで数十人が畜糞、家庭ゴミ、刈り株を混ぜ合わせ、空気が入るようによくかき回してから、村の各戸の前にきちんと積み上げる。定期的に堆肥の山に水をかけて、発酵の速度を調節する。有機物が分解されると、堆肥を新しい土や灰と混ぜ、乾燥させ、手でばらばらにするか家畜が引く石のローラーで押し潰す。完成品は畑に運び戻し、次の植えつけの前にまく。

コムギの収穫の一〇日から一五日前に綿花の種をまくという山東省の農民のやり方に、キングは興味を持った。畝間の土は上から十数センチがほぐされ、掘り起こされ、まいたばかりの種にかぶせられる。この土のマルチは土壌水分を保つ役割を果たし、発芽を促進する。この深く軟らかい土に犂は入れられない。成長に二週間を与えられた綿花は、コムギの収穫のときには、すでにマルチと刈り株のあいだから顔を出している。ここに雑草抑制の鍵があった。前の作物の収穫直前に次のものを植えつけると、有利なスタートを切って雑草を押しのけることができるのだ。

キングの計算では、自分の故郷ウィスコンシン州で、山東省のもっとも肥沃な地域と同じ人口密度を支えるとすれば、八六〇〇万の人間、同数のブタ、二一〇〇万頭のウシを養うことができる。これは当時のアメリカの全人口に近かった。

同じ畑で時間差をつけて複数種の作物を栽培することは、中国の農民のあいだでは普通のやり方だった。成長の段階が違ういくつかの作物が一つの畑に同居していることにキングは驚嘆した。成熟の近い秋まきコムギは、成長途中のマメや芽生えたばかりの綿花の保護になる。輪作はマメ科植物とコムギまたは綿花で交代に行なわれる。混作は例外ではなく、むしろ通例だった。これを読みながら、私は衝撃を受けた。現代の環境保全型農業と似ていたからだ。

日本の奈良県農事試験場では、ダイズがオオムギの畝間に植えられ、緑肥にされる（また、すでに見たように、窒素をオオムギに供給する）ことに言及している。オオムギが収穫されてから一週間後、ダイズが収穫され、それからイネが植えられる。ここの農民はオオムギ、イネ、マクワウリ、その他数種の野菜を経てオオムギ、イネに戻る四年周期の輪作を行なっていた。朝鮮では、農民はトウモロコシまたはアワ二畝とダイズ一畝を交互に作っていた。アメリカの農民はなぜ同じように輪作と混作を取り入れられないのか、キングにはこれといった理由が思い当たらなかった。

とはいえキングは、単純にアジアの農法を模倣することを提唱したわけではない。それは西洋の農業にとって重要な教訓となると、キングは信じた。キングのような鋭い目の持ち主が、アジアの農民から病虫害についての懸念を聞いたという記述をしていないことは、特筆に値する。

残念なことに、キングは著書を完成させる前、一九一一年八月四日にこの世を去った。キングの妻がウィスコンシンで自費出版するが、それには結論を述べるつもりだった最終章が欠けていた。この本が日の目を見たのは一九二七年、ロンドンの出版社が拾い上げ、続いてサー・アルバート・ハワードが、有機農業に関する基礎研究に引用したときのことだった。その後一九四〇年代に、ジェローム・ロデールが再版した。キングの本は、環境保全型農業の原理と一致する東洋の農業の基本的な営みを正確につきとめた、隠れた名著である。

バイオソリッド——現代の栄養循環

有機物を都市の中心地から農地に運ぶ現代の試みは、大規模な栄養循環に対するリービッヒとキングのビジョンに、新たな解釈を与える。アメリカ中の地方自治体が、堆肥化した残飯、家庭ゴミ、剪定材を、微生物が処理した人糞（バイオソリッド）と共に、森林、農地、コミュニティガーデンの土を肥やすために戻すようになってきたのだ。

これは新しい発想ではない。ウィスコンシン州ミルウォーキーは、ミローガナイト——個別包装したバイオソリッド——をほぼ一世紀前から園芸愛好者や農家に販売している。デンマークには下水汚泥を土に施す伝統があり、住民が産出するものの半分以上がリサイクルされている。カナダは下水の約五分の一を土に戻し、イギリスはその倍を戻している。そして、同じことが私の住むシアトルのすぐ南でも起きていることがわかった。

シアトルでは観測史上もっとも暑い八月のある晴れた日の午前一一時、サリー・ブラウンと私は、タコマ市下水処理場のダン・エバーハートのオフィスに着いた。エバーハートは下水をＴＡＧＲＯに変える事業を監督している。これは微生物が消化した肥料で、市の家庭菜園愛好者のあいだで広く人気がある。市長もそれがたいそうお気に入りだ——市に多額の収益をもたらし、年間一五〇万ドルかかる処理場の予算の半分を回収するからだ。

エバーハートは、うんちを黄金に変える市のお抱え錬金術師というより、オートバイの修理工という雰囲気だ。白髪まじりの山羊ひげを生やし、太い腕にはタトゥーがびっしり彫られ、三つのダイヤモンドのピアスが左耳を飾り、右耳からは金のイヤリングが下がっている。オフィスの壁にひときわ目立つ大きなハーレーダビッドソンの看板が、少々威圧的に受け取られたとしても、エバーハートはおそらく気にするまい。だがその大きく響く笑い声は温かくあけっぴろげで、私はたちまちくつろいだ気分になった。

たいていの下水処理施設は部外者立ち入り禁止だ。タコマ市では訪問を歓迎するばかりか、なるべく手ぶらで帰さないようにしている。市長は空いている市有地での都市農業を推進し、七〇カ所を超えるコミュニティガーデンにTAGROを無料で提供している。この肥料はきわめて人気が高く、十分に行きわたらない。昨年の夏には、六月中に売り切れてしまった。エバーハートはTAGROを「よりよい園芸のためのゲートウェイドラッグ〔訳註：麻薬中毒のきっかけとなる弱い薬物〕」と呼んでいる。

TAGROはバイオソリッド、おがくず、砂を混ぜたものだ。サリーはそれを究極の培養土と表現し、この下水処理施設を土壌工場と呼ぶ。むしろそれは工業化された巨大なウシに似ていると、私は思うようになった――加工人糞堆肥を製造する市営の第一胃だ。

想像のとおり、TAGROのようなバイオソリッドの安全性をめぐる論争や懸念は、主に公共下水道の汚泥や汚水中の重金属、病原体、医薬品、抗生物質、パーソナルケア製品の有無についてのものだ。エバーハートは、それはTAGROに関してはさほど問題ではないと言う。カドミウムや亜クロム酸塩のような重金属は、タコマ市の産業基盤の衰退と海外移転に伴って大部分がなくなった。また、処理過程の微生物消化が病原体とほとんどの汚染物質を解決する。最終的に処理場から出てくるものは、主に死んだ微生物だ。もとあったものはくり返し食われてしまっている。生の、あるいは汚染された下水を地面にまくことは、常識的に考えて当然心配だが、処理と使い方が適切ならバイオソリッドはまったく安全だと、エバーハートとブラウンは口を揃える。環境保護庁も同様で、TAGROは園芸愛好家や子どもの遊び場に使っても安全だと考えている。

それでもタコマ市の廃水試験所は、定期的にTAGROとそれが使われた都市菜園を検査している。TAGROのようなAクラスのバイオソリッドは、病原体が完全に死んでいることと重金属の検査を定期的に受け、基準値を満たさなければならない。合格すれば、それは規制されることなく家庭園芸家に売ることができる。

Bクラスのバイオソリッドは病原体を完全に殺す必要はなく、森林や農地で使われるか、埋め立て地に処分される。土にまかれると、微生物が病原体を食べ、また日光と酸素への曝露は、暗く酸素のない環境——たとえば人間の体内——に適応した病原体を殺すのに役に立つ。

エバーハートはオフィスを出て、TAGROが大きな黒い山になっている物置へ私たちを案内した。一立方ヤード一〇ドルで欲しいだけ持っていってよいと告げる看板の裏に、それはあった。年輩の夫婦が、二〇リットルのバケツ数個をぴかぴかのセダンに積み込むのを、私は見ていた。次に野球帽をかぶり赤い袖なしシャツを着た男が、白い大きなトラックの窓からタトゥーを入れた腕を垂らして乗りつけた。「たった一〇ドルにしてはえらくいい」と、スコップですくったTAGROをピックアップトラックの荷台に積みながら彼は言った。男がそのよさを問わず語りにまくし立てると、エバーハートの顔が輝いた。「こいつはすごいよ。芝生に入れたら芝がばかみたいに伸びたんだ。本当に気に入った」。これこそが人気の秘密——口コミの力だと、エバーハートは言う。試した人は農園や庭に表われた効果をいたく気に入る。彼らは友人に話し、またもらいに来る。

エバーハートは自分の処理場で作られるバイオソリッドを「死んだ微生物——死骸の山だ」と表現する。それこそが、TAGROが優れた肥料になる最大の理由だ。細菌は特に窒素とリンに富み、TAGROになるバイオソリッドは六パーセントの窒素と二パーセントのリンを含む。おがくずや砂を混ぜると、窒素は一パーセントになるが、それでも多いと言える。これは植物にとってのステロイドのようなものだ。

すぐ近くの下水処理場へ歩いて向かう途中、ブラウンは、自治体はバイオソリッドを資源、下水処理場を資源回収工場として考えるようになってきたと話した。それから一時間、私は施設を非公式に訪問したが、魅力的なものはおろか、何か興味深いものが見られるとは思っていなかった。

流れが止まることのない直径一二〇センチのパイプを通って処理場に届いた生下水は、大きな金属製の格子でふるいにかけられ、雑多なもの――ツーバイフォー材、携帯電話、子どものおもちゃ――がこし取られてゴミ容器行きになる。次の段階では、大きな開放式の沈澱槽に砂が沈澱する。次に浮遊物、油脂などが水面からすくい取られ、固形の澱と液体が分けられて別々に処理される。固形物は微生物や病原体を殺すために低温殺菌される。それから、低温殺菌した汚泥を好気的に消化する微生物の増殖を促すために酸素が吹き込まれる。好気的消化が終わると、汚泥はメタン消化槽を次々と通過する。ここで嫌気性細菌は、好気槽で繁殖した同族の死骸をむさぼり食う。すると、熱交換機の動力源となって処理場を稼働させるメタンガスが発生する。好気発酵と嫌気発酵を組み合わせると、ほとんどの有機汚染物質が分解され、何かまずいものが生きたまま通り抜ける可能性はほとんどなくなる。

バイオソリッドをどう考えるにせよ、タコマ市の処理場は実際に優れたビジネスモデルを持っている。車へと戻る途中、ブラウンと私は、また別の人たちがTAGROを乗用車のトランクやトラックの荷台に積み込んでいるのを見た。そもそも市に料金を払って持っていかせたものを、彼らは買い戻しているのだ。

都市農業を活性化させる

TAGROはバイオソリッドの規準点と言えるかもしれないが、バイオソリッドを土に戻すという考えは、万人に支持されるわけではない。重大な問題の存在を示す研究報告はほとんどないとはいえ、疑問と懸念は残っている。さまざまな化学物質はバイオソリッド中からたしかに見つかっているが、通常は低濃度のものだ。それでもバイオソリッド中に見られるものが全部検査、追跡されているわけではなく、有機化学物質の中には分解されず蓄積されるものもある――たとえばフタル酸、可塑剤、界面活性剤などだ。長期間の曝露の影響、あるいは人間が生涯に遭遇する他の毒物との相乗効果も、反対派が懸念する問題に含まれる。

バイオソリッドの中身の他にも、どこでどのようにそれを土に戻すかという問題がある。ワシントン州の森林にバイオソリッドが、一メートル数十センチの厚さにまかれているのをハイカーが見た、という話も聞いたことがある。また、カナダのブリティッシュコロンビア州などでは、くり返し大量に使ったあとで、健康に悪影響が出たという苦情があり、バイオソリッドの使用に賛否が巻き起こっている。

一九七〇年代から八〇年代には、生下水を地面にまくことに対して、特に重金属と病原体への懸念が広がっていた。だが汚染源管理によって、バイオソリッド中の重金属濃度は大幅に低下した。たとえばオレゴン州では、一九八一年から二〇〇五年のあいだに二〜一〇分の一に減らした。下水にはあらゆる種類の医薬品の成分が入っているが、適切な微生物相による嫌気消化と好気堆肥化の組み合わせで分解される——少なくとも大部分は。

それでも、バイオソリッドの使用による土壌中の汚染物質の濃度は、原料となった下水での濃度とバイオソリッドの製造法、そしてもちろん使用のペースと地域の農業慣行を反映する。当然、バイオソリッドが未処理だったり、できが悪かったり、汚染されていたりすれば健康に深刻な影響があるかもしれない。だが、公表されている研究では、よくできたバイオソリッドによる深刻な健康リスクに関して、今のところ強力な証拠は記録されていない。たとえばイタリアの研究者による二〇一四年の分析では、バイオソリッドの土壌還元に伴うリスクは、医薬品やパーソナルケア商品に関連するものについては非常に低いことがわかっている。バイオソリッド推進派は、米国学術研究会議（ＮＲＣ）による二〇〇二年のバイオソリッドに関するある報告が、バイオソリッドを農業目的に使用したことで公衆衛生上の悪影響があったとする科学的根拠の記録はないとしていることを挙げる。反対派はＮＲＣの同じ報告が、基準の評価、汚染物質の記録、リスク評価の推進のため、今後の研究が推奨されるとしていることを指摘する。

強い反対の声にもかかわらず、バイオソリッドの製造は衰えない。二〇一四年にカリフォルニア州では、乾燥重量六八万八〇〇〇トンのバイオソリッドが作られた。これは国内製造量の約一割にあたる。シカゴ市は年に二〇万トンのバイオソリッドを作り、現在それを野菜畑に使うことを許可している。バイオソリッドは、侵食の軽減、水質の改善、山火事で被害を受けた土壌の健康回復を促進するために使われている。また、スーパーファンド用地〔訳註：環境保護法の一つ、スーパーファンド法に基づき政府基金による汚染浄化が行なわれる土地〕、鉱山、ブラウンフィールド〔訳註：汚染されている可能性がある遊休地〕、過放牧地の土壌回復にも用いられる。アメリカで製造されるバイオソリッドの半分ほどが、主に農地で土壌還元される。あとの半分は焼却されるか埋め立てられる。それでも、バイオソリッドが使われるのはアメリカの農地の一パーセント未満にすぎない。

しかし、それが優れた肥料になることについては、異論はない。バイオソリッドはほとんどが水（六〇～八〇パーセント）と炭素（四～六パーセント）でできているが、窒素（二～六パーセント）、リン（一～三パーセント）、硫黄（一～三パーセント）も豊富に含む。さらにホウ素、カルシウム、塩素、コバルト、銅、鉄、マグネシウム、マンガン、亜鉛など、植物に必要な一八を超える微量栄養素も、わずかながら含まれている。二〇一五年には、北西部のバイオソリッドだけで、窒素とリンの正味の肥料価値は、乾燥重量一トンあたり四〇ドルを超えていた。エーカーあたり数トンをまくと、きわめて劣化した土壌であっても豊かにできるだけの窒素とリンを与えることができる。窒素のほとんどは有機物と結びついていて、少しずつ植物可給態になる。つまり水溶性の化学肥料とは違って、バイオソリッドの中の窒素はしばらく周囲に残り、蓄積されるということだ。

ワシントン州立大学のある研究でわかったのが、ワシントン州東部の乾燥地の農地で、化学肥料を施したものとバイオソリッドの肥料を与えたものに作物収量の違いがないことだった。こうした畑はすべて、一世紀にわたる慣行農業のために土壌炭素の半分を失っていた。だが、バイオソリッドを施肥した農地では、土壌炭素量が年に〇・四から〇・五パーセント増加した――ル・フォル大臣の構想にある目標にぴったりだ。それ以外でも、ワシントン、イリノイ、バージニアでのバイオソリッド使用に関する公表された長期的研究は、バイオソリッドで改良された土壌の炭素含有量が、相当増えていることを報告している。長期研究により、堆肥とバイオソリッドを与えると、土壌窒素とリンの含有量、土壌微生物のバイオマス、保水量が増加することもわかっている。言い換えると、汚染の問題を抜きにすれば、バイオソリッドは土壌肥沃度の回復に役立つのだ。

だが、バイオソリッド推進派でさえ、国内の供給量では耕地のごく一部しか施肥できないと見積もっている。そこで、バイオソリッドと堆肥化した食品廃棄物を、究極の地産肥料として都市農業に使うことの可能性を考えてみよう。もちろん、下水中の汚染物質を減らし、好気性および嫌気性の微生物消化と堆肥化が徹底して行なわれるように、適切な処置が取られるとしてだ。

都市農園は都市の有機廃棄物――食品廃棄物、剪定材、人糞までも――を、発生した場所のそばで効果的にリサイクルできる。これは新しく過激なアイディアではない。都市農業は一九世紀のパリと二〇世紀のハバナに新鮮な野菜を供給した。ロンドンは第二次世界大戦中、この方法で自給した。アメリカのビクトリーガーデンも同様で、戦時中にアメリカ人が食べた野菜のほぼ半分を生産した。今日、都市菜園は再び人気が高まっており、イギリスのアロットメント・ガーデン、スイスのシュレーバー・ガーデン、アメリカのPパッチのような市民菜園は順番待ちになっている。非常に生産性の高い農場が、ロサンゼルスからデトロイトまで、アメリカ全土の都市の中心に出現している。二〇〇九年以後、人類は公式に都市の生物とされている。私たちの半分以上が現在都市に暮らしているのだ。われわれが都市を取り巻く農地にコンクリートを流し込むにつれて、エネルギー価格に連動して遠く離れた産地からの輸送コストが上昇するにつれて、大きな都市人口を養うことは、ますます困難になっていくだろう。

有機物を土に戻すことを考えるべき大きな理由は、無機質肥料、特にリンの供給が無限ではないことだ。作物はこの元素を、普通の岩が含む量に比べて多く必要とするが、鉱物の鉱床は均等に分布しているわけではない。また、質が高い順番に利用されるので、使えば使うほど残りものの質は低下する。アメリカの埋蔵量は急速に減少しており、現在は中国が世界のリン生産のほぼ半分を占めている。モロッコには世界のリン鉱石の四分の三が存在する。しかしなお、リン肥料の需要は今後数十年で増加すると予測されている。同時に、農場、肥育場、下水処理場などから現在流れ出ている余分なリンは、水質と水圏生態系にダメージを与えている。

リン需要の一部を満たし環境を守るために、有機廃棄物をリサイクルするのは理にかなっているが、バイオソリッド単独では問題の解決にならないだろう。近年の研究で、人間の糞尿をリサイクルしても、世界のリン需要の四分の一以下しか満たせないことがわかっている。

だがわれわれは、畜糞をもっと活用することができる。二〇一二年の分析で、アメリカの家畜は、すべて回収することができれば、作物が収奪したリンの八五パーセント以上を埋め合わせる分を排出しているという。だが今日、家畜をたくさん飼っている農場は少なく、糞畜の配分は均等ではない。むしろそれは、狭い家畜飼養施設の巨大な茶色い汚水溜めに溜まっている。二〇一一年に行なわれたイングランドにおける年間のリン収支の研究では、リンの需給バランスを取るには、国じゅうで二八〇万トンの畜糞を輸送する必要があることが明らかにされている。そうするための効率的な方法は、もちろん、家畜と農地を同じ場所に配置し、ウシに刈り株を食べさせることだろう。肥育場で穀物を食べるより、それはウシの生態に合っている。

アメリカでは、二〇一六年に行なわれたある研究で、リンリサイクルの可能性が検討された。その際、二〇〇二年の人口と農業センサスのデータを使って、畜糞、人糞、食品廃棄物の発生量を郡ごとに明らかにした。

国際的な研究者チームは、それから潜在的に回収可能なリンの量を、トウモロコシの肥料に用いられる量と比較した。驚いたことにこの三つの供給源で、アメリカのトウモロコシ畑が一年に必要とするリン肥料の二・五倍以上を供給できる。畜糞は供給量の九〇パーセントを占め、同じ郡の中で、全需要量の四分の三を満たすことができる。もちろんこれを実行すれば、別の問題を招くことになるだろう。たとえば動物用の医薬品、特に抗生物質が、畜糞を使用した結果、土壌から見つかったという報告がある。

それでも私たちは、国内のトウモロコシ用リン肥料の需要を、家畜が出す排泄物の三分の一と少しをリサイクルすれば満たすことができるのだ。もっとも現在のところ、アメリカの耕地で少しでも畜糞が入れられているのは五パーセントにすぎない。それどころか、私たちはリンを川、湖、海に流し込んでいる。ミネアポリス・セントポール都市圏のリン収支分析では、市に入ってきたものの九六パーセントが廃棄物として失われている。もし回収すれば、市の食料の半分相当を栽培する農地に肥料を与えられる。

終わりのない再生

リービッヒの最後のビジョンを実現するには、どのように耕作するか、何を栽培するか、有機廃棄物をどう扱うかなどに関して、営農システムを基本から見直すことが必要だ。全国規模では、このシステムには農村地域での土作りや、有機物を農地――都市であれ農村であれ――に戻すための都市での有機廃棄物リサイクルの採用が含まれるだろう。

もう一歩進めて、四つのF、すなわちFood（食料）、Fiber（繊維）、Fuel（燃料）、Fodder（飼料）を生産する、輪作を中心とする農業システムを立て直す可能性を想像してみよう。工業生産の基本原料が生物分解性のものであれば、社会の廃棄物――残飯、バイオソリッド、衣類、消費材――は、すべて堆肥化して肥料として農地に戻すことができる。生物分解性プラスチックはすでに存在し、トウモロコシバイオマスから作られる。植物繊維で作られた衣類や消費材も、堆肥化して土に戻せるだろう。作物の混作は、地域の気候、土壌型によってさまざまで、多様な輪作と食料、原料、エネルギー、衣類との組み合わせを反映したものとなるだろう。ここにはトウモロコシ、コムギ、ダイズのような食用作物、土壌肥沃度を高め、家畜の飼料になる被覆作物、衣類にする綿花、麻、アマ（リネン）のような織物繊維、キャノーラ、ヒマワリなど油と燃料（バイオディーゼル）にする成長の速いバイオマス作物が入るだろう。想像してみよう。食物、繊維、燃料を満載して街に入ってきた貨物列車が、堆肥、バイオ炭、バイオソリッドを満載して出て行くところを、土から取れたものを畑に還す、都市に流れ込んでは畑に戻る終わりのない循環を。

これは非現実的な夢想だろうか？　それとも予言的なビジョンだろうか？　たぶんそのどちらでもある。このようなビジョンを実現するには、農家がこうした作物や農法を商業ベースの循環に組み込むことができるように、動機づけ、市場、インフラストラクチャーの整備が必要だ。それでもこれは、土壌の健康を保ち密集した人口を支えることができる、多様で弾力のある農業の設計図かもしれないのだ。

そのすべての基礎は土作りだ。そのための折り紙つきの方法は土壌有機物を増やすことだ。それがうまくいくことを、われわれは知っている。それはテラ・プレタを作るのと同じ方法だ。だから、都市の有機廃棄物のリサイクルを推進する、現代的戦略を想像してみよう。今から一世紀、われわれは都市の中や周囲の豊かで肥沃な土地で果物、野菜を栽培し、そうすることで農場から皿までの食物の輸送距離を短縮することができるのだ。また、都市の有機廃棄物を嫌気消化、あるいは炭化すれば、炭と堆肥を農地に戻すための輸送エネルギーを作り出すことができる。

アメリカに住む平均的な人間は、毎年約二五キロのバイオソリッド、八〇キロの食品廃棄物、九〇キロの剪定材を作り出している。バイオソリッドと剪定材の約半分は埋め立て地行きになる。食品廃棄物のほぼすべても同じだ。適切に処理し、堆肥化あるいは炭化すれば、この材料のほとんどはリサイクルして、劣化した農地の肥沃度を回復したり、都会で土作りをしたりするのに利用できる。だが私たちは、それをゴミのように扱っているのだ。

下水を、たとえ完全に処理されているにせよ、農地で再利用するという発想に抵抗があることは理解できる。それでも、これからの一〇〇年、われわれは廃棄物の流れを、現在では想像もできないようなやり方で、安全に設計し直せると考えるのは、突拍子もないことではない。わずか一世紀半前には屋内便所がなかったことを思い出してみよう。

われわれの先見の明のなさを、リービッヒはどう思うだろう？　われわれが栄養輸送にシステム上の問題を抱えていると言うのではないだろうか。円環を閉じる代わりに私たちは畑に化学肥料をまき、畜糞は生まれた場所に戻ることがない。ウシは畑におらず、クソを運んでも一文にもならないからだ。大したシステムだ――肥料を売る身にしてみれば、だが。

＊1――Liebig, J. V. 1863. The Natural Laws of Husbandry. New York: Appleton, p.181.

＊2――Ibid., p.182.

第13章

第五の革命

農業の進歩に対する最大の障壁は、耳と耳のあいだにある。
——クリスティン・ニコルズ（ロデール研究所、主任科学者）

本書として実を結んだ調査を始めたとき、私は妻のアンと一緒に、イングランド南部のエデン・プロジェクト——世界最大の温室で、陶土採掘場跡の露天掘りの穴に建てられた巨大なジオデシック・ドーム——を訪れた。そこには不条理主義工芸家がデザインした、高さ六メートルのクルミ割りが展示されていた。くず鉄の滑車、チェーン、クランク、レバーが大きな金属の玉を下向きの軌道に転がすと、歯車が回ってゆっくりと解体作業用の鉄球を宙に釣り上げ、定位置に置かれたヘーゼルナッツの上に落とす。装置を囲う柵の脇には、駆動の動力を与えるクランクがあり、子どもたちが奪い合いで回していた。見物人の群れに私たちは加わり、木の実を割るという問題の解決のために設計された部品の複雑な動きに熱中した。

パビリオンをあとにしようというとき、アンが言った。ちょうどいい岩がまわりにたくさん転がっているから、あれを使えば同じことが、労力も時間もかけずにできるのに。ここに展示のより広い教訓があった。ありふれた風景の中に単純な解決法があっても、複雑な解決法が人間の注意を——そして興味も——引きつけてしまうのだ。

だが、単純な発想の問題解決は間違いなく定着している。再生可能な農業を実行して成功をおさめている世界中の農家を訪れたことで、私は悟った。石油や化学製品の使用を減らしながら、劣化した土地を回復させ、作物収量を維持または増加するために、健康な土作りが現実的で効率のよい方法なのだ。こうした革新的な農家が土壌を、農場を、銀行口座をどのように改善したかを見て、過去の文明の運命をわれわれは回避することができると、私は確信した。問題は、できるかできないかではなく、やるかやらないかだ。

古い知識では、肥沃な土壌は回復できず、取り返しがつかないとされていた。だが実際にはそれは事実ではない。肥沃度は被覆作物と有機物を土に戻すことで、すぐに改善することができる。土作りとは、生物と無機質の可給度と有機物のバランスを取り戻し、生命の輪に逆らって衰退するのでなく、それと共に回ることなのだ。

すでに見たように、世界の耕地に肥沃さを取り戻すことは、現代の技術と実績のある伝統の二者択一ではない。われわれは伝統的知識を更新し、同時に新しい農業科学、農業技術を採用することができるのだ。土地劣化の問題の解決は、実行の観点からはおそろしく簡単だ。難しいのは、慣行農業に補助金を出すことをやめ、土壌肥沃度を高める農法を推進する政治的手段を整備することだ。

環境保全型農業の原則は、土壌の健康を回復し、未来を養い、農家が環境を破壊することなく生計を立てられるようにするための柔軟で順応性の高いガイドラインとなる。熱帯から平原までどこへ行っても、土壌の撹乱をなるべく抑え、土壌有機物を増やして有益微生物を育てる農法を採用している農家は、慣行農地でも有機農地でも肥沃な土を作ることができていた。

もちろん個別の事情はさまざまだ。農場はそれぞれ程度の差こそあれ独特である。温帯の草原でうまくいくものが、熱帯林ではうまくいかないかもしれない。農場の収益と土壌の健康を同時に増進するように土地、労働力、化学あるいは有機資材、機械を効率よく利用しようとするなら、農法を土地に合わせ、地理的、社会的背景に配慮する必要がある。

この要求に応えるためには、どうすれば農家に、農場で役に立つ三原則すべてを取り入れてもらえるかを考えることだ。なぜなら三つすべて――システムとして一体になってはたらく最小限の土壌攪乱、被覆作物の栽培、複雑な輪作の工夫――が必要だからだ。部品を一つ外せば、期待どおりのはたらきをしない。スツールがまっすぐ立つためには、足が三本揃っていなければならないように。

私が訪問した農家は、他の農家に何かを売ろうとか、次の助成金をもらおうとか、再選の資金を蓄えようとか、出資者や雇用主を喜ばせようとして考えを主張しているわけではない。彼らは心からの連帯感を共有し、自分たちの役に立つ――そして他の人々にとっても役立つだろう――システムの知識を伝えたいのだ。彼らは独自の経験からこのような立場を取るに至ったが、孤立してはいない。

国連食糧農業機関と世界銀行は共に、環境保全型農業の三要素を、開発途上世界の小規模農場で持続可能な開発を行なう鍵として推奨している。世界銀行はこれと同じ原則を、作物収量を増やし、温室効果ガスの放出を減らし、炭素を土壌に隔離し、気候変動に対する農業の回復力を強化する「気候変動対応型」農業の基礎として推進している。巨大農芸化学メーカーのモンサントでさえ、今では土壌の健康を農業の未来にとって重要なものとして宣伝している。思想、政治的立場、産業分野がさまざまに異なる組織が、土壌の健康を高める農法を採用する必要性で一致するのなら、社会政策の選択肢にあるあらゆる手段を講じてこれを促進しない手はない。

こうした根本的な農業の再編成は、社会全体にわたる大きな変化を意味する。支持者もいれば抵抗者もいるだろう。もっとも失うものが大きいのは誰か？　慣行農業が現在頼っている農芸化学資材を生産・販売する者たちだ。

不思議なことに、慣行農業か有機農業かという議論の多くは、土壌の健康というレンズを通して見ると解体されるのだ。土壌の健康を増進する農法を採用すると有機農地は生産性が高まり、慣行農地は収益が大きくなる。栄養学の研究に関する最近のレビューによれば、有機作物は残留農薬が少ないだけではなく、ファイトケミカル、抗酸化物質、微量栄養素の濃度も高いとされている。このような健康上の利益を、完全に有機農法に移行しなくても、化学肥料と農薬の使用を最小限にすることで得られるとしたらどうだろうか？　環境保全型農業には、そのような可能性があるのだ。

慣行農業から低投入農法に転換すれば、土壌侵食、保水力、エネルギー利用、硝酸塩、リン酸塩、農薬汚染などの問題への対処にも役立つ。農業生産の結果として土壌の健康が改善されるなら、もっとも古い農業問題を解決するだけでなく、人類が現在直面するもっとも緊急の問題に対処することもできるだろう。

土壌を回復させれば、農場の利益が増すだけでなく、三重の利益が社会にもたらされるからだ。それは、世界を養い、食品の質を改善する土壌の肥沃度を高めること、気候変動を遅らせ、それに対する農業の回復力を向上させること、農地の生物多様性を保全することを同時に実現する。おまけに、補助金が削減されることで税金の節約にもなるだろう。

世界中の劣化した農地土壌を回復させれば、エネルギー集約的な農法への依存が減り、石油枯渇後の世界でも高収量が維持できる。私が訪問した農場は、しっかりと確立した環境保全型農業システムが、収量で慣行農業に匹敵するか上回ることを示していた。利益を生むようになるまで、移行には数年かかるだろうが、長い目で見ればはるかに理にかなっている。

生物多様性と持続可能な農業

二〇〇六年、ラテンアメリカ、アフリカ、アジアの五七カ国で低投入資源節約型農法の評価が行なわれた。この中で、窒素固定と侵食抑制のために被覆作物を利用し、多様な作物と輪作が害虫抑制に効果がなかったときだけ農薬をまき、家畜を耕作に組み込んだ二八六の開発事業の効果が測定された。さまざまな農法と作物の収量の平均増加率は七九パーセントで、二倍には届かないものの、全世界で達成できれば明日の世界を養うには十分だ。農薬使用のデータがある事業については、収量が四二パーセント増大する一方、農薬使用量は七一パーセント減少した。こうした変化の多くは、土壌と作物の健康を改善し、それによって最小限の農薬の使用で効果的に害虫を抑制できる農法によるものだ。多様性の高い低投入の農業が、多くの自給自足農家にとって役に立つことの、これが証明だ。

一般的に、システムの多様性が高いほど回復力も大きいことを、生態学者は知っている。単一栽培は自然にはめったに存在しない。起きたとしても、ただ一種類の生物が優勢な生態系は長続きしにくい。農場では、そうしたものは不安定で病虫害にも弱い。一方、農地の生物多様性を高めることは、何億年もかけて自然界で実地テストされた、病虫害に対する回復力強化の秘訣だ。

工場による河川の汚染を防止する法規がある。農家もそれを許されるべきではない。誰も——特に農家は——水路を劣化させ汚す農法に甘んじていてはならない。化学肥料の使用量を減らすことは、汚染問題への対応に大いに役立つ。問題とはたとえば最近、デモイン水道局（同市に飲料水を供給している）がアイオワ州の三つの農業郡を、水源の硝酸塩汚染で訴えるに至った事件だ。自分たちに食糧を供給する人々を、近隣住人が水を汚染したとして集団で訴えるという事態は、間違いなくわれわれの農業システムがおかしいということだ。環境保全型農業が広く採用されるようになれば、個々の農場の井戸からメキシコ湾の巨大なデッドゾーンまで、規模の大小を問わず硝酸塩、リン酸塩、農薬による汚染問題の解決に役立つだろう。

また、現代の抗生物質の大部分が土壌微生物に由来するという事実に照らせば、人間の健康に対する土壌生物多様性の計り知れない価値は、一考に値する。自然の土壌生物群集の中にいる微生物を、私たちはすべて知るにはほど遠い。次にどれが農業や医学を変えられると判明するか、誰にもわからないのだ。自然という店を破産させる、耕起と化学肥料の集中使用に頼るのをやめることが、私たちには必要だ。それらに伴う土壌生物相の変化は、多様性を低下させ、細菌と菌類の群集の数と構成を変えるからだ。土壌に有機物を回復し、物理的化学的に撹乱の少ない農法を採用すれば、この問題に対抗できる。

環境保全型農業には、生命を呼び戻し、地上にも地下にも生物多様性を支えることが期待できる。それは環境にも農家にも訴求力があるはずだ。好むと好まざるとにかかわらず、自然の大部分は農場に生きるものたちなのだ。現在、世界の凍結していない陸地の三分の一以上を、われわれは作物の栽培と家畜の飼育に利用しているからだ。

だが、劣化した土地をすぐに回復させることができるからといって、それが実行されるとはかぎらない。慣行農業のもとでは、個々の農家は目先の利益と、長い目で見た土壌とその肥沃度の保全のどちらを優先するかという選択を迫られることが多い。それでも実際問題として、保全は採算性を犠牲にして成り立つものではない――本当に持続可能な農業は両者を協調させる必要があるのだ。環境保全型農業の三要素すべてを農業体系として実践することで、特に期待されるのは、それによって慣行農家が時間と金の両方を節約できることだ。

政府機関と企業の研究を通じて上意下達で発達した、化学肥料を集中的に使う緑の革命の農法とは違って、環境保全型農業は主に農家が主導して草の根で発展し広まった。なぜか？　一番の魅力は投入コストを引き下げ、農場の純利益を向上させられることだ。

だが関心を持っているのは農家だけではない。著名な財団の多くが、土壌の健康をその取り組みの主要なテーマとして採用している。その主なものはイリノイ州のハワード・G・バフェット財団、オクラホマ州のノーブル財団、カリフォルニア州の農業再生財団などだ。また全世界で、近年設立されたノースカロライナの土壌健康協会をはじめ、現在数十にのぼる非営利団体が土壌の健康と回復を推進している。シェル石油のような巨大企業でさえ、放牧地への大規模な炭素隔離の可能性を評価する大規模な試験を支援している。

この潮流に乗り遅れている、もっとも大きな勢力は何だろうか？　部外者の立場から見て、アメリカ農務省に一票を入れざるを得ない。省内には、土壌の健康運動を先導する有力な声があるが、省全体としては、土壌肥沃度——国の未来の基礎——を再建する農法を積極的に研究や奨励してはいない。

まだ始まったばかりなのだと思いたい。二〇一二年、自然資源保全局は全国的な土壌健康プログラムに着手した。不耕起、被覆作物、多様な輪作のような農法が、高い利益と収量を支える土壌炭素と微生物の活動をいかに増やすかの知識を普及するものだ。これは影響力があり歓迎すべき情勢ではあるが、話をした農家から私が受けた印象は、全体として、農務省のプログラムは土壌の健康を促進、回復する農法を妨害し、中には環境保全型農法の採用を、間接的に諦めさせるものもあるというものだった。慣行農業を変えるためには、克服すべき惰性がいろいろとある。しかし、私が本書を完成させようとしているとき、大統領府科学技術政策局は全国的な行動を呼びかけ、公共部門にも民間部門にもアメリカの土壌を守ることを促した。きっと潮目は変わっているのだろう。全国的な土壌健康政策の確立は、党派的な問題であるはずがないからだ。

それでも学術的な農業研究は、別のシステムの可能性を探るより、現在の方法と実践の改善を中心にしている。土壌の健康と環境保全型農業システムの研究は、アメリカでは農業研究予算の二パーセント以下、全世界では一パーセント以下しか受けていないと推定されている。農務省が支援する二〇一四年の研究・普及・経済プログラム予算二億九四〇〇万ドルが支出されている二八四の事業を分析したところ、害虫抑制のための被覆作物栽培や土壌改良を含む事業は六パーセントを受け、複雑な輪作に関係する事業は三パーセントを受け取っていることがわかった。輪番放牧や再生可能な放牧に対しては一パーセントに満たず、作物と家畜を組み合わせたシステムの研究も同様だった。

予算の大半は、慣行農法の漸進的な調整の支援に使われていた。大半の農業研究は、依然新しい作物の試験や開発、慣行農法の技術向上に重点を置いている。公的研究制度は腐敗し、再生可能な農法を犠牲にして商業生産に重点を置くようにされていると、私が話した農家は口々に強調した。それでも、農法を変えることこそが真の変化を起こしうるのだ。

環境保全型農業と再生可能な農法がより広く受け入れられるように奨励する、政策的支援がなぜないのだろう？　これを問うと、さまざまな噂を農家から聞いた。彼らが口にした一つの要素が、企業経営者と政府機関を動かす政府要職者のあいだの、いわゆる天下りだ。そしてキャリア公務員は、政治的潮流の先を行くような変化を支持するほど軽率ではない。環境保全型農業を行なっている農家だけが作物保険を利用できるようにするか、いっそ全廃してはどうかと農務省の高官に質問したとき、私はそれを彼の顔にちらりと見たような気がする。

当然、最大の障害は、生物学的問題に化学的解答を差し出してくるアグリビジネスのロビイストの影響だ。環境保全型農業の採用に、連邦政府の支援が比較的少ない理由を農家に尋ねると、議会と監督省庁に影響を与える大規模な業界までの「金の流れを追え」というような答えが、たいてい返ってきた。変化の最大の妨げと考えるもの——既得権を守る政府の計画と、政策を左右する企業の利益——を指摘することに躊躇する者はほとんどいなかった。

変化は簡単には起こらない。アグリビジネスは現在、農家が生産する作物を売るだけでなく、製品を農家に売っている。本書のためにインタビューした人物の一人が、教え子の大学院生がある夏、実家の農場に帰ったときの話をしてくれた。その学生は、高い資材コストと低い作物の価格のせいで、父親と兄弟が前の年に一エーカーあたり五〇セントしか純利益をあげられなかったことを知った。カボチャの種を一袋買って手で植え、資材のコストを省いたほうがよかっただろう。収穫できるカボチャが一エーカーに一個生き残ったとすれば、実際の売り上げの六倍で売れていた——しかも耕し、肥料をやり、収穫する労力がすべて省けたのだ。この話は、農業による利益のほとんどは農家以外の人間が得ていることを物語る。現行の制度で本当に儲けているのは、農家にものを売る人間——慣行農業が依存する資材を売る企業なのだ。

今日、ほとんどの農家にとって、農場を失うか土地にとどまるかは紙一重だ。彼らは肥料、燃料、その他あらゆる資材の値段を決められないし、トウモロコシ、コムギ、ダイズに値をつけることもできない。だが、資材の必要量や出費を減らすように農法を変えることはできる。この章を執筆しているあいだにも、高騰する資材コストと穀物価格の下落によって、アイオワ州で条まき作物の畑の二七パーセントが、二〇一五年に一エーカーあたり一〇〇ドル以上の損失を出すと予想した研究に行き当たった。世界でも指折りの耕土で作物を栽培している勤勉なアイオワの農家が農業で稼げないのなら、われわれの農業制度に何か重大な間違いがあるということだ。

農法転換の鍵

しかし、環境保全型農業のほうが有利なら、なぜ大多数の農家はいまだ耕起を基本にした高投入の農業を行なっているのだろう？　そこには大小の障壁があるのだ。多くの地域で、環境保全型農法を地域の条件と作物に適応させる知識が欠けていることが、その採用の主な障害となっている。二〇一二年の国連食糧農業機関の報告書では、農家が環境保全型農業に移行するための鍵は、初めに取り入れた者たちの訓練と技術支援に加えて、実物規模の実験農場によって地域での成功事例を示すことだとしている。もちろん、もう一つの障壁は、移行の途中で農家が被るかもしれない経済的打撃だ。

　環境保全型農業の採用には、昔からの文化的慣習の変化と考え方の変化が伴う。それは農業の新しい体系であり、その成否は農家が資材をどれだけ使うかより、何をするかにかかっている。過去一〇年、環境保全型農業は、熱帯の小規模自作農のあいだで普及が進んでいた。だが、三要素すべてが採用される率は低い。全世界での小規模自作農の採用率はまだ数パーセントにすぎない。

　環境保全型農業にかかわる議論の多くは、その原理がうまくいくかどうかではなく、全世界の多くの小規模自作農が受け入れるかどうかというものだ。共同放牧や家畜の餌にするため作物残渣を持ち出すこと、畜糞を煮炊きの燃料として用いることなどは、どれもアフリカやアジアで環境保全型農業の採用を妨げている。こうした慣行は維持される作物残渣を減らし、システムの潜在能力が完全に発揮されるのを妨げる。また、被覆作物と多様な輪作という他の二つの要素を採用せず、不耕起農法に転換すれば、収量を減少させるかもしれない。

　資本がなく、貸し付けを利用できなければ、農家は作物の多様化と輪作に必要な最低限の資材と種子も入手しにくくなるだろう。低出力の機器で使うように設計した直播機が手に入らないと、やはり問題が発生しうる。こうした農場レベルでの社会経済的制約があるので、アフリカで環境保全型農法を採用しようとすると、その要素の一つか二つしか取り入れられないことが多い。環境保全型農業の普及には、これらをはじめとする社会問題への取り組みが必要となるだろう。

　先進国での障壁には、農家の変化への抵抗や、伝統的あるいは慣行的なやり方へのこだわりのほか、慣行農法で訓練を受け、それに浸りきった農業の権威者が持つ間違った情報もある。さらに、商品作物中心の補助金と価格維持は、単一栽培や単純な輪作に有利となり、作物保険制度は農家が被覆作物を栽培する意欲をそぎかねない。

多くの農学者のあいだに、環境保全型農業は機械化、集中的な資材投入、除草剤耐性作物が前提となるという固定観念があるが、私が訪問した農家は、これが事実ではないことを証明していた。農法を土壌の健康の改善という普遍的目標に適応させるには、さまざまなやり方がある。環境保全型農業というレッテルは、この点で有用性を失ってしまったのかもしれない。より普遍的な目標があれば、土壌の健康を高めながら収量を増やす農法を発達させることだろう。これは農場の大小、貧富、慣行か有機かにかかわらず実現可能だ——実現されたところを私は見てきた。

だが今のところそれは、自分たちで左右できない資材と作物の価格の板挟みになりながら、より大きな利益を求める個々の農家が推進する、下からの革命だ。農家は上からの援助をいくらか必要としているのではないかと、私は思っていた。だから、土壌の回復を農業生産に伴う自然の成りゆきにすれば、政府の補助金がいらなくなるという彼らの主張を聞いて、私は意外に感じた。私が話した人ほとんど全員が、政府が補助金事業から一切手を引くだけで、有機農業と環境保全型農業は慣行農業に競争で勝てるだろうと言っていた。じつのところ、私たちが土壌の健康を損なう農法に補助金を与えて奨励しているのだ。

作物保険と政府の食糧安保プログラムは、農家を守り安定した食糧供給を確保するために、大恐慌時代に始まった。それが今ではたいてい、まずいやり方をしたときの安易な逃げ道を農家に与え、多くの農家が非常に得意とするような工夫——自分の土地を利用した問題解決——の邪魔をしている。もし作物保険制度が環境保全型農業に報奨を与えれば、農業慣行は急転換するだろうと、農家は躊躇なく異口同音に言っていた。

ニュージーランドはすでに、農業助成金をなくしても壊滅的な結果にはならないことを証明している。一九八四年に政府が、農家の粗収入の三分の一以上を占めていた農業助成金の廃止を決定すると、農家は猛反発した。しかし農家が予想していたような惨事は起きなかった。二〇年ののち、ニュージーランド農業者連盟は当時を振り返る報告書を公表し、この措置により生産性が相当高まり、土地利用が多様化し、農場の資材、特に肥料が少量を効率的に使用するようになり、生産コストが下がったと結論した。農家は補助金を追い求めたり、何が何でも最大限の収穫をあげようとしたりすることがもはやなくなった。補助金が廃止された二〇年後、農家はみずから、かつての補助金が農業の改革と生産性の制約になっていたと結論を下したのだ。

アメリカに住むわれわれは、補助金に関して遅れている。作物保険制度と補助金を土壌の健康を増進するように変えれば、農家の短期的な利益と社会の長期的な利益を、もっと同調させることができるだろう。最初の二、三年の移行期間は、農家を財政的に支えてもいいのではないだろうか。せめて土作りには、私が話を聞いた農家がたびたびこぼしていたようにやりたくてもできないということがないよう、もっと見返りがあるべきだ。農産物価格維持計画を、被覆作物と多様な輪作を義務付けないまでも奨励するように改定すれば、やはり土壌の健康を改善する農法へと一歩前進するだろう。社会的な視野から、農業補助金を、土壌肥沃度を改善した農家に報酬を与えるように再編することは理にかなう――逆のやり方を助成し続けることは無意味だ。

土壌の健康をただ一つの尺度で把握することはできないが、土壌炭素はそのための不可欠でわかりやすい手段となりうる。土壌有機物を増やすことによって農家が炭素排出権を溜められるようにすれば、土壌回復に投資する動機づけが生まれるだろう。炭素排出権は、炭素隔離の社会的価値に基づいて、農家への所得の流れをもたらし、水質汚染を減らし、土壌肥沃度と花粉媒介者の数を維持するだろう。ヨーロッパの研究者集団が二〇一五年に発表した論文では、一パーセント土壌有機炭素が失われると、平均して一エーカーあたり六六ドルの自然資本を社会は失うことになると推定された。ラッタン・ラルは、炭素の社会的価値を一トンあたり一二〇ドルと推定した。一エーカーで一年にそれだけの額を稼げるのなら、農家は大挙して土を作る農法を採用するだろうと、私は考えている。

学界も農務省のような政府機関も、構成員が引退して、異なる訓練を受け異なる思想を持つ新しい人が加わるとき、考え方が大きく変わりやすい。大学教授、上級研究員、技術スタッフのような権威者には、自分たちが何十年にもわたって教えてきたことが、せいぜい事実の一部分にすぎないことを受け入れがたい。豊かな農業と国益の両方の基礎として、土壌の健康を普及しようとする自然資源保全局の近年の努力は、持続されるのはもちろん、大いに支持を増やすはずだ。

カンザス州を車で走っているとき、ガイ・スワンソンが私に、不耕起を普及する鍵は、耕さなければならないとまだ信じていない若い農家から始めることだと思うと言った。それは、慣行農法に代わる環境に優しく経済的な実現性の高い方法として、環境保全型農業の教育や研究を農学のカリキュラムに組み込むためにも役立つだろう。全世界の農家、農業大学、学校に提供する環境保全型農法の参考文献を揃えるためにも、同じような取り組みが必要だ。

若者を農業に引き戻す――そして土壌の健康を高めたら、それに報奨を出す――ための計画も必要だ。アメリカの農民の平均年齢は六〇歳ほどだ。今の世代が引退したら、新しい世代に農業に戻ることを促し、そして再生可能な農法を受け入れるように訓練して、技能を与える必要がある。

イングランドにいたとき、アンと私は自営農家を守り新しい世代を農業に就かせる斬新なプログラムについて知った。このプログラムは、農業を継ぎたい家族のいない引退間近な農家を、農業をやりたいが農場を買う資金のない若者と引き合わせるものだ。年輩の農家は若い農家に教え、若い農家は働いて資金を作り、やがて引退する教師から土地を買い取る。

このようなプログラムの北米版ができれば、それは二一世紀のホームステッド法〔訳註：入植者に一六〇エーカーの土地を無償で提供した一八六二年制定の法律〕と見ることができるかもしれない。もう一つの可能性は、公的なランドバンクを創設して、長期的な労務出資によって抵当権流れの農場や農地を、若い人たちに買えるようにすることだ。この新種の入植者＝農家が二〇年かけて土壌を十分に改善すれば、農場は自分のものになるという契約にでもなるだろうか。こうしたプログラムは都市近郊に肥沃な農地を多く残し、将来にわたって都市人口に食糧を供給して、あらゆる人に利益をもたらすだろう。

もう一つの考え方は、何世紀ものあいだうまくいってきたことをモデルチェンジして、農場の大小を問わず、作物栽培と畜産を再び統合することだ。こうすると特に、有害な肥育場の廃棄物だった畜糞を、土壌の健康増進の有用な道具へと変えることができる。この件では、集中こそが問題であり、希釈こそが解決だ。すべてを一カ所にまとめて捨てて有害な汚水溜まりを作る代わりに、数多くの農場の土に還してやる必要があるのだ。

もちろん、堆肥化した畜糞を広く農地に戻すとなれば、ウシに与える餌について考え直したくなるはずだ。もっとも差し迫った重大な問題は、成長促進など本来の目的外の抗生物質使用をやめることだ。そして、世界に食糧を供給するにあたっては、家畜に作物の刈り株を食べさせるほうが、われわれ人間が食べられる作物で育てるよりいいのは明らかだ。

比較的小規模で多角経営の農場に家畜を戻すことを促進するには、小さな農家でも容易に食肉の製造と加工ができる処理場のような、小規模な分散化されたインフラストラクチャーを再建することだ。小規模な農家と包装工場のための許認可手続きを簡素化することも役に立つ。大規模なサルモネラ菌の発生は、大きな食肉処理場で起きやすいと、ゲイブ・ブラウンは私に言った。休みなく動いている大規模な工程を清潔にするのは困難だからだ。この分野では、小規模な業者を大企業より優遇する政策上・公衆衛生上の確かな理由がある。もちろん、大きな包装工場は小規模農家よりも多くの資金とロビイストを抱えているのだが。

最後に、もう一つの障害は、今のところ消費者には土壌の健康維持を求める術が、有機農産物を買う以外にないことだ。だがこれは常に妥当であるわけではない。有機農法が土壌の健康を改善または維持するとはかぎらない——それは有機農家のやり方、特に耕起に左右されるからだ。消費者に情報を与えることが、市場経済の中で購買の方向性を変えるもっとも確実な早道だ。消費者が、自分の健康が土壌の質と肥沃度に——よかれあしかれ——密接に関係していることを知れば、慣行農業から、持続可能で有機風の農法へと移行するのを助けるだろう。では、消費者が情報に基づく決定を行なう（彼らにはその資格があるし、またそうすることを望んでいる）のに必要な情報を提供できるように、土壌の健康をブランド化するには、どうすればいいだろう？もっともよい手段は、「土壌にやさしい」というような認定を、再生可能な農業と土作りを行なう農家の全国組織が出すことではないかと私は思っている。

土を取り戻す新しい哲学

土壌の健康革命の可能性を最大に発揮するには、農業技術の道具箱にあるあらゆる道具が必要だ——そして環境保全型農業の一般原則を特定の農場、土壌、作物に合わせて修正するための、先入観を除いた実験のくり返しが。農家はたいてい土をもっとよくしたいと言うが、どう手をつけたらいいか必ずしも知っているわけではない。ミズーリ州でうまくいった輪作が、ペンシルベニア州やワシントン州東部でもうまくいくとはかぎらない。とはいえ、誰がどう見てもトウモロコシとダイズの輪作は複雑な輪作ではない。だが、それが自分の栽培してきたもの——農業相談員が毎年栽培を勧めるもの——ならば、代わりに何を植えたらいいのだろうか？

私が訪れた地域で、環境保全型農業の受け入れがうまくいくための共通要素は、農家に採用を促進する実験農場が重視されていたことだった。

ダコタ・レイクスやコフィ・ボアの不耕起センターが、どうすれば農業研究が農家のニーズに近づけるかのモデルを与えてくれる。実験農場は農家に、自分の農場を賭けることなく、新しいシステムに適応できる方法を示すことができる。土壌の健康に重点を置いた実験農場を設置するのに、もっともよい方法は何か？　ダコタ・レイクスの農家が所有する協同組合モデル以外では、保全区域の全国ネットワークを利用することだ。アメリカのほとんどの郡にも一つあり、州法に基づいて設置され、州ごとに別の名前で知られている。ノースダコタ州バーリ郡のメノケン農場は、これがうまくいくことを示している。民間部門のモデル――コフィ・ボアの不耕起センターやロデール研究所のような――は第三のモデルを提示し、そして公的支援を得た農場は第四のモデルとなる可能性を持つ。共通するのは、そのような農場の開設が必要であることだ。再生可能な農業の地域に適合する手法の追求に専念する実験農場の世界的なネットワークは、人類が自身の未来のためになしうる最高の投資に数えられる。

旅の最中に私は、現代の農業研究の大半が、環境保全型農業の実行や採用とほとんど関係ないという話をいろいろと聞いた。よくある不満は、大学の研究者が応用研究を避けているか、新しい地域や環境にやり方を適応させようとしないというものだ。農家が説得力を感じない小さな試験圃場や、環境保全型農業の基礎となる学際的な農業システムレベルの思考・洞察・研究を妨げる、分野の縦割りに陥った農学団体を非難する者もいた。土壌生物学者や昆虫学者と共同する農学者と土壌学者が、私たちにはもっと必要だ。こうしたことすべてを、実験農場が助け、うまく運ぶことができるだろう。

一九五九年九月一五日、ソ連の首相ニキータ・フルシチョフがモスクワから無着陸でワシントンに到着したとき、アメリカ人は驚愕した。われわれの飛行機にはそんなことできないぞ！　その日の晩餐会でフルシチョフは、アイゼンハワー大統領にソ連の宇宙探査機ルナ二号の模型まで贈った。それはその前日、鳴り物入りで月面に着陸していた。追いつき追い越すことなどできるだろうか？　三年後、ケネディ大統領は、アメリカは一〇年以内に人間を月に着陸させ、無事に帰還させると宣言した。

これを書いている今、アポロ一一号五〇周年が近づきつつあり、そして似たような状況が私には見えている。私たちは慣行農業を変えるために、同じ熱意と集中力をもって当たる必要がある。

どうすればそれができるだろう？　土作りを促進する政策を取り入れることだ。われわれは土壌の健康という月ロケット打ち上げを必要としている。農業を変え、地球上でわれわれが生きていく将来の基礎を確立するために、研究とインセンティブに公共投資を行なう時代を必要としている。明らかに、民間部門はこのような試みに加わるだろうが、私企業が、自分たちの製品の使用量を減らすような農法の研究を、先頭に立って支援するとは考えにくい。それでも土壌の健康は、それを通して農業科学、慣行、技術を評価する新しいレンズとしてはたらくべきだ。われわれは新世代のシステム思考者を養成し、製品だけでなく農法の研究も支援しなければならない——実際にわれわれの食糧、飼料、繊維を栽培している農家との戦略的提携によって。

私たちが世界を——そして土壌を——どう理解するかは、時と共に変わってきており、再び変わるかもしれない。農耕の夜明けより、人類は土壌を手を加えるべきもの、人間の努力が自然を利用し、飼いならすための舞台として見てきた。世界中の社会が、土壌肥沃度の大いなる謎は神の賜物であり、収穫を左右するものは気まぐれか、ギリシャならデメテル、ローマならケレス、ヒンドゥーならラクシュミへの祈りだと考えていた。今日の多くの人々にとって、当時と同じに、土壌の肥沃さは生活の中心であり続けている。

ルネッサンスが到来すると、土壌は、理性を用いて理解できる解読可能な謎となった。自然哲学者たちが土壌の秘密を考え始めた頃、レオナルド・ダ・ヴィンチが有名な一節を著わした。「われわれは足元の土より頭上の星について多くを知っている」。その言葉は五〇〇年を経た今日、なお真実の響きを持っている。

初期の農学者が土壌肥沃度と農業について調べ始めると、輪作と畜糞が土地改良と肥沃な土作りの中心になった。だが、この考えは一九世紀になると輝きを失った。劣化した土地で収量を押し上げる化学肥料の力が発見されたからだ。新しい栄養補助剤の奇跡のような効果は、土は農業用化学製品の物理的な入れ物であり、必要に応じて注ぎ足される貯水地かガスタンクのようなものにすぎないという見方を生んだ。その後、機械化が農業を作り替え、人々はますます土を、一番安い——そして一番価値の低い——工業的作物生産の資材として見るようになった。すでに見たように、この見方は世界の土壌に——つまり文明の基礎に——重大な害を及ぼしているのだ。

土壌肥沃度が、土壌の化学と物理だけでなく生物学によっても決まることを、私たちが受け入れ始めた今、その見方は再び変わりつつある。まだ学ぶべきことはたくさんあるが、近年の発見で、土壌生態系が養分可給度と循環、そして土壌肥沃度維持の鍵を握っていることが明らかになっている。土壌生物の重要な役割を知った今、有機物が豊富な土壌を、大いなる自然の成長と衰退の循環に欠かせない一部分として捉えることの必要性が理解できる。

たぶん歴史から何らかのインスピレーションを得ることができるだろう。建国の農父たるジェファーソンやワシントンは、環境保全型農業の三原則の二つに従っていたが、種まきと雑草駆除のために犂を使っていた。彼らはほぼ正しい理解をしていた。今日、私たちには、農業というスツールを安定させるのに必要な第三の脚として、不耕起播種機と他の雑草防除手段がある。

この進行中の新しい革命の本質は複雑なものではない。それは一言にまとめることができる——土壌の健康だ。これは土壌有機物を蓄積する農法を優先することを意味する。しかし農家は、先陣を切るにせよ脇役を務めるにせよ、有機農法に転換する必要はない。農業用化学製品は便利な道具だ――賢く使えば。だが、健康で肥沃な土壌の代わりにそれに頼れば、間違いなく依存が深まることになる。土壌肥沃度を高めるのか枯渇させるのかを基準に農法を評価する、新しい哲学を受け入れる必要が、私たちにはある。

暮らしを支え続ける土を、私たちは何世紀ものあいだ劣化させてきた。世界文明がかつての地域文明の運命を逃れようとするなら、このすべての根底となる資源への再投資が必要とされる。基本的なレベルでは、これはかなり単純なことに思える。問題はそれを全国規模、地球規模で行なわなければならないことだ。またこのためには農業の新しいシステム、豊かな収穫を生み出すだけでなく土壌の健康を改善する農法が必要だ。

緑の革命が成功した理由の一つは、私たちがすでに機械的な攪乱と化学資材の投入で土壌生物を殺し、土壌肥沃度を著しく低下させていたことだ。土壌生物を化学肥料と農薬で代用することで、失った肥沃さを埋め合わせたのだ。今、慣行農業の新しい哲学が、その方法の裏にある基本原則を根本的に考え直すことが求められている。脳移植、とドゥエイン・ベックは大胆な言い方をする。新しい技術以上にとまでは言わないが、それと同じくらいに、慣習を変えることが必要なのだ。もちろん技術と農業化学製品は役に立つが、それらは善し悪しを問わずシステムに使われる道具だ。そしてもっと賢い農業ができることを、私は見てきた。私が訪れた農家はすでにそうしていた。

彼らの革命的なやり方は、このように言えばもっともよく把握できるだろう。犂を捨てる、被覆を作る、多様な作物を栽培する。このような再生可能な農法は、最先端の技術も新しい発明も必要としない。先進国でも開発途上国でも既存の技術を使ってすぐにでもでき、農場の大小に合わせて規模を調節することが可能だ。これまで見たように、すでにこのような農法に従っている革新的な農家は、それが土地とそこで働く人の両方によい結果をもたらすことを証明している。

新しい科学、利用できる資源の減少、人口増加の同時発生はクリエイティブな解決法を要求している。幸い、環境保全型農業が作物収量を増やす方法を与えてくれる。それはまだ広く使われてはいないが、実証済みの方法だ。その変革の力は、基本的な三原則すべてを取り入れ、さまざまに異なる土壌、気候、さらには個々の農場に合った農法を開発する必要を認識することにある。もとより土壌の健康は万能薬ではないが、慣行農業を捨てて再生可能な農法を採った農家が、少ない労力と出費で多くの収穫をあげられることに気づくにつれ、秘密兵器でもなくなりつつある。

そう、私たちには世界を変え、太古からの物語に新しい結末を書くことができる。肥沃な土壌は、農業のやり方によって失われたり生まれたりするからだ。humus（腐植）とhuman（人間）が同じラテン語の語根を持つのは、いかにもふさわしいことだと思う。世界の農地に健康な土壌を取り戻すことは、人類の未来への投資として本当に有意義なことだからだ。だから世界に食糧を供給し、温暖化を防ぎ、失われる自然を押し留めるという手ごわい問題に立ち向かうとき、シンプルな事実を見失わないようにしよう。探している答えは、時に思ったより身近にあるものだ——私たちの足元に。

謝辞

まず第一に、農場への訪問を受け入れ、私をはじめ人々が自分の経験に学べるよう惜しみなく時間を割き、助力してくれた農家と科学者のみなさんにお礼を申し上げたい。レイ・アーチュレッタ、マイクとアン・アーノルディ兄妹、ハーバート・バーツ、ドウェイン・ベック、アレハンドロ・ビアモンテ、コフィ・ボア、デイビッド・ブラント、ゲイブ・ブラウンと息子のポール、サリー・ブラウン、ハワード・G・バフェット、マイク・クローニン、ニールとバーバラ・デニス夫妻、ロルフ・デルプシュ、ダン・エバーハート、フェリシア・エチェベリア、ダン・フォージー、ジェイ・フューラー、ラルフとベティ・ホルツワース夫妻、エレーン・インガム、ウェス・ジャクソン、ケント・キンクラー、ピーター・クリング、ラッタン・ラル、アレックスとレイラニ・ランバーツ、ジョナサン・ラングレン、ジョエル・マクルーア、ハビエル・メサ、ジェフ・モイヤー、クリスティン・ニコルズ、エマニュエル・オモンディ、ドン・ライコスキー、マーブ・シューマーカー、ガイ・スワンソン、彼らの忍耐ともてなしと知識がなければ、決してこの本は書けなかっただろう。

またしても妻のアンは、私が新しい本を引き受けたことに愚痴一つ言わなかったばかりか、各章の草稿を研ぎすます——そしてそぎ落とす——のを手伝ってくれた。いつもながら、彼女の洞察、助言、提案は最終的な本の出来を大きく高めている。

作家は誰も、本の製作がチームワークであることを知っている。私は幸いにもすばらしいチームに恵まれた。エージェントのエリザベス・ウェールズは、本書の構想をまとめる上で力添えし、私を正しい方向に導いてくれた。ガール・フライデー・プロダクションズ社のイングリッド・エメリックとアンナ・カッツは原稿の内容を絞り込み、整え、刈り込んで、形になるように助力してくれた。W・W・ノートン社の担当編集者、マリア・ガーナシェリは構想から完成まで本書のために奮闘し、彼女の助手ナサニエル・デネットは、出版過程全体の面倒を見てくれた。また、みごとな原稿整理をやってくれたフレッド・ウィーマーにも感謝する。

下記の方々にも特に感謝を伝える。サリー・ブラウンは、この間のすべてが動くきっかけを作った。彼女が私をシンポジウム「ディグ・イット《そこを掘れ》」に推薦し、そこで私はラッタン・ラルに出会ったのだ。アート・ドネリーは私にバイオ炭作りを紹介し、コスタリカではこの上ないガイドであり、旅の道連れだった。ビルギット・レンデリンクはサンホセで濡れねずみの旅行者二人を快く泊めてくれた。ハイジ・フィッツジェラルドとクリントン・キャリアーは印象深いタコマ市での下水処理場見学を手配し、二人がそこで毎日行なっている市営錬金術について説明してくれた。マルモでの会議で、カタリナ・ヘドランドとメアリー・スコールズは、きわめて役に立つ重要な情報源を教えてくれた。また、ガーナを回ってその情勢を知る上で、クワシ・ボアとキエイ・バフォーの力添えに深く感謝する。エコノミストのジェフリー・ザックスによる持続可能な開発についての講演は、この問題に関する私の考えに多大な影響を与えた。北西部バイオソリッド管理組合の会議におけるグレッグ・ケスター、クルディップ・クマール、サリー・ブラウン、ロバータ・キング、イアン・ペッパーによる講議は、特に有益なものだった。

本書の完成に力を貸してくれたみなさんに、重ねて心から感謝を述べる。私が優れた着想を得ることができたのは、すべてこの方々のおかげであるが、もし本書になんらかの誤りがあった場合は、著者一人の責任である。

より深く追求したいと考える読者のために、以下のページに私が執筆にあたって参照した文献を章ごとに列挙してある。この中には本書の中で言及した研究もあるが、挙がっている要点を例証したり、私が訪問した農家の経験がより普遍的に当てはまることを支持したりするものも含まれている。

訳者あとがき

本書はデイビッド・モントゴメリー著“Growing a Revolution”の全訳であり、『土の文明史』『土と内臓』（ともに築地書館）に続く三部作の完結編である。三作はいずれも、人間社会とそれを包括する文明と環境を、「土」という共通の切り口で解読したものだ。

一作目『土の文明史』では、世界の文明の盛衰と土壌の関係を。世界中のさまざまな時代と地域を検証した著者は、土壌が文明の寿命を決定し、土を使い果たしたとき文明は滅亡するという結論に達した。現代文明においても、農業生産性を上げるために化学肥料や農薬、機械力を集中的に投入するほど、土壌は疲弊し、やがては生産に適さなくなる。しかし化学製品の投入量を抑え、土壌肥沃度を高めながら、今後の人口増加に対処して食糧を増産するような方向へと転換することは可能なのだろうか。われわれの文明が滅亡を回避するための道として、土の扱いを変えることを提唱しながらも、著者の悲観的な視線がそこには感じられた。

二作目の『土と内臓』（アン・ビクレーと共著）の主人公は、土壌中の生物、特に微生物だ。土壌微生物や土壌環境と植物の根の関係が、人間の腸内細菌、腸内環境と腸の関係に驚くほど似ていることを、この本は指摘する。土壌生物と共生し、土壌から栄養を吸収する根は、腸内細菌と共生して食物から栄養を吸収する腸を裏返したものだと著者は言う。そして土壌や腸内細菌の健康は、植物と人間の健康に深く関わっているのだ。土壌微生物の助けを借りて、植物は栄養を吸収したり病原体を撃退したりすることができる。有機物は直接作物の栄養にはならないが、土壌生物の栄養となり、土壌生物が栄養の取り込みを助ける。

そして三作目の本書は、原題"Growing a Revolution"が示すとおり、農業革命、第五の最新の革命の可能性を示唆する。歴史上農業にはいくつもの革命があった。最初の革命は農耕の始まり、犂と畜力の導入だった。次の革命は輪作・間作、堆肥の利用だ。第三の革命は機械化と工業化、第四の革命が第二次世界大戦後の緑の革命とバイオテクノロジーだ。それらは各時代で食糧の増産に貢献し、人口増加や社会の発展を促したが、半面、土壌侵食や肥沃度の低下を引き起こして耕作不能な土地を生み、枯渇が心配される石油に農業が依存する体制を作りあげた。『土の文明史』でこのように悲観的に提示された文明と土壌の寿命についての難問は、『土と内臓』で得られた土壌生物と植物の共生についての知識によって第五の革命へと導かれる。土壌生物と共生する農業。キーワードは「不耕起」だ。私たちは、農業とは田畑を耕すことだという固定観念を強固に持っている。しかし耕さない農業だって？　多くの人には、おそらく有機農業や無農薬栽培の支持者であっても、にわかには信じられないかもしれない。

モントゴメリーはアメリカ全土を、そして世界各地を飛びまわり、不耕起栽培を実践する農家に取材する。そうして得られた現場の知識と豊富な科学的知見から、土と共生する農業が成功する三原則を導き出した。すなわち土壌の攪乱の抑制、被覆作物、多様性のある輪作だ。この原則に従わなければ、有機農業といえども土との共生はできず、土壌は疲弊し、収量は低下する。

一方、この原則に沿うことで、有機農業は慣行農業に勝るとも劣らない収穫を上げることができる。また慣行農業であっても化学肥料、農薬、燃料の使用量を大幅に抑えながら収量を維持・拡大することが可能になる。有機農業に移行するにせよしないにせよ、不耕起農業の原則は、農家の収入と農業の持続可能性を高める役割を果たすのだ。

本書が道筋を示した新たな農業革命は、すでに少しずつではあるが実現に向かっている。それはすべての問題を一つの手段で解決できる魔法の弾丸のようなものではない。だが、三つの原則を押さえながら、持続可能な農業へと移行することで、私たちは増加する人口を養い、なおかつ環境への影響を軽減し、多様な生物と共存していくことが可能になるだろう。もはやできるかできないかの段階ではない。やるかやらないかの段階なのだ。本書がその手がかりとなるとすれば、おそらく著者にとって、そして訳者にとっても、それに勝る喜びはないだろう。

DeLonge, M. S., A. Miles, and L. Carlisle. 2016. Investing in the transition to sustainable agriculture. *Environmental Science & Policy* 55:266-273.

Federated Farmers of New Zealand. 2005. *Life After Subsidies: The New Zealand Farming Experience—20 Years Later*. Wellington: Federated Farmers of New Zealand, 4 pp.

Fierer, N. 2013. Reconstructing the microbial diversity and function of preagricultural tallgrass prairie soils in the United States. *Science* 342:621-624.

Giller, K. E. et al. 2015. Beyond conservation agriculture. *Frontiers in Plant Science* 6:870, doi:10.3389/fpls.2015.00870.

Kassam, A., et al. 2009. The spread of Conservation Agriculture: Justification, sustainability and uptake. *International Journal of Agricultural Sustainability* 7:292-320.

Kibblewhite, M. G., K. Ritz, and M. J. Swift. 2008. Soil health in agricultural systems. *Philosophical Transactions of the Royal Society B* 363:685-701.

Lal, R. 2014. Societal value of soil carbon. *Journal of Soil and Water Conservation* 69:186A-192A.

Lal, R. 2015. A system approach to conservation agriculture. *Journal of Soil and Water Conservation* 70:82A-88A.

Lal, R. 2015. Restoring soil quality to mitigate soil degradation. *Sustainability* 7:5875-5895.

Palm, C. et al. 2014. Conservation agriculture and ecosystem services: An overview. *Agriculture, Ecosytems, and Environment* 187:87-105.

Pretty, J. N., et al. 2006. Resource-conserving agriculture increases yields in developing countries. *Environmental Science & Technology* 40:1114-1119.

Pretty, J. N., J. I. L. Morison, and R. E. Hine. 2003. Reducing food poverty by increasing agricultural sustainability in developing countries. *Agriculture, Ecosystems & Environment* 95:217-234.

Robertson, G. P., et al. 2014. Farming for ecosystem services: An ecological approach to production agriculture. *BioScience* 64:404-415.

Souza, R. C., et al. 2013. Soil metagenomics reveals differences under conventional and no-tillage with crop rotation or succession. *Applied Soil Ecology* 72:49-61.

Syers, J. K. 1997. Managing soils for long-term productivity. *Philosophical Transactions of the Royal Society of London B* 352:1011-1021.

Tsiafouli, M. A., et al. 2015. Intensive agriculture reduces soil biodiversity across Europe. *Global Change Biology* 21:973-985.

Wall, P. C. 2007. Tailoring conservation agriculture to the needs of small farmers in developing countries: An analysis of issues. *Journal of Crop Improvement* 19:137-155.

Roccaro, P., and F. G. A. Vagliasindi. 2014. Risk assessment of the use of biosolids containing emerging organic contaminants in agriculture. *Chemical Engineering Transactions* 37:817-822.

Rogers, H. R. 1996. Sources, behavior and fate of organic contaminants during sewage treatment and in sewage sludges. *The Science of the Total Environment* 185:3-26.

Shenstone, W. A. 1905. *Justus von Liebig: His Life and Work (1803-1873)*, New York: Macmillan, 219 pp.

Song, W. L. 2010. Selected veterinary pharmaceuticals in agricultural water and soil from land application of animal manure. *Journal of Environmental Quality* 39:1211-1217.

Sullivan, D. M., C. G. Cogger, and A. I. Bary. 2007. *Fertilizing with Biosolids*. Pacific Northwest Extension publication 508-E, 15 pp.

Tanner, C. B., and R. W. Simonson. 1993. Franklin Hiram King-pioneer scientist. *Soil Science Society of America Journal* 57:286-292.

Tian, G., et al. 2009. Soil carbon sequestration resulting from long-term application of biosolids for land reclamation. *Journal of Environmental Quality* 38:61-74.

Trlica, A., and S. Brown. 2013. Greenhouse gas emissions and the interrelation of urban and forest sectors in reclaiming one hectare of land in the Pacific Northwest. *Environmental Science & Technology* 47:7250-7259.

Wu, C., et al. 2010. Uptake of pharmaceutical and personal care products by soybean plants from soils applied with biosolids and irrigated with contaminated water. *Environmental Science & Technology* 44:6157-6161.

第１３章　第五の革命

Barański, M., et al. 2014. Higher antioxidant and lower cadmium concentrations and lower incidence of pesticide residues in organically grown crops: A systematic literature review and meta-analyses. *British Journal of Nutrition* 112:794-811.

Brady, M. V. 2015. Valuing supporting soil ecosystem services in agriculture: A natural capital approach. *Agronomy Journal* 107:1809-1821.

Brandes, E., et al. 2016. Subfield profitability analysis reveals an economic case for cropland diversification. *Environmental Research Letters* 11:014009, doi: 10.1088/1748-9326/11/1/014009.

Brouder, S. M., and H. Gomez-Macpherson. 2014. The impact of conservation agriculture on smallholder agricultural yields: A scoping review of the evidence. *Agriculture, Ecosystems and Environment* 187:11-32.

Carlisle, L., and A. Miles. 2013. Closing the knowledge gap: How the USDA could tap the potential of biologically diversified farming systems. *Journal of Agriculture, Food Systems, and Community Development* 3:219-225.

Corsi, S., et al. 2012. *Soil Organic Carbon Accumulation and Greenhouse Gas Emission Reductions from Conservation Agriculture: A Literature Review*. Integrated Crop Management vol. 16-2012, Plant Production and Protection Division, Food and Agriculture Organization of the United Nations, Rome, 89 pp.

Crews, T. E., and M. B. Peoples. 2004. Legume versus fertilizer sources of nitrogen: Ecological tradeoffs and human needs. *Agriculture, Ecosystems & Environment* 102:279-297.

De Vries, F. T., et al. 2013. Soil food web properties explain ecosystem services across European land use systems. *Proceedings of the National Academy of Sciences* 110:14,296-14,301.

Recycling 55:1146-1153.
Bitton, G., et al., eds. 1980. *Sludge-Health Risks of Land Application*. Ann Arbor, MI: Ann Arbor Science, 367 pp.
Brown, S., and M. Cotton, M. 2011. Changes in soil properties and carbon content following compost application: Results of on-farm sampling. *Compost Science & Utilization* 19:88-97.
Brown, S., et al. 2011. Quantifying benefits associated with land application of organic residuals in Washington State. *Environmental Science & Technology* 45:7451-7458.
Carter, L. J., et al. 2015. Uptake of pharmaceuticals influences plant development and affects nutrient and hormone homeostases. *Environmental Science & Technology* 49:12,509-12,518.
Cogger, C. G., et al. 2013. Biosolids applications to tall fescue have long-term influence on soil nitrogen, carbon, and phosphorus. *Journal of Environmental Quality* 42:516-522.
Cogger, C. G., et al. 2013. Long-term crop and soil response to biosolids applications in dryland wheat. *Journal of Environmental Quality* 42:1872-1880.
Jenny, H. 1961. E. W. *Hilgard and the Birth of Modern Soil Science*. Pisa: Collana Della Rivista "Agrochmica," 144 pp.
Hargreaves, J. C., M. S. Adl, and P. R. Warman. A review of the use of composted municipal solid waste in agriculture. *Agriculture, Ecosystems & Environment* 123:1-14.
Harrison, E. Z., et al. 2006. Organic chemicals in sewage sludges. *Science of the Total Environment* 367:481-497.
Khaleel, R., K. R. Reddy, and M. R. Overcash. 1981. Changes in soil physical properties due to organic waste applications: A review. *Journal of Environmental Quality* 10:133-141.
King, F. H. 1911. *Farmers of Forty Centuries, or Permanent Agriculture in China, Korea and Japan*. Emmaus, PA: Organic Gardening Press, 379 pp.（『東アジア四千年の永続農業――中国、朝鮮、日本（上・下）』F. H. キング、杉本俊朗訳、農山漁村文化協会、2009 年）
Kinney, C. A., et al. 2006. Survey of organic wastewater contaminants in biosolids destined for land application. *Environmental Science & Technology* 40: 7207-7215.
Li, J., and G. K. Evanylo. 2013. The effects of long-term application of organic amendments on soil organic carbon accumulation. *Soil Science Society of America Journal* 77:964-973.
Liebig, J. V. 1863. *The Natural Laws of Husbandry*. New York: Appleton, 387 pp.
MacDonald, G., et al. 2011. Agronomic phosphorus imbalances across the world's croplands. *Proceedings of the National Academy of Sciences* 108:3086-3091.
Metson, G. S., et al. 2016. Feeding the Corn Belt: Opportunities for phosphorus recycling in U.S. agriculture. *Science of the Total Environment* 542:1117-1126.
Mihelcic, J. R., L. M. Fry, and R. Shaw. 2011. Global potential of phosphorus recovery from human urine and feces. *Chemosphere* 84:832-839.
National Research Council (NRC). 2002. *Biosolids Applied to Land: Advancing Standards and Practices*. Committee on Toxicants and Pathogens in Biosolids Applied to Land. Washington, D.C.: National Academies Press, 345 pp.
Paull, J. 2011. The making of an agricultural classic: Farmers of forty centuries or permanent agriculture in China, Korea, and Japan 1911-2011, *Agricultural Sciences* 2:175-180.
Petersen, S. O., et al. 2003. Recycling of sewage sludge and household compost to arable land: Fate and effects of organic contaminants, and impact on soil fertility. *Soil & Tillage Research* 72:139-152.

coastal plain. *Journal of Environmental Quality* 38:520-528.

Foley, J. A., et al. 2005. Global consequences of land use. *Science* 309:570-574.

Hudson, B. D. 1994. Soil organic matter and available water capacity. *Journal of Soil and Water Conservation* 49:189-194.

Jobb.gy, E. G., and R. B. Jackson. 2000. The vertical distribution of soil organic carbon and its relation to climate and vegetation. *Ecological Applications* 10:423-436.

K.ller, K. 2003. Techniques of soil tillage. In A. L. Titi, ed., *Soil Tillage in Agroecosystems*. Boca Raton, FL: CRC Press, pp. 1-25.

Lal, R. 1999. Soil management and restoration for carbon sequestration to mitigate the accelerated greenhouse effect. *Progress in Environmental Science* 1:307-326.

Lal, R. 2004. Soil carbon sequestration impacts on global climate change and food security. *Science* 304:1623-1627.

Lal, R. 2006. Enhancing crop yields in the developing countries through restoration of the soil organic carbon pool in agricultural lands. *Land Degradation & Development* 17:197-209.

Lal, R., 2008. Carbon sequestration. *Philosophical Transactions of the Royal Society B* 363:815-830.

Lal, R. 2010. Managing soils and ecosystems for mitigating anthropogenic carbon emissions and advancing global food security. *BioScience* 60:708-721.

Lal, R., et al. 1998. *The Potential of U.S. Cropland to Sequester Carbon and Mitigate the Greenhouse Effect*. Chelsea, MI: Sleeping Bear Press.

Lal, R., et al. 2004. Managing soil carbon. *Science* 304:39.

Lal, R., et al. 2007. Soil carbon sequestration to mitigate climate change and advance food security. *Soil Science* 172:943-956.

Lawley, Y. E., R. R. Weil, and J. R. Teasdale. 2011. Forage radish cover crop suppresses winter annual weeds in fall and before corn planting. *Agronomy Journal* 103:137-144.

Lehmann, J., J. Gaunt, and M. Rondon, 2006. Bio-char sequestration in terrestrial ecosystems—a review. *Mitigation and Adaptation Strategies for Global Change* 11:403-427.

Luo, Z., E. Wang, and O. J. Sun. 2010. Can no-tillage stimulate carbon sequestration in agricultural soils? A meta-analysis of paired experiments. *Agriculture, Ecosystems & Environment* 139:224-231.

Post, W. M., et al. 2004. Enhancement of carbon sequestration in US soils. *BioScience* 54:895-908.

Reicosky, D. C., et al. 2005. Tillage-induced CO_2 loss across an eroded landscape. *Soil and Tillage Research* 81:183-194.

Rodale Institute. 2014. *Regenerative Organic Agriculture and Climate Change*. Kutztown, PA: Rodale Institute, 24 pp.

Ruddiman, W. F. 2005. *Plows, Plagues, and Petroleum: How Humans Took Control of Climate*. Princeton: Princeton University Press, 224 pp.

White, C. M., and R. R. Weil. 2011. Forage radish cover crops increase soil test P surrounding holes created by the radish taproots. *Soil Science Society of America Journal* 75:121-130.

第 12 章　閉じられる円環——アジアの農業に学ぶ

Baker, L. A. 2011. Can urban P conservation help to prevent the brown devolution? *Chemosphere* 84:779-784.

Bateman, A., et al. 2011. Closing the phosphorus loop in England: The spatiotemporal balance of phosphorus capture from manure versus crop demand for fertilizer. *Resources, Conservation, and*

Lehmann, J., et al. 2011. Biochar effects on soil biota—a review. *Soil Biology & Biochemistry* 43:1812-1836.

Liang, B., et al. 2006. Black carbon increases cation exchange capacity in soils. *Soil Science Society of America Journal* 70:1719-1730.

Medina, J. T. 1934. *The Discovery of the Amazon*. American Geographical Society, Special Publication No. 17, New York, 467 pp.

Mukherjee, A., and R. Lal. 2014. The biochar dilemma. *Soil Research* 52:217-230.

Pietik.inen, J., O. Kiikkil., and H. Fritze. 2000. Charcoal as a habitat for microbes and its effects on the microbial community of the underlying humus. *Oikos* 89:231-242.

Seneviratne, G. 2011. Developed microbial films can restore deteriorated conventional agricultural soils. *Soil Biology & Biochemistry* 43:1059-1062.

Seneviratne, G., and S. A. Kulasooriya. 2013. Reinstating soil microbial diversity in agroecosystems: The need of the hour for sustainability and health. *Agriculture, Ecosystems & Environment* 164:181-182.

Singh, J. S. 2015. Microbes: The chief ecological engineers in reinstating equilibrium in degraded ecosystems. *Agriculture, Ecosystems and Environment* 203:80-82.

Singh, J. S., V. C. Pandey, and D. P. Singh. 2011. Efficient soil microorganisms: A new dimension for sustainable agriculture and environmental development. *Agriculture, Ecosystems & Environment* 140:339-353.

Steinbeiss, S., G. Bleixner, and M. Antonietti. 2009. Effect of biochar amendment on soil carbon balance and soil microbial activity. *Soil Biology & Biochemistry* 41:1301-1310.

Swain, M. R., and R. C. Ray. 2009. Biocontrol and other beneficial activities of *Bacillus subtilis* isolated from cowdung microflora. *Microbiological Research* 164:121-130.

Swarnalakshmi, K., et al. 2013. Evaluating the influence of novel cyanobacterial biofilmed biofertizers on soil fertility and plant nutrition in wheat. *European Journal of Soil Biology* 55:107-116.

Topoliantz, S., J.-F. Ponge, and S. Ballof. 2005. Manioc peel and charcoal: A potential organic amendment for sustainable soil fertility in the tropics. *Biology and Fertility of Soils* 41:15-21.

Wiedner, K., et al. 2015. Anthropogenic dark earth in northern Germany—the Nordic analogue to *terra preta de Índio* in Amazonia. *Catena* 132:114-125.

Woolf, D., et al. 2010. Sustainable biochar to mitigate global climate change. *Nature Communications* 1:56, doi:10.1038/ncomms1053.

第 11 章　炭素を増やす農業——表土を「作る」

Albrecht, W. A. 1938. Loss of soil organic matter and its restoration. In *Soils & Men, Yearbook of Agriculture 1938*. 75th Congress, 2nd Session, House Document No. 398, United States Department of Agriculture. Washington, D.C.: Government Printing Office, pp. 347-361.

Baumhardt, R. L., B. A. Stewart, and U. M. Sainju. 2015. North American soil degradation: Processes, practices, and mitigating strategies. *Sustainability* 7:2936-2960.

Chen, G., and R. R. Weil. 2010. Penetration of cover crop roots through compacted soils. *Plant and Soil* 331:31-43.

Cole, C. V. et al. 1997. Global estimates of potential mitigation of greenhouse gas emissions by agriculture. *Nutrient Cycling in Agroecosystems* 49:221-228.

Dean, J. E., and R. R. Weil. 2009. Brassica cover crops for nitrogen retention in the Mid-Atlantic

Peterson, G. A., et al. 1998. Reduced tillage and increasing cropping intensity in the Great Plains conserve soil carbon. *Soil Tillage Research* 47:207-218.

Retallack, G. J. 2001. Cenozoic expansion of grasslands and global cooling. *Journal of Geology* 109:407-426.

Retallack, G. J. 2013. Global cooling by grassland soils of the geological past and near future. *Annual Review of Earth and Planetary Sciences* 41:69-86.

Sainju, U. M., et al. 2010. Dryland soil carbon and nitrogen influenced by sheep grazing in the wheat-fallow system. *Agronomy Journal* 102:1553-1561.

Teague, W. R., et al. 2011. Grazing management impacts on vegetation, soil biota and soil chemical, physical and hydrological properties in tall grass prairie. *Agriculture, Ecosystems & Environment* 141:310-322.

Teague, W. R., et al. 2016. The role of ruminants in reducing agriculture's carbon footprint in North America. *Journal of Soil and Water Conservation* 71:156-164.

Van der Heijden, M. G. A., et al. 2006. The mycorrhizal contribution to plant productivity, plant nutrition, and soil structure in experimental grassland. *New Phytologist* 172:739-752.

Van Pelt, R. S., et al. 2013. Field wind tunnel testing of two silt loam soils on the North American Central High Plains. *Journal of Aeolian Research* 10:53-59.

第10章　見えない家畜の群れ——土壌微生物を利用する

Cavaglieri, L., et al. 2005. Biocontrol of *Bacillus subtilis* against Fusarium verticillioides in vitro and at the maize root level. *Research in Microbiology* 156:748-754.

Glaser, B. 2007. Prehistorically modified soils of central Amazonia: A model for sustainable agriculture in the twenty-first century. *Philosophical Transactions of the Royal Society B* 362:187-196.

Glaser, B., and J. J. Birk. 2012. State of the scientific knowledge on properties and genesis of Anthropogenic Dark Earths in central Amazonia (*terra preta de Índio*). *Geochimica et Cosmochimica Acta* 82:39-51.

Glaser, B., J. Lehmann, and W. Zech. 2002. Ameliorating physical and chemical properties of highly weathered soils in the tropics with charcoal—a review. *Biology and Fertility of Soils* 35:219-230.

Goyal, S., et al. 1999. Influence of inorganic fertilizers and organic amendments on soil organic matter and soil microbial properties under tropical conditions. *Biology and Fertility of Soils* 29:196-200.

Hammer, E. C., et al. 2015. Biochar increases arbuscular mycorrhizal plant growth enhancement and ameliorates salinity stress. *Applied Soil Ecology* 96:114-121.

Hansen, V., et al. 2015. Gasification biochar as a valuable by-product for carbon sequestration and soil amendment. *Biomass and Bioenergy* 72:300-308.

Laird, D. A. 2008. The charcoal vision: A win-win-win scenario for simultaneously producing bioenergy, permanently sequestering carbon, while improving soil and water quality. *Agronomy Journal* 100:178-181.

Lehmann, J. 2007. Bio-energy in the black. *Frontiers in Ecology and the Environment* 5:381-387.

Lehmann, J., et al. 2003. Soil fertility and production potential. In *Amazonian Dark Earths: Origin, Properties, and Management*. Edited by J. Lehmann, et al. Dordrecht, Netherlands: Springer, pp. 105-124.

Lehmann, J., J. Gaunt, and M. Rondon. 2006. Bio-char sequestration in terrestrial ecosystems—a review. *Mitigation and Adaptation Strategies for Global Change* 11:403-427.

Spargo, J. T., et al. 2011. Mineralizable soil nitrogen and labile soil organic matter in diverse long-term cropping systems. *Nutrient Cycling in Agroecosystems* 90:253-266.

Treseder, K. K., and K. M. Turner. 2007. Glomalin in ecosystems, *Soil Science Society of America Journal* 71:1257-1266.

Tu, C., et al. 2006. Responses of soil microbial biomass and N availability to transition strategies from conventional to organic farming systems. *Agriculture, Ecosystems & Environment* 113:206-215.

Tu, C., J. B. Ristaino, and S. Hu. 2006. Soil microbial biomass and activity in organic tomato farming systems: Effects of organic inputs and straw mulching. *Soil Biology & Biochemistry* 38:247-255.

Wright, S. F., and R. L. Anderson. 2000. Aggregate stability and glomalin in alternativecrop rotations for the central Great Plains. *Biology and Fertility of Soils* 31:249-253.

Wright, S. F., J. L. Starr, and I. C. Paltineanu. 1999. Changes in aggregate stability and concentration of glomalin during tillage management. *Soil Science Society of America Journal* 63:1825-1829.

Wright, S. F., and A. Upadhyaya. 1996. Extraction of an abundant and unusual protein from soil and comparison with hyphal protein from arbuscular mycorrhizal fungi. *Soil Science* 161:575-586.

Wright, S. F., and A. Upadhyaya. 1998. A survey of soils for aggregate stability and glomalin, a glycoprotein produced by hyphae of arbuscular mycorrhizal fungi. *Plant and Soil* 198:97-107.

第9章　過放牧神話の真実——ウシと土壌の健康

Aase, J. K., and G. M. Schaefer. 1996. Economics of tillage practices and spring wheat and barley crop sequence in northern Great Plains. *Journal of Soil and Water Conservation* 51:167-170.

Baumhardt, R. L., et al. 2009. Cattle grazing effects on yield of dryland wheat and sorghum grown in rotation. *Agronomy Journal* 101:150-158.

Franzluebbers, A. J. 2007. Integrated crop-livestock systems in the southeastern USA. *Agronomy Journal* 99:361-372.

Franzluebbers, A. J., and J. A. Stuedemann. 2008. Early response of soil organic carbon fractions to tillage and integrated crop-livestock production. *Soil Science Society of America Journal* 72:613-625.

Gentry, L. E., et al. 2013. Apparent red clover nitrogen credit to corn: Evaluating cover crop introduction. *Agronomy Journal*, 105:1658-1664.

Herrero, M., et al. 2010. Smart investments in sustainable food production: Revisiting mixed crop-livestock systems. *Science* 327:822-825.

Janzen, H. H. 2001. Soil science on the Canadian prairies—peering into the future from a century ago. *Canadian Journal of Soil Science* 81:489-503.

Liebig, M. A., D. W. Archer, and D. L. Tanaka. 2014. Crop diversity effects on near-surface soil condition under dryland agriculture. *Applied and Environmental Soil Science* 2014, Article ID 703460, doi:10.1155/2014/703460.

Liebig, M. A., D. L. Tanaka, and B. J. Wienhold. 2004. Tillage and cropping effects on soil quality indicators in the northern Great Plains. *Soil & Tillage Research* 78:131-141.

Manson, M. 1899. Observations on the denudation of vegetation—a suggested remedy for California. *Sierra Club Bulletin* 2:295-311.

Montgomery, D. R. 1999. Erosional processes at an abrupt channel head: Implications for channel entrenchment and discontinuous gully formation. In *Incised River Channels*. Edited by S. Darby and A. Simon. Chichester (UK) and New York: John Wiley & Sons, pp. 247-276.

Leighty, C. E. 1938. Crop rotation. In *Soils & Men, Yearbook of Agriculture 1938*. 75th Congress, 2nd Session, House Document No. 398, United States Department of Agriculture. Washington, D.C.: Government Printing Office, pp. 406-430.

Letter, D. W., R. Seidel, and W. Liebhardt. 2003. The performance of organic and conventional cropping systems in an extreme climate year. *American Journal of Alternative Agriculture* 18:146-154.

Liebhardt, W. C., et al. 1989. Crop production during conversion from conventional to low-input methods. *Agronomy Journal* 81:150-159.

Liebig, M. A., and J. W. Doran. 1999. Impact of organic production practices on soil quality indicators, *Journal of Environmental Quality* 28:1601-1609.

Lockeretz, W., et al. 1978. Field crop production on organic farms in the Midwest. *Journal of Soil and Water Conservation* 33:130-134.

M.der, P., et al. 2000. Arbuscular mycorrhizae in a long-term field trial comparing low-input (organic, biological) and high-input (conventional) farming systems. *Biology and Fertility of Soils* 31:150-156.

M.der, P., et al. 2002. Soil fertility and biodiversity in organic farming. *Science* 296:1694-1697.

McGonigle, T. P., M. H. Miller, and D. Young. 1999. Mycorrhizae, crop growth, and crop phosphorus nutrition in maize-soybean rotations given various tillage treatments. *Plant and Soil* 210:33-42.

Mirsky, S. B., et al. 2012. Conservation tillage issues: Cover crop-based organic rotational no-till grain production in the mid-Atlantic region, USA. *Renewable Agriculture and Food Systems* 27:31-40.

Moyer, J. 2011. *Organic No-Till Farming*. Austin, TX: Acres U.S.A., 204 pp.

Moyer, J. 2013. Perspective on Rodale Institute's Farming Systems Trial. *Online. Crop Management* 12, doi:10.1094/CM-2013-0429-03-PS.

Pimentel, D., et al. 2005. Environmental, energetic, and economic comparisons of organic and conventional farming systems. *BioScience* 55:573-582.

Ponisio, L. C., et al. 2015. Diversification practices reduce organic to conventional yield gap. *Proceedings of the Royal Society B* 282: 20141396, doi:10.1098/rspb.2014.1396.

Posner, J. L., J. O. Baldock, and J. L. Hedtcke. 2008. Organic and conventional production systems in the Wisconsin Integrated Cropping Systems Trials: I. Productivity 1990-2002. *Agronomy Journal* 100:253-260.

Reganold, J. 1989. Farming's organic future. *New Scientist* 122:49-52.

Reganold, J. P., L. F. Elliott, and Y. L. Unger. 1987. Long-term effects of organic and conventional farming on soil erosion. *Nature* 330:370-372.

Reganold, J., P., et al. 1993. Soil quality and financial performance of biodynamic and conventional farms in New Zealand. *Science* 260:344-349.

Rillig, M. C. 2004. Arbuscular mycorrhizae, glomalin, and soil aggregation. *Canadian Journal of Soil Science* 84:355-363.

Ryan, G. F. 1970. Resistance of common groundsel to simazine and atrazine. *Weed Science* 18:614-616.

Ryan, M. R., et al. 2009. Weed-crop competition relationships differ between organic and conventional cropping systems. *Weed Research* 49:572-580.

Scow, K. M., et al. 1994. Transition from conventional to low-input agriculture changes soil fertility and biology. *California Agriculture* 48, no. 5:20-26.

Crops Research 132:149-157.
Ou.draogo, E., A. Mando, and L. Brussaard. 2008. Termites and mulch work together to rehabilitate soils. *LEISA Magazine* 24, no. 2:28.
Pannell, D. J., R. S. Llewellyn, and M. Corbeels. 2014. The farm-level economics of conservation agriculture for resource-poor farmers. *Agriculture, Ecosystems & Environment* 187:52-64.
Rusinamhodzi, L., et al. 2011. A meta-analysis of long-term effects of conservation agriculture on maize grain yield under rain-fed conditions. *Agronomy and Sustainable Development* 31:657-673.
Thierfelder, C., and P. C. Wall. 2009. Effects of conservation agriculture techniques on infiltration and soil water content in Zambia and Zimbabwe. *Soil and Tillage Research* 105:217-227.
Thierfelder, C., and P. C. Wall. 2010. Rotations in conservation agriculture systems of Zambia: Effects on soil quality and water relations. *Experimental Agriculture* 46:309-325.
Thomson, J. A. 2008. The role of biotechnology for agricultural sustainability in Africa. *Philosophical Transactions of the Royal Society B* 363:905-913.
United Nations, Department of Economic and Social Affairs, Population Division. 2013. *Fertility Levels and Trends as Assessed in the 2012 Revision of World Population Prospects*. United Nations Publication ST/ESA/SER.A/349, 20 pp.

第8章　有機農業のジレンマ――何が普及を阻むのか？

Ashford, D. L., and D. W. Reeves. 2003. Use of a mechanical roller-crimper as an alternative kill method for cover crops. *American Journal of Alternative Agriculture* 18:37-45.
Bennett, H. H., and W. C. Lowdermilk. 1938. General aspects of the soil-erosion problem. In *Soils & Men, Yearbook of Agriculture 1938*. 75th Congress, 2nd Session, House Document No. 398, United States Department of Agriculture, Washington, D.C.: Government Printing Office, pp. 581-608.
Cavigelli, M. A., et al. 2009. Long-term economic performance of organic and conventional field crops in the mid-Atlantic region. *Renewable Agriculture and Food Systems* 24:102-119.
Davis, A. S. 2010. Cover-crop roller-crimper contributes to weed management in no-till soybean. *Weed Science* 58:300-309.
Davis, A. S., et al. 2012. Increasing cropping system diversity balances productivity, profitability, and environmental health. *PLoS ONE* 7, no. 10: e47149. doi: 10.1371/journal.pone.0047149.
Delate, K., et al. 2003. An economic comparison of organic and conventional grain crops in a long-term agroecological research (LTAR) site in Iowa. *American Journal of Alternative Agriculture* 18:59-69.
Delate, K., et al. 2013. The long-term agroecological research (LTAR) experiment supports organic yields, soil quality, and economic performance in Iowa. *Online, Crop Management*, doi:10.1094/CM-2013-0429-02-RS.
Delate, K., et al. 2015. A review of long-term organic comparison trials in the U.S. *Sustainable Agriculture Research* 4, no. 3:5-14.
Douds, D. D., Jr., et al. 1995. Effect of tillage and farming system upon populations and distribution of vesicular-arbuscular mycorrhizal fungi. *Agriculture, Ecosystems & Enviornment* 52:111-118.
Drinkwater, L. E., P. Wagoner, and M. Sarrantonio. 1998. Legume-based cropping systems have reduced carbon and nitrogen losses. *Nature* 396:262-265.
Green, J. M., and M. D. K. Owen. 2011. Herbicide-resistant crops: Utilities and limitations for herbicide-resistant weed management. *Journal of Agricultural and Food Chemistry* 59:5819-5829.

Tallaksen, J., et al. 2015. Nitrogen fertilizers manufactured using wind power: Greenhouse gas and energy balance of community-scale ammonia production. *Journal of Cleaner Production* 107:626-635.

Van der Sluijs, J. P., et al. 2015. Conclusions of the Worldwide Integrated Assessment on the risks of neonicotinoids and fipronil to biodiversity and ecosystem functioning. *Environmental Science and Pollution Research* 22:148-154.

Whitehorn, P. R., et al. 2012. Neonicotinoid pesticide reduces bumble bee colony growth and queen production. *Science* 336:351-352.

Wilhelm, W. W., et al. 2004. Crop and soil productivity response to corn residue removal: A literature review. *Agronomy Journal* 96:1-17.

第7章　解決策の構築——アフリカの不耕起伝道師

Aune, J. B., and A. Coulibaly. 2015. Microdosing of mineral fertilizer and conservation agriculture for sustainable agricultural intensification in sub-Saharan Africa. In *Sustainable Intensification to Advance Food Security and Enhance Climate Resilience in Africa*. Edited by R. Lal et al., Cham, Switzerland: Springer International, pp. 223-234.

Bongaarts, J., and J. Casterline. 2013. Fertility transition: Is sub-Saharan Africa different? *Population and Development Review* 38, Supplement s1, p. 153-168.

Bonsu, M. 1981. Assessment of erosion under different cultural practices on a savanna soil in the northern region of Ghana. In *Soil Conservation: Problems and Prospects*. Edited by R. P. C. Morgan. Chichester, UK: John Wiley & Sons, pp. 247-253.

Buffett, H. G. 2013. *Forty Chances: Finding Hope in a Hungry World*. New York: Simon & Schuster, 443 pp.

Corbeels, M., et al. 2014. *Meta-Analysis of Crop Responses to Conservation Agriculture in Sub-Saharan Africa*. CGIAR Research Program on Climate Change, Agriculture, and Food Security, CCAFS Report No. 12, Copenhagen, 19 pp.

Corbeels, M., et al. 2014. Understanding the impact and adoption of conservation agriculture in Africa: A multi-scale analysis. *Agriculture, Ecosystems & Environment* 187:155-170.

Ekboir, J., K. Boa, and A. A. Dankyi, 2002. *Impact of No-Till Technologies in Ghana*. Economics Program Paper 02-01, International Maize and Wheat Improvement Center (CIMMYT), Mexico, D. F., 32 pp.

Giller, K., et al. 2011. A research agenda to explore the role of conservation agriculture in African smallholder farming systems. *Field Crops Research* 124:468-472.

Giller, K. E., et al. 2009. Conservation agriculture and smallholder farming in Africa: The heretics' view. *Field Crops Research* 114:23-34.

Knowler, D., and B. Bradshaw. 2007. Farmers' adoption of conservation agriculture: A review and synthesis of recent research. *Food Policy* 32:25-48.

Lal, R., et al., eds. 2015. *Sustainable Intensification to Advance Food Security and Enhance Climate Resilience in Africa*. Cham, Switzerland: Springer International, 665 pp.

Marongwe, L. S., et al. 2011. An African success: The case of conservation agriculture in Zimbabwe. *International Journal of Agricultural Sustainability* 9:153-161.

Ngwira, A. R., J. B. Aune, and S. Mkwinda. 2012. On-farm evaluation of yield and economic benefit of short-term maize legume intercropping systems under conservation agriculture in Malawi. *Field*

Schlessinger, W. H. 1985. Changes in soil carbon storage and associated properties with disturbance and recovery. In J. R. Trabalha and D. E. Reichle, eds. *The Changing Carbon Cycle: A Global Analysis*. New York: Springer-Verlag, pp. 194-220.

Wood, A. 1950. *The Groundnut Affair*. London: Bodley Head, 264 pp.

Yoder, D. C., et al. 2005. No-till transplanting of vegetable and tobacco to reduce erosion and nutrient surface runoff. *Journal of Soil and Water Conservation* 60:68-72.

第6章　緑の肥料——被覆作物で土壌回復

Anderson, R. L. 2000. A cultural systems approach eliminates the need for herbicides in semiarid proso millet. *Weed Technology* 14:602-607.

Anderson, R. L. 2003. An ecological approach to strengthen weed management in the semiarid Great Plains. *Advances in Agronomy* 80:33-62.

Anderson, R. L. 2004. Impact of subsurface tillage on weed dynamics in the Central Great Plains. *Weed Technology* 18:186-192.

Anderson, R. L. 2008. Diversity and no-till: Keys for pest management in the U.S. Great Plains. *Weed Science* 56:141-145.

Anderson, R. L., and D. L. Beck. 2007. Characterizing weed communities among various rotations in Central South Dakota. *Weed Technology* 21:76-79.

Beck, D. L., and R. Doerr. 1992. *No-till Guidelines for the Arid and Semi-Arid Prairies*. South Dakota State University, Agriculture Experiment Station, Bulletin 712, 30 pp.

Douglas, M. R., J. R. Rohr, and J. F. Tooker. 2015. Neonicotinoid insecticide travels through a soil food chain, disrupting biological control on non-target pests and decreasing soya bean yield. *Journal of Applied Ecology* 52:250-260.

Drinkwater, L. E., P. Wagoner, and M. Sarrantonio. 1998. Legume-based cropping systems have reduced carbon and nitrogen losses. *Nature* 396:262-265.

Furlan, L., and D. Kreutzweiser. 2015. Alternatives to neonicotinoid insecticides for pest control: Case studies in agriculture and forestry. *Environmental and Pollution Research* 22:135-147.

Gibbons, D., C. Morrissey, and P. Mineau. 2015. A review of the direct and indirect effects of neonicotinoids and fipronil on vertebrate wildlife. *Environmental and Pollution Research* 22:103-118.

Goulson, D., et al. 2015. Bee declines driven by combined stress from parasites, pesticides, and lack of flowers. *Science* 347:1435.

Hansen, N. C., et al. 2012. Research achievements and adoption of no-till, dryland cropping in the semi-arid U.S. Great Plains. *Field Crops Research* 132:196-203.

Hartwig, N. L., and H. U. Ammon. 2002. Cover crops and living mulches. *Weed Science* 50:688-699.

Hudson, B. D. 1994. Soil organic matter and available water capacity. *Journal of Soil and Water Conservation* 49:189-194.

Liebig, et al. 2002. Crop sequence and nitrogen fertilization effects on soil properties in western Corn Belt. *Soil Science Society of America Journal* 66:596-601.

Pisa, L. W., et al. 2015. Effects of neonicotinoids and fipronil on non-target invertebrates. *Environmental and Pollution Research* 22:68-102.

Razon, L. F. 2014. Life cycle analysis of an alternative to the Haber-Bosch process: Non-renewable energy usage and global warming potential of liquid ammonia from cyanobacteria. *Environmental Progress & Sustainable Energy* 33:618-624.

Greenland, D. J., and R. Lal, eds. 1977. *Soil Conservation and Management in the Humid Tropics*. Chichester, UK: John Wiley & Sons, 283 pp.

Hobbs, P. R., K. Sayre, and R. Gupta. 2008. The role of conservation agriculturein sustainable agriculture. *Philosophical Transactions of the Royal Society B* 363:543-555.

Jack, W. T. 1946. *The Furrow and Us*. Philadelphia: Dorrance and Co., 158 pp.

Jackson, W. 1980. *New Roots for Agriculture*. Lincoln: University of Nebraska Press, 151 pp.

Jackson, W. 2002. Natural systems agriculture: A truly radical alternative. *Agriculture, Ecosystems & Environment* 88:111-117.

Jat, R. A., K. L. Sahrawat, and A. H. Kassam, eds. 2014. *Conservation Agriculture: Global Prospects and Challenges*. Wallingford (UK) and Boston: CAB International, 393 pp.

Junior, R. C., A. G. de Ara.jo, and R. F. Llanillo. 2012. *No-Till Agriculture in Southern Brazil: Factors that Facilitated the Evolution of the System and the Development of the Mechanization of Conservation Farming*. United Nations Food and Agriculture Organization and Agricultural Research Institute of Paran. State, 77 pp.

Kassam, A., R. Derpsch, and T. Friedrich. 2014. Global achievements in soil and water conservation: The case of Conservation Agriculture. *International Soil and Water Conservation Research* 2:5-13.

Kassam, A., and T. Friedrich. 2012. An ecologically sustainable approach to agricultural production intensification: Global perspectives and developments. *Field Actions Science Reports*, Special Issue 6: http://factsreports.revues.org/1382.

Kassam, A., et al. 2015. Overview of the worldwide spread of conservation agriculture, *Field Actions Science Reports* 8: http://factsreports.revues.org/3966.

Lal, R. 1976. No tillage effects on soil properties under different crops in western Nigeria. *Soil Science Society of America Proceedings* 7:762-768.

Lal, R. 1976. Soil erosion on alfisols in Western Nigeria, I: Effects of slope, crop rotation, and residue management. *Geoderma* 16:363-375.

Lal, R. 1976. Soil erosion on alfisols in Western Nigeria, II: Effect of mulch rate. *Geoderma* 16:377-387.

Lal, R. 2004. Historical development of no-till farming. In R. Lal, P. R. Hobbs, N. Uphoff, and D. O. Hansen, eds, *Sustainable Agriculture and the International Rice-Wheat System*. New York and Basel: Marcel Dekker, pp. 55-82.

Lal, R. 2009. The plow and agricultural sustainability. *Journal of Sustainable Agriculture* 33:66-84.

Lal, R., D. C. Reicosky, and J. D. Hanson. 2007. Evolution of the plow over 10,000 years and the rationale for no-till farming. *Soil & Tillage Research* 93:1-12.

Lal, R., P. A. Sanchez, and R. W. Cummings, Jr., eds. 1986. *Land Clearing and Development in the Tropics*. Rotterdam & Boston: A. A. Balkema, 450 pp.

Li, H. W., et al. 2007. Effects of 15 years of conservation tillage on soil structure and productivity of wheat cultivation in northern China. *Australian Journal of Soil Research* 45:344-350.

Pittelkow, C. M., et al. 2014. Productivity limits and potentials of the principles of conservation agriculture. *Nature* 517:365-368.

Reicosky, D., and C. Crovetto. 2014. No-till systems on the Chequen Farm in Chile: A success story in bringing practice and science together. *International Soil and Water Conservation Research* 2:66-77.

Reicosky, D. C., and M. J. Lindstrom. 1993. Fall tillage method: Effect on shortterm carbon dioxide flux from soil. *Agronomy Journal* 85:1237-1243.

surveys to the archaeology of environmental disruptions and human response. In *Environmental Disaster and the Archaeology of Human Response*. Edited by R. M. Reycraft and G. Bawen. Maxwell Museum of Anthropology, Anthropological Papers 7. Albuquerque: University of New Mexico, pp. 11-20.

Reusser, L., P. Bierman, and D. Rood, 2015. Quantifying human impacts on rates of erosion and sediment transport at a landscape scale. *Geology* 43:171-174.

Stuiver, M. 1978. Atmospheric carbon dioxide and carbon reservoir changes: Reduction in terrestrial carbon reservoirs since 1850 has resulted in atmospheric carbon dioxide increases. *Science* 199:253-58.

Trimble, S. W. 1977. The fallacy of stream equilibrium in contemporary denudation studies. *American Journal of Science* 277:876-887.

Van Andel, T. H., and C. Runnels. 1987. *Beyond the Acropolis: A Rural Greek Past*. Stanford, CA: Stanford University Press, 236 pp.

Van Andel, T. H., C. N. Runnels, and K. O. Pope. 1986. Five thousand years of land use and abuse in the Southern Argolid, Greece. *Hesperia* 55:103-128.

Van Andel, T. H., E. Zongger, and A. Demitrack. 1990. Land use and soil erosion in prehistoric and historical Greece. *Journal of Field Archaeology* 17:379-396.

Washington, G., 1892, *The Writings of George Washington*. Edited by W. C. Ford. Vol. 13. New York: Putnam.

第5章　文明の象徴を手放すとき——不耕起と有機の融合

Baumhardt, R. L., B. A. Stewart, and U. M. Sainju. 2015. North American soil degradation: Processes, practices, and mitigating strategies. *Sustainability* 7:2936-2960.

Bennett, H. H., and W. R. Chapline. 1928. *Soil Erosion, A National Menace*. U.S. Department of Agriculture, Bureau of Chemistry and Soils and Forest Service, Circular 3. Washington, D.C.: Government Printing Office.

Derpsch, R., et al. 2010. Current status of adoption of no-till farming in the world and some of its main benefits. *International Journal of Agricultural and Biological Engineering* 3:1-26.

Derpsch, R., et al. 2014. Why do we need to standardize no-tillage research? *Soil & Tillage Research* 137:16-22.

FAO. 1996 and 2000, *The Production Yearbook*. Rome.

Farooq, M., and K. H. M. Siddique. 2015. Conservation agriculture: Concepts, brief history, and impacts on agricultural systems. In M. Farooq, and K. H. M. Siddique, eds. *Conservation Agriculture, Springer* International Publishing, pp. 3-17.

Faulkner, E. 1943. *Plowman's Folly*. Norman: University of Oklahoma Press, 155 pp.

Fisher, R. A., F. Santiveri, and I. R. Vidal. 2002. Crop rotation, tillage, and crop residue management for wheat and maize in the sub-humid tropical highlands, II. Maize and system performance. *Field Crops Research* 79:123-137.

Fukuoka, M. 1978. *The One-straw Revolution*. Emmaus, PA: Rodale Press, 181 pp.（『自然農法　わら一本の革命』福岡正信、春秋社、1983 年）

Glover, J. D., et al. 2010. Increased food and ecosystem security via perennial grains. *Science* 328:1638-1639.

Greenland, D. J. 1975. Bringing the Green Revolution to the shifting cultivator. *Science* 190:841-844.

Kimpinski, J., and A. V. Sturz. 2003. Managing crop root zone ecosystems for prevention of harmful and encouragement of beneficial nematodes. *Soil & Tillage Research* 72:213-221.

Kremer, R. J., and J. Li. 2003. Developing weed-suppressive soils through improved soil quality management. *Soil & Tillage Research* 72:193-202.

Montgomery, D. R., and A. Bikl.. 2016. *The Hidden Half of Nature: The Microbial Roots of Life and Health*. New York: W. W. Norton, 309 pp.（『土と内臓』デイビッド・モントゴメリー+アン・ビクレー、片岡夏実訳、築地書館、2016 年）

Mulvaney, R. L., S. A. Khan, and T. R. Ellsworth. 2009. Synthetic nitrogen fertilizers deplete soil nitrogen: A global dilemma for sustainable cereal production. *Journal of Environmental Quality* 38:2295-2314.

Schomberg, H. H., P. B. Ford, and W. L. Hargrove. 1994. Influence of crop residues on nutrient cycling and soil chemical properties. In *Managing Agricultural Residues*. Edited by P. W. Unger. Boca Raton, FL: Lewis Publishers, pp. 99-121.

Tiessen, H., E. Cuevas, and P. Chacon. 1994. The role of soil organic matter in sustaining soil fertility. *Nature* 371:783-785.

Wallace, A. 1994. Soil acidification from use of too much fertilizer. *Communications in Soil Science and Plant Analysis* 25:87-92.

第4章　最古の問題――土壌侵食との戦い

Betts, E. M., ed. 1953. *Thomas Jefferson's Farm Book*. Princeton: Princeton University Press, 552 pp.

Craven, A. O. 1925. *Soil Exhaustion as a Factor in the Agricultural History of Virginia and Maryland, 1606-1860*. University of Illinois Studies in the Social Sciences 13, no. 1. Urbana: University of Illinois.

Glenn, L. C. 1911. *Denudation and Erosion in the Southern Appalachian Region and the Monongahela Basin*, U. S. Geological Survey Professional Paper 72. Washington, D.C.: Government Printing Office.

Hughes, J. D., and J. V. Thirgood. 1982. Deforestation, erosion, and forest management in ancient Greece and Rome. *Journal of Forest History* 26:60-75.

Judson, S. 1963. Erosion and deposition of Italian stream valleys during historic time. *Science* 140:898-899.

Judson, S. 1968. Erosion rates near Rome, Italy. *Science* 160:1444-1446.

Lowdermilk, W. C. 1953. *Conquest of the Land Through 7,000 Years*. Agricultural Information Bulletin No. 99, U.S. Department of Agriculture, Soil Conservation Service. Washington D.C.: Government Printing Office, 30 pp.

Marsh, G. P. 1864. *Man and Nature; or, Physical Geography as Modified by Human Action*. New York: Scribner, 560 pp.

Meade, R. H. 1982. Sources, sinks, and storage of river sediment in the Atlantic drainage of the United States. *Journal of Geology* 90:235-252.

Montgomery, D. R. 2007. *Dirt: The Erosion of Civilizations*. Berkeley: University of California Press, 285 pp.（『土の文明史』デイビッド・モントゴメリー、片岡夏実訳、築地書館、2010 年）

Plato. *Timaeus and Critias*. London: Penguin Books, 1977.

Runnels, C. N. 1995. Environmental degradation in Ancient Greece. *Scientific American* 272:96-99.

Runnels, C. 2000. Anthropogenic soil erosion in prehistoric Greece: The contribution of regional

sixteen years. *Environmental Sciences Europe* 24:24, doi:10.1186/2190-4715-24-24.
Erdkamp, P. 2002. 'A starving mob has no respect': Urban markets and food riots in the Roman world, 100b.c.–400a.d. In L. de Blois and J. Rich, eds. The Transformation of Economic Life Under the Roman Empire. Amsterdam: *Geiben*, pp. 93-115.
Fedoroff, N. V., et al. 2010. Radically rethinking agriculture for the 21st century. *Science* 327:833-834.
Foley, J. A., et al. 2005. Global consequences of land use. *Science* 309:570-574.
Foley, J. A., et al. 2011. Solutions for a cultivated planet. *Nature* 478:337-342.
Godfray, H. C. J., et al. 2010. Food security: The challenge of feeding 9 billion people. *Science* 327:812-818.
Lipinski, B., et al. 2013. *Reducing Food Loss and Waste*, World Resources Institute & United Nations Environment Program, 39 pp.
Lobell, D. B., and C. Tebaldi. 2014. Getting caught with our plants down: The risks of a global crop yield slowdown from climate trends in the next two decades. *Environmental Research Letters* 9:074003, doi:10.1088/1748-9326/9/7/074003.
McGlade, C., and P. Ekins. 2015. The geographical distribution of fossil fuels unused when limiting global warming to 2ºC. *Nature* 517:187-190.
National Research Council, Committee on Genetically Engineered Crops. 2016. *Genetically Engineered Crops: Experiences and Prospects*. Washington, D.C.: National Academy Press, 388 pp.
National Research Council, Committee on the Role of Alternative Farming Methods in Modern Production Agriculture. 1989. *Alternative Agriculture*. Washington, D.C.: National Academy Press, 448 pp.
Pimentel, D., et al. 1976. Land degradation: Effects on food and energy resources. *Science* 194:149-155.
Ray, D. K. et al. 2012. Recent patterns of crop yield growth and stagnation. *Nature Communications* 3:1293, doi:10.1038/ncomms2296.
Ruttan, V. W. 1999. The transition to agricultural sustainability. *Proceedings of the National Academy of Sciences* 96: 5960-5967.
Scholes, M. C., and R. J. Scholes. 2013. Dust unto dust. *Science* 342: 565-566.
Tilman, D., et al. 2001. Forecasting agriculturally driven global environmental change. *Science* 292: 281-284.
Tilman, D., et al. 2002. Agricultural sustainability and intensive production practices. *Nature* 418:671-677.

第3章　地下経済の根っこ——腐植と微生物が植物を育てる

Altieri, M. A., and C. I. Nicholls. 2003. Soil fertility management and insect pests: Harmonizing soil and plant health in agroecosystems. *Soil & Tillage Research* 72: 203-211.
Howard, A. 1940. *An Agricultural Testament*. London: Oxford University Press.（『農業聖典』ハワード, アルバート、保田茂 監訳、日本有機農業研究会、2003 年）
Humphreys, C. P., et al. 2010. Mutualistic mycorrihiza-like symbiosis in the most ancient group of land plants. *Nature Communications* 1:103, doi:10/1038/ncomms1105.
Khan, S. A., et al. 2007. The myth of nitrogen fertilization for soil carbon sequestration. *Journal of Environmental Quality* 36:1821-1832.

参考文献

第1章　肥沃な廃墟——人はいかにして土を失ったか？

Alavanja, M. C. R., M. K. Ross, and M. R. Bonner, 2013. Increased cancer burden among pesticide applicators and others due to pesticide exposure. CA: *A Cancer Journal for Clinicians* 63:120-142.

Alexander, E. B. 1988. Rates of soil formation: Implications for soil-loss tolerance. *Soil Science* 145:37-45.

Beard, J. D., et al. 2014. Pesticide exposure and depression among male private pesticide applicators in the Agricultural Health Study. *Environmental Health Perspectives* 122:984-991.

Brink, R. A., J. W. Densmore, and G. A. Hill, 1977. Soil deterioration and the growing world demand for food. *Science* 197:625-630.

Brown, L. R. 1981. World population growth, soil erosion, and food security. *Science* 214:995-1002.

Hooke, R. LeB. 2000. On the history of humans as geomorphic agents. *Geology* 28:43-46.

Intergovernmental Technical Panel on Soils, L. Montanarella, chair. 2015. *Status of the World's Soil Resources: Technical Summary*. Food and Agriculture Organization of the United Nations (FAO), Rome, 79 pp.

International Assessment of Agricultural Knowledge, Science and Technology for Development (IAASTD). Edited by B.D. McIntyre et al. 2009. *Agriculture at a Crossroads*. Washington, D.C.: Island Press, 590 pp.

Lal, R., and B. A. Stewart. 1992. Need for land restoration. In *Soil Restoration*. Edited by R. Lal and B. A. Stewart. *Advances in Soil Science*, vol. 17, pp. 1-11.

Larson, W. E., F. J. Pierce, and R. H. Dowdy. 1983. The threat of soil erosion to long-term crop production. *Science* 219:458-465.

Montgomery, D. R. 2007. Soil erosion and agricultural sustainability, *Proceedings of the National Academy of Sciences* 104:13,268-13,272.

Pimentel, D., et al. 1987. World agriculture and soil erosion. *BioScience* 37:277-283.

Pimentel, D., et al. 1995. Environmental and economic costs of soil erosion and conservation benefits. *Science* 267:1117-1123.

Wakatsuki, T., and A. Rasyidin. 1992. Rates of weathering and soil formation. *Geoderma* 52:51-63.

Wilkinson, B. H., and B. J. McElroy. 2006. The impact of humans on continental erosion and sedimentation. *Geological Society of America Bulletin* 119:140-156.

第2章　現代農業の神話——有機物と微生物から考える

Appenzeller, T. 2004. The end of cheap oil. *National Geographic* 205, no. 6:80-109.

Battisti, D. S., and R. L. Naylor. 2009. Historical warnings of future food insecurity with unprecedented seasonal heat. *Science* 323:240-244.

Benbrook, C. M. 2012. Impacts of genetically engineered crops on pesticide use in the U.S.-the first

【ナ行】

【ハ行】

【マ行】

【ヤ行】

【ラ行】

【ワ行】

索引

著者紹介

デイビッド・モントゴメリー（David R. Montgomery）

ワシントン大学地形学教授。地形の発達、および地質学的プロセスが生態系と人間社会に及ぼす影響の研究で、国際的に認められた地質学者である。天才賞と呼ばれるマッカーサーフェローに2008年に選ばれる。

本書は、『土の文明史——ローマ帝国、マヤ文明を滅ぼし、米国、中国を衰退させる土の話』（築地書館　2010年）、『土と内臓——微生物がつくる世界』（アン・ビクレーと共著　築地書館　2016年）、と3部作を成す3作目である。

また、ダム撤去を追った『ダムネーション』（2014年）などのドキュメンタリー映画ほか、テレビ、ラジオ番組にも出演している。執筆と研究以外の時間は、バンド「ビッグ・ダート」でギターを担当する。

訳者紹介

片岡夏実（かたおか・なつみ）

1964年神奈川県生まれ。主な訳書に、デイビッド・モントゴメリー『土の文明史』『土と内臓』、トーマス・D・シーリー『ミツバチの会議』、デイビッド・ウォルトナー＝テーブズ『排泄物と文明』『昆虫食と文明』、スティーブン・R・パルンビ＋アンソニー・R・パルンビ『海の極限生物』（以上、築地書館）、ジュリアン・クリブ『90億人の食糧問題』、セス・フレッチャー『瓶詰めのエネルギー』（以上、シーエムシー出版）など。

土・牛・微生物

文明の衰退を食い止める土の話

2018年9月7日　初版発行
2025年2月17日　8刷発行

著者　デイビッド・モントゴメリー
訳者　片岡夏実
発行者　土井二郎
発行所　築地書館株式会社
東京都中央区築地 7-4-4-201　〒104-0045
TEL 03-3542-3731　FAX 03-3541-5799
http://www.tsukiji-shokan.co.jp/
振替 00110-5-19057
印刷・製本　シナノ印刷株式会社
装丁　吉野愛

ISBN 978-4-8067-1567-2

●築地書館の本●

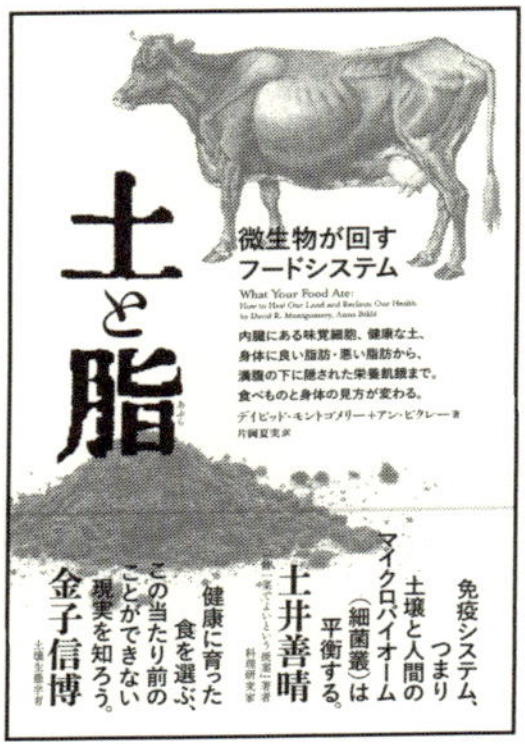

土と脂《あぶら》

微生物が回すフードシステム

デイビッド・モントゴメリー＋アン・ビクレー［著］
片岡夏実［訳］
3,200 円＋税

ベストセラー『土と内臓』の著者による最新作！！
内臓にある味覚細胞、健康な土、
身体に良い脂肪・悪い脂肪から、
コンビニ食の下に隠された飢餓まで、土にいのちを、
作物に栄養を取り戻し、
食べ物と身体の見方を変えてくれる1冊。

●築地書館の本●

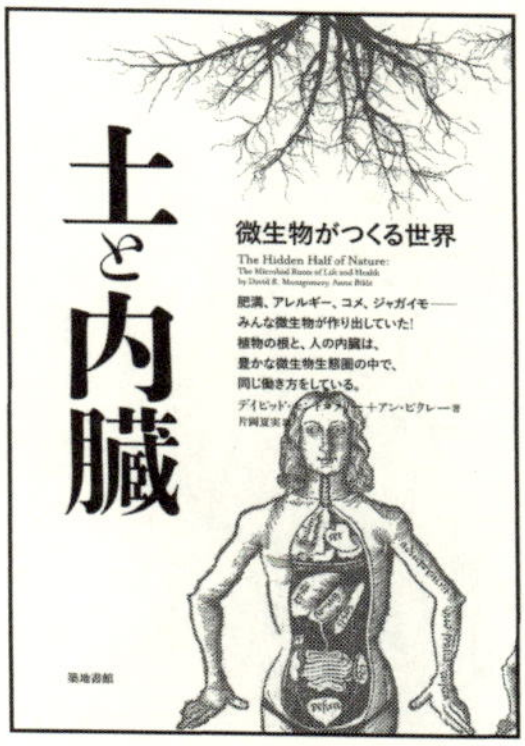

土と内臓

微生物がつくる世界

デイビッド・モントゴメリー＋アン・ビクレー［著］
片岡夏実［訳］
2,700 円＋税

農地と私たちの内臓に棲む微生物への、医学、農学による無差別攻撃の正当性を疑い、地質学者と生物学者が微生物研究と人間の歴史を振り返る。

微生物理解によって、食べ物、医療、そして私たち自身の身体への見方が変わる本。

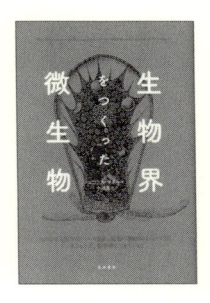

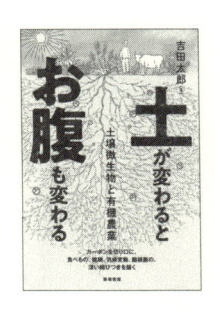